So hatte sich Anne Detlefsen den ersten gemeinsamen Urlaub mit ihrem neuen Freund nicht vorgestellt: Statt mit ihr die traumhafte Natur der Galapagosinseln zu genießen, begibt sich der Biologe Hermann Pauli gleich auf die Suche nach einem seltsamen Hai, der selbst den Experten der Charles-Darwin-Forschungsstation Rätsel aufgibt. Bei seinen Tauchgängen stößt Hermann auf weitere Ungereimtheiten. Ist es möglich, dass sich die Lebensgemeinschaften im Meer rasant verändern? Aber auch Anne bekommt plötzlich zu tun. Als in Puerto Ayora, dem Hauptort der Inselgruppe, Nacht für Nacht Schiffe in Flammen aufgehen, juckt es die Leiterin der Kieler Mordkommission in den Fingern, der Sache auf den Grund zu gehen. Ihre Recherchen führen sie mitten in das komplizierte soziale Gefüge der Inselwelt, in dem die traditionelle Fischerei und der strenge Naturschutz nur schwer mit dem andauernden Tourismusboom zu vereinen sind. Und es ist Eile geboten, denn der Brandstifter scheint eine Mission zu verfolgen …

Bernhard Kegel, Jahrgang 1953, ist promovierter Biologe und leidenschaftlicher Jazzgitarrist. Er lebt als vielfach ausgezeichneter Autor von Romanen (»Das Ölschieferskelett«, »Der Rote«, »Ein tiefer Fall«) und Sachbüchern (»Tiere in der Stadt. Eine Naturgeschichte«, »Die Herscher der Welt. Wie Mikroben unser Leben bestimmen«) in Berlin und Brandenburg.

Weitere Informationen finden Sie auf www.fischerverlage.de

Bernhard Kegel

Abgrund

Roman

FISCHER Taschenbuch

MIX
Papier aus verantwortungsvollen Quellen
FSC® C083411
FSC
www.fsc.org

Erschienen bei FISCHER Taschenbuch
Frankfurt am Main, Oktober 2018

Lizenzausgabe mit freundlicher Genehmigung
des Mareverlags, Hamburg

Typographie: Farnschläder & Mahlstedt, Hamburg
Druck und Bindung: CPI books GmbH, Leck
Printed in Germany
ISBN 978-3-596-29961-4

Prolog

»Man nehme fünfundzwanzig Haufen Kohlenschlacken, die hier und da auf einem Grundstück vor der Stadt ausgekippt sind, stelle sich einige von ihnen zu Bergen vergrößert und den Rest des Grundstücks als Meer vor, dann hat man das richtige Bild von dem allgemeinen Eindruck, den die Encantadas oder Verwunschenen Inseln bieten. Eher eine Gruppe von erloschenen Vulkanen als von Eilanden; genauso, wie die Welt aussehen würde, wenn als Strafgericht eine Feuersbrunst darüber hinweggegangen wäre.

Es ist zu bezweifeln, ob irgendeine Stelle auf Erden dieser Inselgruppe an Trostlosigkeit gleichkommt.«

Herman Melville

James Island (Isla Santiago), Galápagos, Oktober 1835

»Covington!«

Syms kniete im dichten Gestrüpp auf dem Boden, um den Vogel zu untersuchen, den er gerade geschossen hatte. Gehört hatte er nichts, seine Ohren waren taub vom Knall des Schusses. Doch irgendein Gefühl ließ ihn aufblicken. Hatte jemand gerufen? Er hob den Kopf, schob den Hut in den Nacken, streckte den Rücken und sah sich nach allen Seiten um.

»Hier bin ich, Covington. Hier drüben.«

Auf einer kleinen Lichtung, etwa fünfzig Meter entfernt, sah Syms Covington einen jungen Mann, der wild mit den Armen durch die Luft ruderte und zu lachen schien. Er saß auf etwas, das einem großen runden Stein ähnelte, einem Stein, der sich offenbar bewegte. »Sieh dir an, wie stark sie sind«, rief der Mann. Seit sie zusammen über die endlose Weite der Pampa geritten waren, nannte Syms ihn gern Don C. D.

Er runzelte die Stirn und staunte. So ausgelassen hatte er seinen Herrn noch nie erlebt. Ihm gegenüber gab er sich sonst eher ernst und wortkarg, und nun saß er auf dem Rücken einer grotesk riesigen Schildkröte und amüsierte sich wie ein Kind. Jetzt riss er die Knie hoch wie ein Rodeoreiter und brach erneut in Gelächter aus. »Ich wette, sie können einen erwachsenen Mann tragen. Versuch's auch mal.« Er schlug mit der flachen Hand auf den Panzer. »Los, beweg dich! Mach schon!«

Syms verstand nichts von dem, was sein Herr rief, war aber aufgestanden, um besser sehen zu können, zeigte ein breites Grinsen und winkte. Er wollte nicht, dass Don C. D. merkte, wie schlecht es mittlerweile um sein Gehör stand. Er hatte um diese Position gekämpft, und er hatte sie verdient, mehr als jeder andere an Bord, deshalb wollte er sie unter keinen Umständen verlieren. Während die *Beagle* auf See ihre Messungen durchführte, unternahm der Naturforscher immer wieder weite, mitunter wochenlange Reisen ins Landesinnere. Und er, Syms Covington, Sohn eines Metzgers aus Bedford und eigentlich als Fiedler und Schiffsjunge an Bord, durfte ihm dabei zur Hand gehen, eine einmalige Gelegenheit, dem eintönigen Leben auf dem Schiff zu entkommen und Land und Leute kennenzulernen. Vom einfachen Matrosen zum Entdecker – was für ein Aufstieg!

Er wusste, dass Don C. D. ihn anfangs seltsam gefunden und nicht besonders gemocht hatte. Aber er verfügte über eine gut lesbare Handschrift, erwies sich in jeder Beziehung als gelehriger Schüler und war seinem Herrn bald eine unentbehrliche Hilfe geworden. Wenn der nun erführe, dass sein Hörvermögen unaufhaltsam schwand, so wie Wasser aus einer offenen Schale verdunstete, sicher würde er zum ordinären Bootsjungen zurückgestuft werden, wenn er überhaupt auf der *Beagle* bleiben durfte. Dabei präparierte er so schnell und sorgfältig wie kein Zweiter an Bord. Mehr als zehn kleine Bälge schaffte er in der Stunde, und ihre Qualität ließ nichts zu wünschen übrig, Don C. D. hatte ihn mehrfach gelobt. Wahrscheinlich hatte er sein Geschick vom Vater geerbt, der es als Rossschlächter aber mit viel größeren Körpern zu tun hatte. Teufel noch mal, er würde es nicht zulassen, dass diese lächerliche Taubheit ihm alles zerstörte. Seit wann brauchte man für diese Arbeit Ohren?

Also hielt er sein Problem, solange es ging, geheim. Natürlich hatte er die Schildkröten, mit denen Don C. D. seinen Schabernack trieb, auch entdeckt, sie waren ja kaum zu übersehen. Überall im Buschland und bis in die Gipfelregionen stieß man auf ihre Wechsel. Auf diesen seltsamen Inseln schienen sie die großen Pflanzenfresser zu sein, wie anderswo die Antilopen oder Wildpferde. Doch er mochte sie nicht. Sie waren ihm unheimlich. Ihr Fauchen, das sie von sich gaben, wenn man ihnen zu nahe kam, ihre langen, faltigen Hälse, ihre uralten Gesichter mit den kleinen wässrigen Augen. Diese Kreaturen hatten etwas Diabolisches, fand er, wie die hässlichen Inseln, auf denen sie lebten. Er freute sich auf den Moment, da dieser trostlose Ort hinter der *Beagle* im Dunst verschwinden würde.

Die beiden Männer hatten in der letzten Stunde auf dem Berghang einiges an Höhe gewonnen, und Syms beschattete seine Augen, um tief unter sich Buccaneer Cove zu suchen, ihre Landungsstelle. Schnell hatte er das Lager entdeckt. Wenigstens mit seinem Sehvermögen stand alles zum Besten, deshalb war er auch ein so guter Schütze.

Dort unten Zelte aufzustellen, hatte sich als schwierig erwiesen. Sie hatten etliche Versuche gebraucht, weil der Boden von den Bauten der Land-Iguanen vollkommen durchlöchert war. Doch jetzt standen ihre Zelte, und er konnte Benjamin Bynoe, den Arzt der *Beagle*, und Kapitän FitzRoys Diener Harry Fuller erkennen, die sich am Ausrüstungsstapel zu schaffen machten. Er winkte, aber die beiden waren zu beschäftigt und zu weit entfernt, um ihn zu bemerken. Nach der *Beagle*, die am Morgen Kurs auf Chatham im Südosten des Archipels genommen hatte, hielt er vergeblich Ausschau. FitzRoy beabsichtigte, dort Trinkwasser aufzunehmen. Nur auf Chatham gebe es Wasser in ausreichender Qualität, hatte er gesagt. Ergiebige Süßwasserquellen waren auf diesen Inseln Mangelware, und vor ihnen lag eine lange Fahrt über den schier unendlichen Pazifik.

Syms schaute wieder auf die Lichtung, wo das vorsintflutliche Biest sich nun mitsamt seiner schweren Last tatsächlich in Bewegung setzte. Er verfolgte verblüfft, wie es sich mit seinen krummen Beinen scheinbar mühelos erhob und davonstapfte, mit Don C. D., seinem jungen Herrn, auf dem Rücken.

»Oh, ohoho«, rief der und versuchte, das Gleichgewicht zu halten, was ihm zunächst auch gelang. Wahrscheinlich lacht er, dachte Syms, denn er sah, dass sein Herr den Mund weit aufgerissen hatte. Doch plötzlich war es mit der Balance vorbei, er fuchtelte ein letztes Mal mit den Armen durch die Luft, rutschte nach hinten ab und landete mit dem Rücken voran im Dreck.

Don C. D. glaubte, diese Kreaturen gehörten ursprünglich nicht hierher, deshalb hatte er ihnen bisher kaum Beachtung geschenkt. Ähnlich große Schildkröten fände man auch auf anderen ozeanischen Inseln, hatte er erklärt. Sie waren vermutlich Essen auf Beinen, eine Hinterlassenschaft der Seefahrer, die sich nun jederzeit an dem lebendigen Fleischvorrat bedienen konnten. Sie selbst machten es ja nicht anders. Kapitän FitzRoy hatte fast fünfzig Riesenschildkröten auf die *Beagle* schleppen lassen, bei den größten Exemplaren mussten vier Mann zupacken. Und was sie heute Abend am Feuer essen würden, war auch nicht schwer zu erraten. Don C. D. mochte die Tiere am liebsten, wenn ihr Fleisch nach Art der Gauchos im Panzer geröstet wurde. Syms hätte ja gegrillte Iguanen vorgezogen. Ihr Geschmack erinnerte entfernt an Hühnchen oder Kaninchen. Sie waren leicht zu fangen, mindestens genauso hässlich und …

Er kniff die Augen zusammen. Warum stand sein Herr nicht auf? Hatte er sich verletzt? Syms hörte nur das Rauschen der Büsche. Oder war es sein eigenes Blut? Verdammt, 1831, als die *HMS Beagle* unter Kapitän FitzRoy ihre Reise angetreten hatte, war er fünfzehn Jahre alt gewesen, jetzt war er neunzehn, ganze sieben Jahre jünger als sein Herr und mit Sicherheit zu jung, um taub zu werden.

Endlich stand Don C. D. wieder auf, klopfte den Staub von

der Kleidung, und Syms konnte sich beruhigt dem Vogel zuwenden, den er geschossen hatte. Vögel waren seine Spezialität. Er nahm das Tier vorsichtig in die Hand. Es sah nahezu unversehrt aus, weil er Vogeldunst als Munition verwendete, ein feines, fast staubförmiges Schrotgemisch. Statt von Bleikugeln durchsiebt zu werden, starben sie an Herzversagen.

Das Tier war etwas größer als ein Sperling, einer dieser kleinen schwarzen Burschen, die sie bisher auf jeder Insel des Archipels angetroffen hatten. Manchmal hüpften sie arglos und ohne jede Scheu vor ihren Füßen herum, und man musste aufpassen, sie nicht zu zertreten. Es schien mehrere unterschiedliche Arten zu geben, die Syms kaum voneinander unterscheiden konnte, deshalb schoss er lieber ein paar Vögel mehr als einen zu wenig. Sein Herr hielt einige für Finken, andere für Grasmücken und Amseln. Er hatte die auf Chatham und Charles gesammelten Tiere nicht beschriftet und bewahrte sie in der gleichen Kiste auf. Es würde schwer, wenn nicht gar unmöglich sein, die Bälge später nach ihren Herkunftsinseln zu sortieren. Offenbar interessierten ihn die Vögel nicht besonders. Syms hatte sich schon gefragt, ob sein Herr die Lust am Sammeln verloren hatte, doch Don C. D. hatte ihm einen anderen Grund für diese scheinbare Nachlässigkeit genannt. Er ging schlicht nicht davon aus, auf derart ähnlichen und nah beieinanderliegenden Inseln jeweils eigene Kombinationen von Pflanzen- und Tierarten zu finden, etwas, das Syms nicht beurteilen konnte. Es machte jedenfalls unter diesen Umständen keinen Sinn, von jeder Insel eine vollständige Kollektion ihrer Bewohner sammeln zu wollen. Zoologisch waren die Galápagosinseln nicht besonders ergiebig. Das Besondere war ihre Geologie, der Vulkanismus, und der Platz auf der *Beagle* war ohnehin begrenzt, sie konnten nicht alles mitnehmen, was sie fanden. Die Spottdrosseln machten allerdings eine Ausnahme, auf die legte Don C. D. großen Wert. Er hatte Syms auf ihre von Insel zu Insel variierende Gefiederfärbung aufmerksam gemacht und angeordnet, besonders auf sie zu achten. Ihm selbst wäre das nicht aufgefallen.

Syms war ein Gewohnheitsmensch. Egal ob groß oder klein, ob spektakulär oder gewöhnlich, jedes Tier wurde von ihm mit der gleichen Sorgfalt behandelt, und über jedes einzelne Exemplar führte er genauestens Buch. Er maßte sich ohnehin nicht an, die Bedeutung seiner Jagdbeute beurteilen zu können. Das überließ er den Gelehrten daheim in England, denen er seine Bälge zur Begutachtung übergeben würde. Ihm ging es nicht um neue Erkenntnisse oder gar wissenschaftlichen Ruhm. Er hoffte, nach seiner Rückkehr mit der privaten Sammlung ein wenig Geld machen zu können. Und er war nicht der Einzige, der auf einen kleinen Gewinn spekulierte. Einige Offiziere der *Beagle* hatten ebenfalls begonnen, eigene Sammlungen anzulegen.

Der kleine Vogel hatte einen ungewöhnlich kräftigen Schnabel, dessen Basis die gesamte Kopfhöhe einnahm. So etwas hatte er noch nie gesehen. Ob die Weibchen genauso ausgestattet waren? Syms setzte sein Messer an, führte blitzschnell einige Schnitte aus und zog den Balg vom Fleisch wie einen Handschuh vom Finger. Danach stülpte er ihn vorsichtig wieder zurück, wog ihn in seiner Hand und nahm sich vor, in Zukunft verstärkt nach den graubraunen Weibchen Ausschau zu halten. Von denen hatte er noch zu wenige. Es brachte mehr ein, wenn er Sammlern Männchen und Weibchen einer Art zum Kauf anbieten konnte. Den blutigen Klumpen, der von dem kleinen Tier übrig geblieben war, warf er zwischen die Sträucher.

Stunden später hockten sie in der Nähe ihrer Zelte um ein Lagerfeuer, in dem die fleischbepackten Brustplatten zweier großer Schildkröten brieten. Bynoe und Fuller starrten in die Flammen, während Syms gewissenhaft seine Flinte reinigte.

Don C. D. stand einige Meter entfernt vor einem kraterförmigen Loch, aus dem der Schwanz eines Leguans herausragte, und pulte fluchend an seinen Fingern herum. Er hatte einige Leguane mit Opuntienblättern gefüttert und sich über ihre Streitigkeiten amüsiert. Die Art und Weise, wie sie ihre Köpfe schnell auf und ab bewegten, um Artgenossen zu imponieren, sah wirklich komisch aus. Doch während die kleinen Drachen in die fleischigen Kakteenblätter bissen, ohne sich im Mindesten um deren Stacheln zu scheren, hatte er sich beim Abschneiden nahezu unsichtbare haarfeine Dolche in die Haut gejagt. Schließlich bückte er sich, packte den Echsenschwanz mit beiden Händen und zog kräftig daran. Syms hob die Augenbrauen und hielt inne. Mit den schwarzen Meeresechsen war sein Herr genauso umgesprungen.

Zuerst geschah gar nichts. Dann buddelte sich das gut ein Meter lange Tier frei, drehte sich um, suchte augenscheinlich den Übeltäter, um ihn dann für Minuten in völliger Bewegungslosigkeit zu fixieren. Naturforscher und Landleguan starrten sich an, bis der Mensch nicht mehr an sich halten konnte und losprustete.

»Da staunst du, was?«, rief Don C. D. lachend.

Harry Fuller grinste. »So etwas hat er noch nicht erlebt.«

»Ja, er scheint richtig fassungslos zu sein«, sagte Bynoe, der mit einem Ast in der Glut herumstocherte. »So etwas tut man doch nicht, eine ehrwürdige Leguanmutter am Schwanz zu ziehen.«

»Woher wissen Sie, dass es ein Weibchen ist?«, fragte der Steward.

»Überleg doch mal, Fuller. Warum hat sie wohl ein Loch gebuddelt, hm?« Der Doktor schmunzelte und versicherte sich mit kurzem Seitenblick auf Don C. D., dass er ihrer Unterhaltung folgte. »Natürlich, um darin ihre Eier abzulegen, ist doch klar. Hab ich recht, Mr. Darwin?«

Der junge Naturforscher nickte. Syms blickte in die Runde, konnte dem Gespräch aber nicht wirklich folgen. Wenn er gejagt hatte, war es immer besonders schlimm. Er legte seine Flinte, die er sorgfältig in ein Tuch gewickelt hatte, neben sich auf den Boden ab und fragte: »Ist das Essen endlich fertig? Ich habe einen Bärenhunger.«

Neun Tage blieben die vier Männer auf James Island, der heutigen Isla Santiago. Don C. D. untersuchte Krater und Lavaflüsse, und es zog ihn tiefer ins Landesinnere und damit höher hinauf. Auf anderen Inseln des Archipels hatte er gesehen, dass es in höheren Lagen feuchter wurde, was eine üppig wuchernde tropische Vegetation begünstigte.

Und so war es auch hier. Sie wanderten durch Wälder aus mächtigen Palo-Santo-Bäumen. Auf den Mimosen kletterten Leguane herum und mampften still die Blätter in sich hinein. Sie stießen auf einen See voller riesiger Schildkröten, die hier ihre Bäuche mit Wasser füllten. Noch weiter oben, in Regionen, die fast immer in Wolken gehüllt waren, war es so feucht, dass das Wasser von den mit Flechten überwucherten Baumästen in ein dichtes Gestrüpp aus Farnen und Seggen tropfte. Der Boden war schlammig, ein Lebensraum, der es fast unvorstellbar erscheinen ließ, dass nur wenige Hundert Meter tiefer Trockenheit und unerbittliche Hitze herrschten.

An diesen vulkanischen Berghängen löste eine Baumart die andere ab, und hier stießen die Entdecker auch auf eine Zone, die von Guayavita-Bäumen dominiert wurde, die voller beerenartiger Früchte hingen. Sie waren allerdings so sauer, dass sich Don C. D. bei dem Versuch, sie zu essen, alles zusammenzog und er sie sofort ausspuckte. Den Schildkröten machte das nichts aus. Sie fraßen die Früchte mitsamt den Flechten, die an den Ästen hingen.

Syms fiel auf, dass sein Herr bei der Betrachtung der Bäume tief in Gedanken versunken war, und er sprach ihn darauf an. »Ach«, antwortete Don C. D., »ich kann mich nicht erinnern, diesen Baum auf den anderen Inseln gesehen zu haben. Und hier bildet er in mittlerer Höhe ganze Wälder. Wie kann er dann nur wenige Kilometer entfernt, unter ähnlichen Bedingungen, fehlen?«

Ein einheimischer Schildkrötenjäger, der sie auf der Wanderung begleitete, war ihrer Unterhaltung gefolgt und berichtete nun von seinen eigenen Beobachtungen: »Das ist nichts Ungewöhnliches, mein Herr. Auf vielen der Inseln gedeihen Bäume und Pflanzen, die es auf den anderen nicht gibt.«

Syms hätte schwören können, dass sein Herr in diesem Moment unter der Hutkrempe erbleichte. Er sagte auf dem ganzen Weg kein Wort mehr und blieb in tiefe Grübelei versunken.

Syms hatte das seltsame Verhalten Don C. D.s bald vergessen, doch als er viele Jahre später im fernen Australien, wo er sich inzwischen niedergelassen hatte, das als Buch veröffentlichte Reisejournal seines Herrn las, erinnerte er sich wieder daran und verstand, was dem mittlerweile berühmten Naturforscher in diesem Moment durch den Kopf gegangen sein musste. Sicher war es ein Moment größter Enttäuschung, vielleicht Verzweiflung gewesen. »Leider«, so hieß es in der Niederschrift, »war ich mir dieser Tatsachen nicht bewusst, bis meine Sammlung fast vollendet war.« Leider ... denn es gab kein Zurück mehr. Darwin konnte mit seiner Sammeltätigkeit nicht noch einmal von vorn beginnen. Es war zu spät. James Island war seine letzte Station auf den Islas Encantadas.

Einige Tage später näherte sich die vertraute Silhouette der *Beagle*. Die Männer lösten ihr Lager in der Buccaneer Cove auf, luden die Ausrüstung und alles, was sie zusammengetragen hatten, auf ein Boot und fuhren hinaus zu dem Schiff, das noch für Jahre ihr Zuhause sein würde.

Fünf Wochen Galápagos lagen hinter der Besatzung. Charles

Darwin und sein Gehilfe Syms Covington hatten neunzehn Tage und zehn Nächte auf vier verschiedenen Inseln verbracht. Sie legten in dieser Zeit etwa achtzig Kilometer zurück. Heute heißt es, dass diese Stunden, Tage und Kilometer die Welt veränderten.

Drei Tage später lichtete die *Beagle* die Anker und brach gen Westen auf. Während der folgenden Wochen auf See hatten der Naturforscher und sein Gehilfe viel Zeit, das Gefundene zu sichten, zu katalogisieren und zu verpacken. Mithilfe von Covington und der Offiziere, die ihre eigenen Kollektionen beisteuerten, brachte die *Beagle* allein aus Galápagos etwa fünfhundert Sammlungsstücke mit nach England, mehr als die Hälfte davon Pflanzen. Zum Rest gehörten fünfundsechzig Vögel, fünfzehn Reptilien, fünfzehn Fische, siebzehn Landschnecken, etwa fünfundachtzig Gliederfüßer, vierzig Steine und diverses Meeresgetier. Die Auswertung dieser Funde und ihre wissenschaftliche Beschreibung durch englische Experten nahmen mehr als zehn Jahre in Anspruch.

Teil 1

»Ich habe dich beobachtet. Du bist nur Gerede. Deine Empörung ist ein Furz. Du lässt Luft ab, du stänkerst herum, ansonsten bist du wie alle anderen, nein, schlimmer noch, du weißt Bescheid, und du lässt dir dein Wissen versilbern.«

Ilija Trojanow, Eistau

1

Isla Santa Cruz, Charles Darwin Research Station

Anne lag regungslos in ihrem Bett, starrte in die Dunkelheit und lauschte den leisen Stimmen, die von draußen in den Raum drangen. Wahrscheinlich gehörten sie einigen der jungen Ecuadorianer, die in den Bungalows hinter dem Küchenhäuschen wohnten.

Sie führte die linke Hand zum Mund und leckte einen Blutstropfen von der Haut. Nach dem Aufwachen war sie völlig durch den Wind gewesen und hatte unwillkürlich nach einer der neuen Lampen getastet, die Hermann in ihrem Kieler Schlafzimmer links und rechts neben dem Bett an die Wand geschraubt hatte. Doch statt blankes Metall und den Kippschalter zu berühren, war sie über scharfkantige Steine geschrammt und hatte sich prompt den Fingerknöchel aufgerissen.

Nicht einmal eine Nachttischlampe gab es hier, fluchte sie innerlich und ärgerte sich gleichzeitig über ihre Dummheit. Der Groll, der sie schon den ganzen Tag begleitet hatte, war wieder da, und es half auch nichts, sich daran zu erinnern, dass sie den Raum nur zum Schlafen nutzte. Studenten mochten sich darin wohlfühlen, in ihrem Alter hatte man jedoch andere Ansprüche, und sie sah nicht den geringsten Grund, warum sie sich davon verabschieden sollte, nur weil sie jetzt mit einem Biologieprofessor liiert war. Sicherlich, dieses Zimmer lag nicht in einem Hotel, sondern in einer Forschungsstation – aber was hatte sie dann hier verloren, allein, ohne Hermann? Vielleicht hätte sie sich doch eine Unterkunft in der Stadt suchen sollen, das hätte ihr auch die langen Wege erspart. Sie war gestern kurz davor gewesen und hatte nur aus Rücksicht Hermann gegenüber darauf verzichtet, der einen solchen Umzug sicher als Affront empfunden hätte. Andererseits hatte er auch herzlich wenig Rücksicht auf sie genommen.

Während Hermann schon dabei gewesen war, seine zweite Bootstour vorzubereiten, und unten am Wasser mithilfe eines ohrenbetäubenden Kompressors Druckluftflaschen befüllt hatte, war sie gestern unter sengender äquatorialer Sonne durch die Gegend marschiert. Zuerst hatte sie den Zuchtgehegen hier auf dem Stationsgelände einen Besuch abgestattet und sich gefragt, ob es wohl etwas Langweiligeres gab, als Landleguanen und Schildkrötenopas wie Lonesome George beim Schlafen zuzusehen. Sie wunderte sich, dass die großen Reptilien ihren Kopf dabei einfach in den Vulkandreck legten. Schliefen alle Schildkröten so oder nur die auf Galápagos? Denen war nach einigen Hundert Jahren Kontakt mit der Außenwelt anscheinend noch immer nicht aufgegangen, dass ihnen von anderen Kreaturen Gefahr drohen könnte. Wozu schleppten sie den schweren Panzer mit sich herum, wenn sie ihn nicht einmal nachts benutzten?

Dann hatte sie sich den kleinen Strand im Nationalpark angesehen. Er war voller kreischender junger Galapagueños gewesen, kein Ort, an dem eine Frau in ihrem Alter, deren Kinder schon lange aus dem Haus waren, sich wohlfühlte. Später, als Hermann und die anderen schon gen Westen aufgebrochen waren, hatte sie sich kurz hingelegt und war dann mit müden Beinen durch Puerto Ayora gelaufen, das touristische Zentrum der Galápagosinseln, ein Ort, der nur aus Tauchbasen, Tourveranstaltern, Restaurants und Boutiquen für Reiseandenken und bedruckte T-Shirts zu bestehen schien. Blaufußtölpel, Leguane, Seelöwen und Schildkröten, in allen nur erdenklichen Materialien, Farben und Variationen. Und natürlich der bärtige großväterliche Charles Darwin, immer wieder Darwin. Noch aus dem Jenseits schien er seine schützende

Hand über den Archipel zu halten. Was wäre wohl aus diesen Inseln geworden, wenn er nicht gewesen wäre?

Danach war sie todmüde ins Bett gefallen. Und das alles, um sich nicht länger als nötig in ihrem Quartier aufhalten zu müssen. Die einzige Lichtquelle des aus rohem Vulkangestein gemauerten Bungalows war eine von der Decke baumelnde Energiesparlampe, in der spartanischen Dusche platzten die Kacheln von den Wänden. Was hätte sie dort tun sollen? Sich auf einem der harten Holzstühle vor die Tür setzen? Auf dem Bett liegen wie jetzt? Sie war regelrecht auf der Flucht gewesen. Das darf sich nicht wiederholen, dachte sie. Sie musste versuchen, das Beste aus ihrer Situation zu machen, das Positive sehen. Sie hatte noch zwei ganze Tage für sich.

Nachdem sie den Bungalow zum ersten Mal inspiziert hatte, war sie so deprimiert gewesen, dass sie schnell wieder auf die Terrasse mit den losen Steinplatten getreten war und sehnsüchtig zu einem Gebäude hinübergesehen hatte, das etwa hundert Meter entfernt lag und über einen holperigen Schotterweg zu erreichen war. Dort hatte sie mit Hermann die ersten beiden Nächte verbracht, bevor das Schiff ausgelaufen war. Obwohl die Zimmer dieses Hauses kaum mehr Bequemlichkeit boten, hatte es ihr dort besser gefallen. Es war romantischer gewesen, der Raum großzügiger geschnitten, mit hoher Holzdecke und einer Terrasse, von der man über den undurchdringlichen Busch mit den alles überragenden stacheligen Opuntienbäumen hinweg auf das Meer sehen konnte. Ihr Nachbar hatte sich dort eine Hängematte aufgehängt, was in ihr wenigstens einen Hauch von Urlaubsstimmung aufkommen ließ.

Während Hermann drinnen das Gepäck abstellte, hatte sie draußen vor dem neuen Quartier die Lippen zusammengepresst und mit den Tränen gekämpft. Erst dieses Schiff, auf dem sie sich anfangs die Seele aus dem Leib gekotzt hatte, und jetzt das … Dabei hatte sie zu diesem Zeitpunkt noch nicht einmal geahnt, dass sie das Zimmer für Tage allein würde bewohnen müssen. Aber auf das Schiff hatte sie nicht noch einmal gewollt. Sechs Tage auf der *Queen Mabel* waren genug gewesen.

»Anne, Liebling, mach bitte nicht so ein Gesicht.« Hermann war neben sie getreten, hatte den Arm um sie gelegt und sie an sich gedrückt. »Ich rede noch mal mit der Verwaltung, okay? Vermutlich hat Valeria uns das erstbeste Zimmer gegeben, das frei war. Vielleicht können wir ja wieder da drüben einziehen. Wäre dir das lieber?« Sie nickte stumm. Aber zu einem Umzug war es nicht mehr gekommen.

Was den Mangel an Komfort ihrer Unterbringung anging, hatte Hermann sie vor Antritt der Reise vorgewarnt, wie sie zugeben musste, und sie hatte sich von seiner Schilderung zunächst nicht abschrecken lassen. Sie verstand, dass er als Meeresbiologe hierhergehörte, in die berühmte Charles-Darwin-Forschungsstation, zumal Dieter Grumme, der deutsche Leiter der marinen Abteilung, ein alter Bekannter von ihm war. Er wollte nicht in irgendeinem der Hotels wohnen, unter ahnungslosen Touristen, die eine Spottdrossel nicht von einem Finken unterscheiden konnten und oft genug nicht die geringste Vorstellung davon hatten, wo sie sich hier befanden.

Auch als er darauf bestand, diese sonderbare Inselwelt nicht mit einem der luxuriösen Touristenschiffe zu erkundeten, sondern mit der *Queen Mabel*, hatte sie überaus verständnisvoll reagiert. Es war noch das größere der beiden Boote, die Wissenschaftler der Station für ihre Exkursionen nutzten, neben den modernen Kreuzfahrtschiffen wirkte es aber wie eine museumsreife Nussschale, die bei jeder Welle heftig schaukelte und ihren Passagieren außer einem Etagenbett und einem einzigen Tisch, an dem die Wissenschaftler aßen und jede freie Minute verbrachten, nichts zu bieten hatte. Hinten im Heck war jeder verfügbare Raum mit Tauchutensilien zugestellt, auf den Bänken standen Kisten mit Forschungsgerätschaften. Sogar die Gänge außen neben der Kajüte waren nahezu unpassierbar, weil man über Stapel von Pressluftflaschen und große Kanister mit Trinkwasser und Treibstoff klettern musste. Die Besatzung aß am Küchentresen im Stehen.

Hermann störte das alles nicht. Sie bewunderte seine Anspruchslosigkeit. Für ihn war entscheidend, dass er hier sein und dieses außergewöhnlich reichhaltige Meer befahren konnte. Kalte und warme Wasserströmungen aus drei verschiedenen Richtungen verwandelten es in einen gigantischen Whirlpool, so unberechenbar, dass er die Seeleute vergangener Jahrhunderte ein ums andere Mal in Verwirrung gestürzt hatte. Ein mit seinem Schiff vom Winde verwehter Bischof aus Panama hatte die Inseln durch Zufall in einer bis dahin unerforschten Meeresgegend entdeckt. Die Leute sprachen von den Islas Encantadas, den Verzauberten Inseln, und glaubten, sie trieben frei im Ozean, seien mal hier, mal dort zu finden. Und doch war dieser Ort, so abgelegen er war, zum Synonym für eine der großen Ideen der Menschheit geworden.

Vieles, was man über Darwin und Galápagos erzähle, sei zwar ein seit Jahrzehnten widerlegter Mythos, hatte Hermann ihr erklärt, dieser Mythos habe den Inseln und ihren absonderlichen Bewohnern aber eine Aura verliehen, die weltweit ihresgleichen suche und geradezu greifbar mache, was Evolution bedeute. Deshalb sei es keineswegs selbstverständlich, sondern ein Privileg, dass sie in der berühmten Charles-Darwin-Station untergekommen seien und an Bord der *Queen Mabel* dürften. Hermann versuchte, ihr ihre spartanische Unterkunft schmackhaft zu machen, indem er auf die vielen Wissenschaftler verwies, die sich darum rissen, hier wohnen und forschen zu dürfen, und die oft lange darauf warten mussten. Manchmal vergaß er einfach, dass Anne nicht zu dieser Zunft gehörte.

Doch sie hatte Hermanns Entsetzen bemerkt, als er bei ihrer

Ankunft das kleine verschlafene Nest seiner Erinnerung im heutigen Puerto Ayora kaum noch wiedererkannte. Der Tourismus war in den letzten Jahren explodiert. Sollte er, der hier vor Jahren selbst geforscht und monatelang nach unbekannten Tintenfischarten gesucht hatte, sich die Inselnatur etwa von einem dieser angelernten Guides erklären lassen? Niemand, und er wiederholte, *niemand* werde ihn dazu bringen, eines dieser Kreuzfahrtschiffe zu betreten. Es schien ihm wirklich ernst damit zu sein, und sie hatte es akzeptiert – um sich dann jeden Tag, nachdem sie auf der ach so begehrten *Queen Mabel* vergeblich nach einem Platz gesucht hatte, wo sie sich niederlassen und ein paar Sonnenstrahlen tanken konnte, an Bord eines der modernen Schiffe zu wünschen, die oft in den gleichen Buchten ankerten wie sie. Im Gegensatz zu ihnen konnten die Touristen sogar die Inseln betreten und sich zu den dösenden Seelöwen und Leguanen in den Sand setzen, durften sich den Vogelkolonien nähern und die Vulkane besteigen. Den Forschern war dies nicht erlaubt, weil sie Meereswissenschaftler waren und die Inseln mit ihren einsamen Stränden nicht Gegenstand ihrer Untersuchungen. Keiner von ihnen hätte es gewagt, ohne Genehmigung einen Fuß darauf zu setzen. Ein gutes Verhältnis zur Nationalparkverwaltung war die Voraussetzung ihrer Arbeit. Wer den Verboten zuwiderhandelte, brauchte sich kein zweites Mal um einen Arbeitsplatz zu bewerben, würde nie wieder ein Sandkorn oder eine Muschelschale außer Landes schaffen können.

Der Kontrast zwischen dem Luxus, der zahlungskräftigen Touristen geboten wurde, und den Umständen, unter denen die Forscher zu leben und zu arbeiten gezwungen waren, hätte größer kaum sein können, und Anne war verblüfft, wie klaglos die Wissenschaftler sich damit abfanden. Sie schienen nichts anderes erwartet zu haben und erzählten von exotischen Orten, wo die Arbeitsbedingungen und Lebensumstände noch weitaus schlechter gewesen seien. Wie Hermann waren sie offenbar voll und ganz damit zufrieden, hier ihrer Arbeit nachgehen zu dürfen. Alles andere war sekundär. Anne nahm es als Aufforderung, sich nicht so anzustellen – mit mäßigem Erfolg.

Sie hatte sich ihren ersten Auslandsurlaub seit Jahren anders vorgestellt, ganz anders. Eine bequeme Liege am Pool oder Sandstrand, ein gutes Buch, abends ein gepflegtes Dinner, ein bisschen Romantik ... Immerhin war es ihre erste gemeinsame Reise mit Hermann.

Ihre beste Freundin Birgit fiel ihr ein, die es nicht eine Minute in diesem Zimmer ausgehalten hätte. Mit großen Augen hatte sie Anne angesehen, als die ihr von dem neuen Mann in ihrem Leben erzählte. »Im Ernst? Ein Biologieprofessor? Meinst du wirklich, so einer passt zu dir?«

Was für eine Frage. Natürlich passte Hermann zu ihr, dachte Anne trotzig. Hermann passte besser zu ihr als jeder andere Mann, der ihr in den letzten zehn Jahren begegnet war, daran zweifelte sie keine Sekunde, auch wenn er sie jetzt in dieser verdammten Baracke allein gelassen hatte. Sie wusste ja, warum er es getan hatte – nicht etwa aus Geiz oder Gedankenlosigkeit, sondern aus tief empfundener Begeisterung für seine Sache, die ihr tausendmal lieber war als die Langeweile, der Überdruss oder die großmäulige Mir-gehört-die-Welt-Attitüde, die sie bei anderen Männern erlebt hatte.

Manchmal erschrak sie darüber, wie viele Sorgen sie sich um ihre Beziehung machte, wie groß ihre Angst war, Hermann nach wenigen Monaten wieder zu verlieren. Sie hatte vergessen, wie schwer es war, die Freiräume, die jeder von ihnen für sich beanspruchte, so auszutarieren, dass beide auf ihre Kosten kamen, und allzu leicht fiel sie in Verhaltensweisen zurück, die sie schon lange überwunden geglaubt hatte.

Sie lutschte sich einen weiteren Blutstropfen vom Handrücken und musste wieder an die sündhaft teuren Kieler Nachttischlampen denken und wie lange sie nach ihnen gesucht hatte. Sie hatte Hermann gebeten, die Lampen anzubringen, und der entzog sich dieser hausmännlichen Aufgabe so lange, bis es darüber fast zum Streit gekommen wäre. Warum hatte sie es nicht einfach selbst gemacht, wie in all den Jahren zuvor, in denen es keinen Mann in ihrem Leben gegeben hatte? Sie wusste genauso gut wie er, wie man Bohrmaschine und Schraubenzieher benutzte.

Trotzdem ... sie würde unter keinen Umständen noch einmal an einem Ort wie diesem tagelang auf ihn warten. Natürlich hatte sie ihr Einverständnis zu seiner zweiten Ausfahrt mit der *Queen Mabel* gegeben, doch schon gestern war ihr klar geworden, dass sie sich und ihrer Beziehung damit keinen Gefallen getan hatte. Umso mehr freute sie sich auf die letzte Woche ihrer Reise, die sie im ecuadorianischen Teil Amazoniens verbringen würden, darauf hatte sie bestanden. Dort würde es all das geben, was sie hier vermisste. Die komfortable Dschungellodge mitten im Nationalpark hatte sie selbst ausgesucht. Als ob sie geahnt hätte, was sie auf Santa Cruz erwartete.

Sie seufzte, wischte sich eine klebrige Schweißschicht von der Stirn und roch daran. Seltsam, die tropische Hitze lockte Duftstoffe aus ihr heraus, die daheim selbst die heißesten Tage nicht hervorbrachten. Auch Hermann verströmte hier einen kräftigen Geruch, den sie noch nie an ihm bemerkt hatte, aber es war ihr nicht unangenehm, im Gegenteil. Als sie am Nachmittag ihres ersten Tages auf Santa Cruz miteinander geschlafen hatten, klebten sie aneinander wie zwei verliebte Schnecken. Gierig schnüffelten sie sich gegenseitig die neuen ungewohnten Düfte von der Haut. Später, als sie gemeinsam unter der lauwarmen Dusche standen, erzählte Hermann, dass Schnecken Zwitter seien und einander spitze Liebespfeile ins Fleisch jagten. Kichernd wie zwei alberne Teenager spekulierten sie, wie es wohl wäre, weibliche und männliche Erregung im gleichen Körper zu spüren, ob sich die Gefühle potenzierten oder eines stärker wäre und die Oberhand gewinnen würde. Das hatte sie nun davon, dass sie sich mit einem Zoologen eingelassen hatte.

Anne wälzte sich von einer Seite auf die andere. Es war so warm, und sie hätte so gerne geschlafen … Sie lauschte den leisen Geräuschen der Geckos und den spanischen Stimmen. Es kam ihr auf einmal seltsam vor, dass sie kein Kichern, kein Lachen hörte. Dort hinten wohnten junge Leute, wahrscheinlich Praktikanten und Studenten vom tausend Kilometer entfernten Festland, die ihre Zeit auf Santa Cruz, weit weg von zu Hause, sicher nicht nur für die Rettung der hiesigen Tierwelt nutzten. In solchen Runden ging es normalerweise feuchtfröhlich und laut zu. Doch wer auch immer sich um diese Zeit da draußen aufhielt – sie glaubte drei oder vier Stimmen unterscheiden zu können –, es hörte sich so an, als führten sie eine ernsthafte, immer wieder von längeren Pausen unterbrochene Unterhaltung.

Ob es die Stimmen waren, die sie wach hielten? Nein. Der Jetlag, dachte Anne. Ihr langer Flug über den Atlantik lag nun schon eine Woche zurück, die Zeitumstellung machte ihr aber immer noch zu schaffen. Sie tastete nach dem Reisewecker, der neben ihr auf dem wackeligen Nachttisch stand. Drei Uhr fünfzehn. Sie rechnete stumm: drei Uhr fünfzehn plus sieben. Na klar, die Kollegen in Kiel arbeiteten schon seit Stunden. Um diese Zeit trafen sie sich oft zu Besprechungen. Sie sah sie vor sich, Becker, Hollinger, Bock und die anderen, wie sie mit übermüdeten, blassen Gesichtern um den großen Tisch saßen und ihren schaurigen Kaffee in sich hineinschütteten. Die Vorstellung hellte ihre Stimmung schlagartig auf. Die Blume, Sitz der Bezirkskriminalinspektion Kiel, war wirklich das Letzte, was sie hier vermisste. Glücklicherweise war sie weit weg von alldem, war mit Hermann um die halbe Welt geflogen. Galápagos, Ecuador – mein Gott, sie hatte eine Gänsehaut bekommen, als er ihr dieses Reiseziel vorschlug.

Und es war ja auch großartig. Überwältigend. Die Unterbringung war nur das eine, etwas, das hoffentlich bald vergessen sein würde. An das, was sie mit Hermann vor der Isla Isabela erlebt hatte, würde sie sich dagegen ihr ganzes Leben erinnern, genauso wie an die Delfine im Canal Bolívar, die sich von der Bugwelle der *Queen Mabel* durch das Wasser schieben ließen, bis sie die Lust verloren und weiterzogen, an die Echsen in der Steilwand vor Española, die großen Rochen während der Überfahrt nach San Cristóbal, ihre übermütigen Salti, aus denen die pure Lebenslust zu sprechen schien. Die Forscher hatten ihr erklärt, dass die Tiere sich auf diese Weise ihrer Hautparasiten entledigten, und Anne glaubte zuerst, sie hätte sich verhört. Hatten sie keine Augen im Kopf, oder war es ihre Fantasielosigkeit, die sie zu solchen Erklärungen greifen ließ?

Sie legte ihre Hand auf das Bett neben ihr, strich über das Laken und dachte an Hermann, ihren Tintenfischverrückten, ihren Professor. Wie er aus vollem Halse gelacht hatte, als sie vor Isabela inmitten von Pinguinen, Pelikanen und verspielten Seelöwen im Wasser schwammen. Ein großer Schwarm fingerlanger blassblauer Fische hatte die Tiere herbeigelockt. Ringsumher jagten die Boobies, legten in zehn, fünfzehn Meter Höhe die Flügel und ihre hellblauen Füße an und schossen mit dem Schnabel voran wie Pfeile ins Wasser, metertief und in einen Mantel aus silbrigen Luftblasen gehüllt. Kurze Zeit später tauchten sie wie Korken wieder an der Oberfläche auf, um sich sofort ein weiteres Mal in die Luft zu schwingen und einen neuen Fischzug zu starten … ein unglaublicher Moment, ein Erlebnis, das sie nie für möglich gehalten hätte. Plötzlich hatte sie verstanden, warum manche von Ga' Paradies sprachen.

Und jetzt lag sie, eine Frau jenseits de' Nacht wach und verzehrte sich nach das zu glauben? Sie getroffen zu haben, n. mal gesagt, sei ein kostbares Geschenk, mit den. gerechnet hätte. Verdammt – wenn es so war, und s. dass er es ehrlich meinte, was hatte er dann jetzt da dra. auf dem Pazifik verloren? Was an ihrer Entdeckung so außer ordentlich gewesen war, hatte sie nicht genau verstanden, und es interessierte sie im Grunde auch nicht. Ein Hai wie jeder andere, aufdringlich, grau und hässlich und nicht einmal besonders groß. Ein wenig schadenfroh wünschte sie Hermann, dass er jetzt wie sie wach lag und sich mit der Frage herumquälte, ob dieser Fisch es wirklich wert war, sie hier allein gelassen zu haben.

bra ha

Anne stützte sich auf ihren Ellenbogen und trank einen Schluck aus der Wasserflasche, die sie sich auf den Nachttisch gestellt hatte. Sie konnte nicht anders, sie musste die Ohren spitzen und dem Getuschel vor ihrem Bungalow zuhören, obwohl nur Wortfetzen an ihr Ohr drangen und sie kaum Spanisch verstand. Die Stimmen schienen ganz aus der Nähe zu kommen. Warum setzten sie sich nicht vor ihren eigenen Zimmern zusammen? Jetzt, da sie genauer hinhörte, kam ihr die Unterhaltung seltsam gehetzt vor. Und waren es nicht mehr Stimmen geworden? Anne wusste nicht, worum es ging, doch sie meinte, eine Beunruhigung aus dem lauter werdenden Gespräch herauszuhören.

Fuego.

Wie ein geschliffener Diamant aus einer Handvoll Kieselsteine stach dieses Wort plötzlich aus dem spanischen Kauderwelsch heraus, so unvermittelt, dass sie einen Moment

.hte, um zu begreifen, dass sie es sich nicht eingebildet e.

Fuego – das hieß Feuer, oder nicht? Ein Adrenalinstoß schoss durch ihren Körper. Die Station war von knochentrockenem Buschland umgeben. Wenn das in Brand geraten war, musste sie weg, so schnell wie möglich, runter zum Meer.

Sie sprang aus dem Bett, zog hastig Shorts und T-Shirt über, riss die Tür auf und sah sofort, dass sie sich nicht verhört hatte. Irgendwo hinter den Dächern der Station und den allgegenwärtigen Opuntienbäumen stieg eine Rauchsäule in den Nachthimmel, von unten beleuchtet durch ein helles, flackerndes Licht. Hin und wieder sah man sogar eine Flammenzunge, die in die Höhe schoss und schnell wieder verschwand. Wo genau, war nicht zu erkennen. Es war aber nicht der Busch, der da brannte, dafür war der Rauch zu weit entfernt. Es bestand keine unmittelbare Gefahr.

Ein paar Meter weiter rechts, wo die steinige Zufahrt auf die Terrasse traf, stand eine Gruppe von sieben oder acht Personen und starrte auf die Bucht hinaus. Sie erkannte Carol, eine kanadische Geologin, und Salvatore und Lieke, zwei der Doktoranden. Alle drei waren mit auf dem Schiff gewesen. Wenigstens jemand, mit dem sie reden konnte, dachte Anne erleichtert, obwohl sie auch mit ihren Englischkenntnissen haderte. Es war so lange her, dass sie sich in einer Fremdsprache verständigt hatte.

Die Tür des Nachbarzimmers öffnete sich, und ein hagerer Mann in Unterhosen erschien auf der Schwelle. Er fuhr sich mit beiden Händen über den kahl geschorenen Kopf und erstarrte mitten in der Bewegung, als er die Rauchsäule sah. Auch Reinhardt Schwan, ein Schweizer Sedimentologe, der an einer amerikanischen Universität unterrichtete, war auf der *Queen Mabel* gewesen. Sie hatte gar nicht gewusst, dass sie alle Nachbarn waren. Tagsüber hatte sie keinen von ihnen gesehen.

»Was ist passiert?«, rief sie auf Englisch und trat auf die Gruppe zu. Einige drehten sich kurz um, junge, ratlose Gesichter. Anne kam sich in dieser Gesellschaft furchtbar alt vor.

Eine junge Frau mit rundem, puppenhaftem Gesicht ließ einen spanischen Wortschwall los, in dem Anne nur das Wort *explosión* verstand.

»Was? Eine Explosion? Es hat eine Explosion gegeben?« Anne sah fragend von einem zum andern.

»Ich glaube, ich bin davon aufgewacht«, bestätigte Lieke, die durch ihre Größe und die langen strohblonden Haare aus der Gruppe herausstach. Anne hatte sie schon auf der *Queen Mabel* bewundert, eine bildhübsche junge Holländerin, von der weder die einheimische Bootsbesatzung noch die männlichen Wissenschaftler die Augen lassen konnten.

Die jungen Ecuadorianer redeten jetzt alle durcheinander. Anne sah Reinhardt und Carol Hilfe suchend an. Sie wusste, dass die beiden ausgezeichnet Spanisch sprachen.

»Sie sagen, eine ganze Weile sei nur ein rötlicher Schimmer zu sehen gewesen«, übersetzte Carol. »Dann habe es irgendwann geknallt, und immer mehr Rauch sei aufgestiegen. So hoch wie jetzt schlagen dic Flammen erst seit ein paar Minuten. Mehr wissen sie nicht. Sie rätseln schon die ganze Zeit, was da passiert sein könnte. Sie vermuten, dass es in der Bucht brennt.«

»Ja«, Anne nickte, »so sieht es aus. Aber was soll da brennen?«

»Quizás un barco«, sagte ein junger Mann mit ernstem Gesicht.

»Was?«

»Ein Schiff.«

»Wenn ihr es genau wissen wollt, müsst ihr zum marinen Labor gehen«, sagte Reinhardt und gähnte. Er schien nicht besonders beunruhigt zu sein.

Sie standen einen Moment unschlüssig beieinander. Jetzt hörte man das Feuer sogar, ein leises Prasseln, hin und wieder ein lautes Knacken. In der Ferne, vielleicht im Hafen, heulte eine Sirene auf.

Auf dem Weg vor ihnen näherten sich von rechts knirschend Schritte. Die Umrisse eines Mannes schälten sich aus der Dunkelheit. Er trug nur Badeshorts und blieb im Dunkeln stehen.

»Hola!«, grüßte der Mann. »Weiß von euch jemand, was da los ist?«

Anne erkannte seine Stimme. Es war David Bartels, einer der deutschen Doktoranden, der offenbar in dem Haus wohnte, in das sie gerne umgezogen wäre. Jetzt war fast die gesamte Forscherriege der *Queen Mabel* versammelt. Nur die kleine Isabelle fehlte. Und Hermann natürlich.

»Konntest du von deiner Terrasse aus etwas erkennen, David?«, fragte Lieke.

Er drehte sich um und blickte in die Bucht. »Nein, nur einen Feuerschein. Nicht viel mehr als von hier.«

»Also, jetzt will ich es genau wissen.« Salvatore blickte sich um. »Kommt jemand mit?«

Reinhardt machte eine wegwerfende Handbewegung. »Was geht denn uns das an? Gibt es eben ein Scheißschiff weniger. Sind sowieso mehr als genug. Ich für meinen Teil leg mich wieder ins Bett.« Er drehte sich um und verschwand in seinem Zimmer, ließ die Tür aber offen stehen.

Salvatore war auf den Weg getreten und wartete. Die meisten hatten nur Unterhosen und T-Shirts an, manche trugen nicht einmal Schuhe an den Füßen. Einige schüttelten den Kopf.

»Ich komme mit«, sagte Anne und lief schnell in ihr Zimmer, um sich Sandalen anzuziehen.

»Ich auch«, sagte Carol.

David, Lieke und zwei der Ecuadorianer schlossen sich

ebenfalls an. Zusammen ließen sie die anderen auf der Terrasse zurück und liefen schweigend den Weg entlang, der zum Meer und zu den Verwaltungsgebäuden der Station hin sanft abfiel. Sie passierten das entomologische Labor und ein größeres futuristisches Gebäude mit einer wellenförmigen Dachkonstruktion, in dem sich Büros und das Herbarium der Station befanden.

Die bodennahen Lampen, die den Weg hätten beleuchten sollen, waren kaputt, alles lag im Dunkeln. Nur mit Mühe hatte Anne gestern den Weg aus Puerto Ayora zurückgefunden, der immer finsterer wurde, je näher sie ihrem Quartier kam. Sie war allein gewesen und wäre auf der zu Anfang noch asphaltierten Straße fast über ein hühnergroßes Wesen gestolpert, das dort munter hin und her lief, ohne sich von ihrer Gegenwart im Geringsten beeindruckt zu zeigen. Mit klopfendem Herzen war sie stehen geblieben und hatte versucht herauszubekommen, mit wem sie es zu tun hatte. Es war eine Art Reiher, erkannte sie schließlich, der mit seinem langen, spitzen Schnabel große schwarze Käfer von der Straße pickte. Vor ihrem Zimmer hatte sie am Morgen schon eine Schlange gesehen und wenig später neben einem der Schildkrötengehege einen monströsen schwarzen Tausendfüßer, der ihr mehr als unheimlich gewesen war. Das sei eines der wenigen Tiere, vor denen man sich auf Galápagos in Acht nehmen müsse, hatte ihr ein Pfleger erklärt, den ihr Aufschrei herbeigelockt hatte. Sie hatte sich vorgenommen, diesen Weg nie wieder allein und ohne Taschenlampe entlangzugehen.

Das Feuer war hinter Häusern und Bäumen verborgen, nur seine Geräusche und ein rötlicher Schimmer wiesen ihnen den Weg. Einmal war ein lautes Krachen zu hören, als sei irgendeine größere Konstruktion zusammengestürzt.

Sie kamen an ein Rondell, wo endlich auch ein paar Lampen brannten, liefen um ein flaches Gebäude herum und dann auf einen Maschendrahtzaun zu. Das Tor war nur angelehnt. Dreißig Meter weiter öffnete sich der Blick auf die Bahía Academy, eine lang gestreckte Bucht, an deren Ende Puerto Ayora lag. Um freien Blick auf das Feuer zu haben, mussten sie am marinen Labor vorbei bis zum Wasser hinuntergehen. Ein paar Leguane, die auf der Kaimauer schliefen, machten ihnen widerwillig Platz.

»Tatsächlich, wieder ein Schiff«, rief Salvatore, der als Erster ankam.

Die Bucht war voller bunter Positionslichter. Und mittendrin stand eine Segeljacht vom Bug bis zum Heck in Flammen. Ihr Mast war umgeknickt und auf die Kajüte gestürzt.

Anne hatte sich schon gefragt, warum hier fast alle Boote an Bojen festgemacht waren, darunter viele Privatjachten, vor allem aber Wassertaxis und Ausflugsboote, die für Tagestouren und Tauchfahrten genutzt wurden. Wer an Land oder von der Pier auf sein Schiff wollte, musste mit dem Panga fahren oder eines des vielen kleinen Shuttleboote nehmen. Dass zwei der größeren Kreuzfahrtschiffe weit draußen ankerten, wunderte sie nicht, für Pötte dieser Größe gab es in dieser Bucht einfach nicht genug Platz. Für die kleineren Schiffe schien ihr das Hafenwasser eigentlich tief genug zu sein. Wahrscheinlich wollte man allzu großes Gedränge vermeiden. Die Bucht war schmal, die Zahl der Liegeplätze im Hafen begrenzt, und während der Stoßzeiten herrschte reger Verkehr.

Mittlerweile standen alle auf dem kleinen Steg und starrten schweigend in die Bucht hinaus. Lieke sprach aus, was sich wohl alle fragten: »Wieso fängt so ein Schiff mitten in der Nacht an zu brennen?«

»Ihr habt doch von einer Explosion gesprochen«, sagte Anne. »Vielleicht ist eine Gasflasche hochgegangen.«

»Einfach so? Dazu braucht es doch mindestens einen Funken, irgendetwas, das das Gas entzündet.«

Carol wies auf die vielen Bootslichter hin. »Wo Lampen leuchten, fließt Strom. Und wo Strom fließt ...« Sie hob die Schultern und ließ sie wieder fallen.

»Und warum kommt niemand und versucht zu löschen«, fragte jemand. »Gibt es im Hafen keine Feuerwehr?«

»Natürlich gibt es die«, antwortete David. »Aber sieh's dir doch an, die würde jetzt viel zu spät kommen. Da ist nichts mehr zu retten. Sie sollten es einfach ausbrennen lassen.« Er wandte sich ab und lief auf das Haus zu. Wieder huschten ein paar Leguane davon. Auf dem braun-schwarzen Vulkangestein waren sie kaum zu erkennen. »Ich geh wieder nach oben. Ich bin müde. Kommst du mit, Lieke?«

»Hört ihr das?«, rief Salvatore plötzlich. Die anderen, die sich David anschließen wollten, blieben abrupt stehen.

»Was meinst du?«

»Ich hab Stimmen gehört. Da schreit jemand.«

»War bestimmt nur ein Vogel.« David legte den Kopf schief und runzelte die Stirn. »Ich hör nichts.«

»Ich auch nicht«, sagte Lieke.

»Pscht«, machte der Italiener. »Seid doch mal still. Da!« Die anderen hielten die Luft an und lauschten. Nach einer Weile schüttelte David den Kopf. »Also, ich höre nichts. Ist doch auch Quatsch, Salvatore. Auf den Schiffen da in der Bucht sind um diese Zeit keine Menschen mehr.«

»Warum denn nicht? Guck doch hin. Auf den anderen Booten sind doch auch welche.« Tatsächlich waren auf einigen Schiffen spärlich bekleidete Menschen zu sehen. Manche schienen Eimer in der Hand zu halten. Wahrscheinlich hatten sie Angst, dass das meterhoch auflodernde Feuer auf ihr Schiff übergreifen könnte. Vom Ufer aus war kaum zu erkennen, wie weit die Leute vom Brandherd entfernt waren.

»Da, wieder!« Salvatore erstarrte. »Ganz deutlich. Da schreit jemand. Verdammt, da sind Menschen im Wasser.«

»Salvatore hat recht.« Carol machte ein entsetztes Gesicht, und auch die anderen hatten es jetzt gehört.

»Scheiße …«, fluchte David.

»Wir müssen irgendwie da hin, oder?« Der Italiener sah sich hektisch um. »Man muss doch helfen. Wo ist das Panga?«

David ergriff seinen Arm. »Du willst doch nicht mit dem Schlauchboot zu einem brennenden Schiff fahren? Denk an den Funkenflug. Viel zu gefährlich. Da kannst du gleich schwimmen.«

»Ich glaube, das sind die Leute auf den anderen Schiffen, die da rufen«, sagte Lieke.

Unschlüssig standen sie nebeneinander auf der kleinen Anlegestelle, lauschten dem Prasseln des Feuers und starrten in die Bucht hinaus. Dann entdeckte jemand das hell erleuchtete Schiff, das sich aus Puerto Ayora näherte. Vorn im Bug stand ein Mann mit einem Schlauch. Ein Aufatmen ging durch die Gruppe. »Jetzt kommen sie. Na toll.«

»Besser jetzt als gar nicht.«

Sie versuchten zu erkennen, was um die brennende Jacht herum geschah. Aber die Entfernung war zu groß, und niemand hatte daran gedacht, ein Fernglas mitzunehmen.

Anne fiel ein, was der Italiener gesagt hatte, als er den Steg erreicht und das brennende Schiff gesehen hatte. »Salvatore, hast du vorhin *wieder* gesagt? Es ist *wieder* ein Schiff?«

»Hmhm. Als wir auf der *Queen Mabel* waren, soll schon eins gebrannt haben. Ein Bekannter aus Puerto Ayora hat es mir erzählt.«

»Merkwürdig«, sagte Anne. Aus der Dunkelheit hinter ihr waren leise Stimmen und Schritte zu hören. David und die anderen hatten sich schon auf den Rückweg begeben. Kurz entschlossen hakte sie sich bei Salvatore unter und fragte: »Gehen wir?« Sie hatte keine Lust, wieder allein durch diese exotische Dunkelheit zu irren.

Salvatore nickte, aber er zögerte noch. »Du hast die Schreie doch auch gehört, oder?«

»Ja«, antwortete Anne. »Aber ob da wirklich jemand um Hilfe gerufen hat, kann ich nicht sagen.«

»Ich bin mir fast sicher, dass das nicht von den anderen Booten kam.« Der junge Mann war sichtlich verwirrt. »Bestimmt kann ich heute Nacht nicht mehr schlafen.«

»Mach dir keine Sorgen. Jetzt ist ja die Hafenfeuerwehr da. Wenn da wirklich jemand ist, holen sie ihn raus.«

»Ja«, sagte Salvatore und sah noch einmal aufs Wasser hinaus. »Hoffentlich.«

2

Isla Isabela, *Queen Mabel*

Die drei Männer waren um halb sechs aufgestanden, hatten in der Morgendämmerung vor der Kajütentür stehend einen Kaffee getrunken und dann an der Westküste der lang gestreckten Vulkaninsel Isabela einen ersten Tauchgang unternommen. Als sie wieder aus dem Wasser kletterten, wartete das Frühstück: Tortilla, Toast, Schinken, Früchte und eine Riesenkaraffe mit kaltem Saft. Der Schiffskoch hatte alles aufgefahren, was seine kleine Küche hergab. Danach stellten sie die Teller zusammen, und ein Besatzungsmitglied räumte den Tisch ab. Während der Koch mit dem Abwasch begann, machten die drei Wissenschaftler es sich auf der Sitzbank um den großen Tisch bequem. Alberto stapelte in der Ecke ein paar Kissen aufeinander, ließ sich zufrieden seufzend in das weiche Lager sinken, streckte die Beine auf der Sitzbank aus und schloss die Augen. Dieter tat es ihm auf der anderen Seite gleich. Bald verrieten ihre tiefen, gleichmäßigen Atemzüge, dass sie eingeschlafen waren.

Auch Hermann kämpfte einen Moment mit seiner Müdigkeit. Es war spät geworden gestern, und für seine Verhältnisse hatte er viel getrunken. Doch er blieb sitzen und klappte seinen Computer auf, um sich die Videos anzusehen, die er aufgenommen hatte. Für seine beiden Kollegen waren Tauchgänge in tropischen Meeren alltägliche Routine, er hingegen erlebte sie als seltene Kostbarkeiten, die es irgendwie zu konservieren galt, für den langen Winter daheim, für die dunklen Momente, in denen er fürchtete, dass das Leben im Meer auf der Kippe stand. Vielleicht würde er später versuchen zu schlafen, jetzt wollte er die Protagonisten dieses Morgens noch einmal Revue passieren lassen, wollte sich einprägen, was er gesehen hatte, weil er nicht wusste, ob und wann er noch einmal Vergleichbares erleben würde. Er hatte das Gefühl, dass die Tage wie im Fluge vergingen. Bald würde er wieder in Kiel sein.

Er nahm die Speicherkarte aus der Kamera und blickte, während der Computer hochfuhr, durch das Kajütenfenster auf Fernandinas fast 1500 Meter hohen La Cumbre, den aktivsten Vulkan des Archipels, um dessen Kratergipfel sich dekorativ einige Wolken gruppiert hatten. Zuletzt war er im April 2009 ausgebrochen, ohne Vorwarnung, ohne dass die Nadeln der seismischen Station in Puerto Ayora in den Tagen zuvor auch nur einen Erdstoß registriert hätten. La Cumbre war eine schlafende Dämonin, die jederzeit erwachen konnte. Irgendwo tief unter dem schildförmigen Berg befand sich der Hot Spot, dem diese Inseln und alles, was darauf lebte, ihre Existenz verdankten, eine Lavaquelle, die seit Jahrmillionen nicht versiegte.

Hermann wandte sich dem Monitor zu und startete den Film. In diesen Gewässern musste man immer mit starken Strömungen rechnen, die einem den schönsten Tauchgang verleiden konnten. An manchen Plätzen blieb einem nichts anderes übrig, als sich an einem Felsen festzuhaken und darauf zu warten, was die Strömung so vorbeitreiben würde. Und wenn die äquatoriale Unterströmung mal wieder einen Schwung frischen Tiefenwassers in den Kanal zwischen Isabela und Fernandina drückte, konnte das Wasser empfindlich kalt sein. Wegen dieser kalten, kohlendioxidreichen Wassermassen aus den Tiefen des Pazifiks glaubten manche Wissenschaftler, auf Galápagos das versauerte Meer der Zukunft studieren zu können. Deshalb waren Lieke, David, Salvatore und die anderen hierhergekommen.

Doch heute Morgen hatte nichts dergleichen ihren Tauchgang beeinträchtigt, keine tückischen Strömungen, keine Kälte, keine störenden Gedanken an das Sterben der Korallenriffe oder die Versauerung der Ozeane. Die düsteren Szenarien zur Zukunft des Planeten schienen ein paar Meter unter der Wasseroberfläche zu einem Hirngespinst katastrophensüchtiger Medien zu schrumpfen. Obwohl Hermann es besser wusste, oder zumindest glaubte, es besser zu wissen – wer konnte bei den hochkomplexen Zusammenhängen, um die es hier ging, schon sicher sein –, ertappte er sich manchmal bei der Hoffnung, die Forscher und ihre Computer könnten sich irren und all die schrecklichen Vorhersagen zur Veränderung des Weltklimas und deren Folgen würden sich wie das Waldsterben als Untergangsfantasie einiger notorischer Schwarzseher entpuppen.

Sie hatten viel gesehen, und Alberto hatte auf seinem Klemmbrett mit dem wasserfesten Papier eine lange Liste von Tierarten notiert, darunter auch große wie die Grünen Meeresschildkröten, die hier sehr häufig waren, und eine in Keilformation schwimmende Schule Goldener Kuhnasenrochen. Ein vier Meter langer Hammerhai war gemächlich über ihren Köpfen dahingeglitten. Vielleicht war er auf dem Weg nach Norden, um bei den weit abgelegenen Inseln Darwin und Wolf auf seine Verwandtschaft zu stoßen. Seine Artgenossen versammelten sich dort zu Hunderten, einer der spektakulärsten Tauchplätze der Welt, sofern man die Nerven hatte, durch eine Wolke von kreisenden Hammerhaien abzutauchen.

Das Tier, das ihm und Anne hier in der Nähe so telegen vor die Kamera geschwommen und der Anlass für diese Bootstour gewesen war, hatte sich nicht blicken lassen, natürlich nicht. Darauf zu hoffen, dass es ihnen noch einmal begegnen würde, war sowieso ziemlich naiv. Manche Arten, wie die Galápagoshaie, waren zwar recht ortstreu, andere legten aber gewaltige Distanzen zurück, und schwimmen mussten die großen Haie immer, sonst drohten sie zu ersticken. Dazu kamen die Sichtverhältnisse, die alles andere als optimal waren. Ihre Suche war also vermutlich aussichtslos, aber es war ihre einzige Chance. Wenn sie das Rätsel lösen wollten, mussten sie tauchen, Ausschau halten und hoffen, dass das Tier sich zeigte. Hermann war vom bisherigen Verlauf ihrer Unternehmung jedoch nicht enttäuscht, im Gegenteil, er konnte sich keine schönere Art vorstellen, einen Tag zu beginnen, als mit einem solchen Ausflug in die Tiefe. Wenn es ihnen nicht gelang, den Hai zu finden, würden sie in jedem Fall eine Menge Spaß haben.

Die Bedeutung seiner ersten Begegnung mit dem Tier war Hermann zunächst gar nicht bewusst gewesen. Kurz nach ihrer Rückkehr in die Station hatten Anne und er beschlossen, sich auf der schattigen Terrasse des marinen Labors die Videoaufnahmen anzusehen. Sie hatten sich in der Teeküche Wasser heiß gemacht, die dampfenden Tassen standen vor ihnen auf dem Tisch, im Gesträuch um die Station piepsten die Darwinfinken, unten auf der Rampe putzten zwei Pelikane ihr Gefieder, und an einem schmalen, schattigen Plätzchen drängten sich ein Dutzend Meeresleguane neben- und übereinander zusammen, um der sich ankündigenden Mittagshitze zu entkommen, als plötzlich die Tür zu den Büros aufging und Dieter Grumme heraustrat, der Leiter der marinen Abteilung der Charles-Darwin-Station. In seiner Begleitung befand sich ein zweiter Mann, der einen dicken, grau melierten Schnurrbart trug. Hermann stutzte, als er ihn sah, dann strahlte er über das ganze Gesicht.

»Ich glaub's ja nicht. Alberto!«

»Überraschung!«, posaunte Dieter und trat mit seinem Begleiter zu ihnen an den Tisch.

»Und was für eine«, rief Hermann. Er kannte Alberto Luengo Costa aus den späten Neunzigerjahren, als er nach einem starken El Niño in mehreren lateinamerikanischen Ländern Untersuchungen an Humboldt-Kalmaren durchgeführt hatte. Sie waren damals gute Freunde geworden, doch jetzt hatten sie sich seit Jahren nicht mehr gesehen.

Hermann stand sofort auf, um seinen Kollegen zu begrüßen, der erst am Vortag aus Guayaquil angereist war. Er machte ihn mit Anne bekannt und stellte ihn ihr als einen der besten Fischkenner Südamerikas vor. Die beiden waren etwa im selben Alter und musterten sich interessiert. Alberto war noch immer ein sehr attraktiver Mann, auch wenn er an den Hüften ein wenig fülliger geworden war. Das mittlerweile angegraute Haar stand ihm ausgezeichnet. Um seine braunen Augen bildeten sich tiefe Lachfältchen, und er warf Hermann einen anerkennenden Blick zu, der sich unzweifelhaft auf Anne bezog. Hermann quittierte es mit einem Lächeln, nahm sich aber vor, Alberto, der damals auch seine Frau Brigitte kennengelernt hatte, so bald wie möglich aufzuklären, denn von ihrem Tod wusste er mit Sicherheit nichts. Er sollte nicht auf falsche Gedanken kommen.

Sie plauderten, fragten nach diesem und jenem Kollegen, mit dem sie damals zusammengearbeitet hatten, nach aktuellen Projekten und den Gründen ihres Aufenthalts in der Station, als Albertos Blick zufällig auf den Computer fiel, der, von niemandem beachtet, die Tauchvideos abspielte. Gerade schob sich der schlanke Körper eines Hais ins Bild.

»Oh«, rief er, »wen haben wir denn da?« Er stand etwas seitlich hinter Anne und beugte sich so weit nach vorne, dass er das Gleichgewicht verlor und sich auf der Tischplatte und ihrer nackten Schulter abstützen musste.

Sie schrie überrascht auf, lachte dann aber. Hermann hatte sie nach einem ähnlichen Zwischenfall schon ganz anders erlebt. Sie mochte es nicht, wenn ihr Menschen zu nahe kamen. Der Mann, der ihr kürzlich vor einem Schaufenster aus Versehen auf den Fuß getreten war, tat ihm heute noch leid. Wenn die Erste Kriminalhauptkommissarin in ihr zum Vorschein kam, wenn sie den Ton hören ließ, mit dem sie ihre Männerriege zusammenstauchte, glaubte Hermann manchmal, einen anderen Menschen vor sich zu haben. Es war unschwer zu erkennen, dass sie Alberto mochte. Seinen Überfall kommentierte sie mit keinem Wort.

»Ein Hai«, stellte sie trocken fest, zog die Augenbrauen hoch und sah den Ecuadorianer mit einem leichten Schmunzeln über die Schulter hinweg an. »Was ist an dem so ungewöhnlich?«

Alberto hatte neben ihr wieder festen Stand gefunden und machte ein betretenes Gesicht. »Entschuldigen Sie bitte.« Er strich sich verlegen über den Schnurrbart und setzte dann ein charmantes Lächeln auf. »Ich habe nicht aufgepasst. Aber dieses Tier ... ich muss gestehen ... ein Hai, Sie haben recht. Ein sehr interessantes Exemplar sogar. Was sind das für Aufnahmen? Wo stammen die her?«

»Der Bursche ist uns gestern vor die Linse geschwommen«, schaltete sich Hermann ein. »Vor der Westküste von Isabela. Ich habe vergessen, wie die Bucht heißt.« Das Tier verschwand aus dem Bild. Die Kamera schwenkte auf einen Schwarm Doktorfische. »Warte, gleich kommt er zurück.«

Alberto kniff die Augen zusammen und wartete. Der Hai schien ihn wirklich zu interessieren. »Ah ja, da ist er wieder.« Er stützte sich mit den Händen auf den Knien ab, um besser sehen zu können. »Absolut faszinierend. Die Aufnahmen stammen wirklich von hier?«

»Glaubst du uns nicht?«, fragte Hermann. »Von wo denn sonst?«

»Ich frage nur, weil das kein gewöhnlicher Hai ist. Ich meine, keine der Arten, die man hier üblicherweise findet.«

»Sondern?«

Alberto zögerte. »Ich weiß nicht …«

Jetzt schaute auch Dieter Grumme genauer hin. »Hm«, brummte er. »Ich verstehe, was du meinst. Ein Seidenhai vielleicht?«

Alberto widersprach vehement. »Nein, das ist kein Seidenhai. Sieh dir an, wo die Rückenflosse ansetzt. Kann ich das noch mal sehen, bitte?«

Anne trank einen Schluck aus ihrer Teetasse und erhob sich. »Kommen Sie, setzen Sie sich. Dann können Sie ihn besser erkennen.«

»Nicht doch. Bitte! Bleiben Sie sitzen.«

»Es macht mir nichts aus. Wirklich nicht. Wann erlebt man schon mal so etwas? Sogar der beste Fischkenner Ecuadors ist ratlos.«

Hermann stockte kurz der Atem. Doch Alberto schien Annes Spitze nicht gehört zu haben. Er setzte sich an den Tisch, sah sich den Film noch mehrmals hintereinander an, debattierte mit Dieter verschiedene Möglichkeiten, verwarf sie wieder, und die beiden gerieten darüber immer mehr in Aufregung. Offenbar handelte es sich tatsächlich um eine ihnen unbekannte Haiart.

Anne hatte sich hinter Hermann gestellt und massierte ihm sanft die Schultern. »Wer hätte das gedacht«, sagte sie nach einer Weile. »Da haben wir wohl eine richtige Entdeckung gemacht, Hermann. Für meinen Geschmack ist er uns allerdings etwas zu nah gekommen, wie immer er heißen mag. Na ja. Macht nur weiter. Ich gehe mal runter ans Wasser.«

Kaum hatte Anne sie verlassen, brachte Dieter die Idee einer weiteren Ausfahrt ins Spiel. Die *Queen Mabel* sei zufällig für ein paar Tage frei.

»Schön wär's ja«, sagte Alberto lachend. »Aber seit wann seid ihr denn so spontan? Meine Tour musste ich Monate im Voraus beantragen.«

»Du vergisst, dass ich hier der Chef bin«, sagte Dieter. »Wird Zeit, dass ich auch mal was davon habe. Das Finanzielle und den Papierkram regele ich schon.«

»Also, wenn das so ist ... Was ist mit dir, Hermann? Du musst unbedingt mitkommen. Das wäre doch ein Riesenspaß. Wie in alten Zeiten.«

Hermann verzog das Gesicht. »Ich bin nicht beruflich hier, Alberto. Wir machen Urlaub.« Unten kniete Anne nichts ahnend in der Sonne und versuchte, sich mit den schwarzen Meeresdrachen und einigen leuchtend orangeroten Krabben anzufreunden.

»Kann sie tauchen?«

»Ja.«

»Na also. Wo ist das Problem? Wir nehmen sie mit.«

»Ich werde sie fragen.«

Schließlich ging Dieter Grumme in sein Büro, um die gerade erst heimgekehrte Mannschaft wieder zurück an Bord der *Queen Mabel* zu beordern. Um keine Zeit zu verlieren, sollte das Schiff möglichst noch am gleichen Tag Richtung Isabela in See stechen.

Aber so einfach war das nicht. Wie sich herausstellte, hatte Anne keine Lust auf einen weiteren Törn, und der Besatzung steckte noch die strapaziöse Nachtfahrt zurück nach Puerto Ayora in den Knochen. Sie waren alles andere als begeistert von der Aussicht, sofort wieder in See zu stechen. Ihre nächste Tour, bei der auch Alberto mit von der Partie sein sollte, stand eigentlich erst in fünf Tagen an. Dieter musste dem Kapitän eine üppig bemessene Extrazulage in Aussicht stellen, um ihn und seine Leute zum Aufbruch zu bewegen. Stunden vergingen, bis Lebensmittel, Trinkwasser und Treibstoff mit den Pangas zum Schiff transportiert und an Bord verstaut waren, Zeit, die Hermann anfangs mit dem vergeblichen Versuch verbrachte, Anne umzustimmen. Immerhin gab sie ihm ihr Okay, ohne sie aufs Schiff zu gehen, und machte dann einen Spaziergang zu den Zuchtstationen weiter oben auf dem Stationsgelände, um sich die Schildkröten anzusehen. »Grüß Lonesome George von mir«, rief er ihr hinterher. »Und sprich bitte ein paar aufmunternde Worte zu ihm. Er ist ziemlich alt und hässlich und der Letzte seiner Art.«

Sie hob den Arm und winkte, ohne sich noch einmal umzudrehen.

Am Nachmittag war alles zum Aufbruch bereit gewesen. Sie verabschiedeten sich oben vor dem Zimmer. Wenn Anne irgendwie verärgert war, ließ sie es sich nicht anmerken. Nur wenige Stunden nach ihrer Rückkehr war die *Queen Mabel* dann mit einem Panga im Schlepptau aus dem Naturhafen der Academy Bay wieder ins offene Meer getuckert, vorbei an den luxuriösen Hotels, die sich an der Küste breitgemacht hatten, und den nicht weniger luxuriösen Kreuzfahrtschiffen, die an ihren Liegeplätzen auf neue Touristenladungen warteten.

Hermann war, solange es ging, draußen auf dem Kabinendach sitzen geblieben. Er zog sich erst in die Kajüte zurück, als das Schiff das offene Meer erreicht hatte und er eine Gischtdusche nach der anderen abbekam. Drinnen hockten Alberto und Dieter vor ihren Computern und arbeiteten.

Abends hatten sie zusammen drei Flaschen eines chilenischen Rotweins gelehrt, die Alberto in Puerto Ayora besorgt hatte, um ihr Wiedersehen zu feiern. Während sich das Schiff mit nur acht Knoten in der Stunde bis tief in die Nacht durch kabbelige See nach Westen vorankämpfte, schallte lautes Gelächter einer angeheiterten Männerrunde aus der Kajüte der *Queen Mabel*. Hermann hatte sich prächtig amüsiert und keine Sekunde daran gedacht, dass er nicht allein nach Galápagos gereist war.

Das änderte sich schlagartig, als er sich nach Mitternacht

in seine Koje zurückzog. Es war, als hätte dort, in der gleichen Kabine, die er auch mit Anne bezogen hatte, ein tonnenschweres schlechtes Gewissen auf ihn gewartet. Er putzte sich in einer der winzigen Toilettenkabinen notdürftig die Zähne und lag dann, von den rollenden Schiffsbewegungen hin und her geworfen, im Bett, starrte an die Decke, lauschte dem Dröhnen des Motors und fragte sich, ob er noch alle Tassen im Schrank hatte. Wie hatte er Anne nur in der Station zurücklassen können, in diesem Zimmer? Er hätte darauf bestehen müssen, dass sie mitkam. Das wäre das Mindeste gewesen. Entweder sie beide oder keiner. Immer wieder musste er daran denken, wie sie auf der Terrasse vor ihrer neuen Behausung stand, den Tränen nah. Er hatte sie noch nie weinen sehen.

Das Gefühl, neben sich zu stehen und sich dabei zuzuschauen, wie er seine Beziehung vermasselte, machte jeden Versuch einzuschlafen zunichte. Doch er hatte einfach nicht aus seiner Haut gekonnt, hatte das Feuer in den Augen seiner Kollegen gesehen und einfach mitgewollt. Das hier war schließlich nicht irgendein Ort, irgendein Meer. Er war auf Galápagos, verdammt noch mal. Und er war sechzig Jahre alt. Wie viele solcher Abenteuer würden ihm in seinem Leben noch vergönnt sein? Es ging nur um drei Tage. Wenn Anne dafür kein Verständnis aufbrachte, hatte ihre Beziehung wohl ohnehin keine Zukunft. Und sie hätte ja mitkommen können. Er hatte sie gefragt, wenn auch vielleicht nicht mit dem nötigen Nachdruck. Sie wären nur zu viert auf dem Schiff gewesen, hätten viel Platz gehabt und nach Herzenslust tauchen können. Touristen zahlten ein Vermögen dafür. Eine solche Gelegenheit bot sich nicht alle Tage. Sie hätte sich klarer äußern sollen. Doch wahrscheinlich war es ihr nicht anders ergangen als ihm. Sie war unfähig gewesen, über ihren Schatten zu springen.

Hermann tat in dieser Nacht kaum ein Auge zu.

Dass er den Hai nicht hatte bestimmen können, weder im Wasser, als er in zehn Metern Tiefe an ihnen vorbeischwamm, noch danach auf dem Video, war für Hermann nichts Ungewöhnliches gewesen. Die Vielfalt war einfach zu groß. Und bei Haien, die keine auffälligen Merkmale wie schwarz oder weiß gefärbte Flossenspitzen trugen, war er mit seinem Latein am Ende. In den chaotischen Strömungen dieser Inselwelt verirrten sich sicher auch Hochseearten hierher, Tiere, die Taucher in Küstennähe so gut wie nie zu Gesicht bekamen. Westlich von Fernandina fielen die Hänge der Vulkaninseln noch innerhalb der Vierzigmeilenzone auf dreitausend Meter Tiefe ab, und für Tausende von Seemeilen gab es dann nichts als Wasser.

Ihr Hai war ausgesprochen neugierig gewesen, so als wären Taucher für ihn keine alltägliche Erscheinung. Irgendwo außerhalb ihrer Sichtweite drehte er um und näherte sich ihnen noch zwei weitere Male, zog seine Kreise dabei immer enger, bis es ihnen zu mulmig wurde. Zum Schluss kam er ihnen so nah, dass sie vor Schreck vergaßen, die Kamera anzuschalten. Der Bursche war über drei Meter lang. Als seine Schwanzflosse zum dritten Mal im Blau des Wassers verschwand, verständigten sie sich per Handzeichen darauf, nicht auf seine Rückkehr zu warten, sondern den Tauchgang lieber zu beenden, bevor es brenzlig wurde. Anne hatte es eilig. Hermann musste sie am Arm festhalten und auf seinen mit einem Piepton und blinkendem Display warnenden Tauchcomputer zeigen, damit sie nicht zu schnell aufstieg. Mit einer Hand ans Boot geklammert, behielt er die blaue Tiefe unter ihnen so lange im Auge, bis Anne an Bord des Pangas geklettert war. Erst dann folgte er ihr.

Dass auch zwei ausgewiesene Experten das Tier nicht erkannten, war allerdings mehr als ungewöhnlich. Alberto, der für ein meeresbiologisches Institut auf dem Festland arbeitete, kannte alles, was in den Gewässern Ecuadors Schuppen trug, beim Vornamen. Seit vielen Jahren tat er nichts anderes, als zu tauchen und Fischbestände aufzunehmen, um deren Zu- oder Abnahme zu ermitteln. Meistens lief es auf Letzteres heraus. Immer wieder brachten warme Wassermassen kräftiger El Niños alles durcheinander, Fischarten verschwanden und tauchten wieder auf. So konnte Alberto kaum glauben, dass sich hier eine Großfischart herumtreiben sollte, die er nicht sofort bestimmen konnte. Er musste dieses seltsame Tier unbedingt mit eigenen Augen sehen.

»Zeigst du mir noch mal das Video?«, fragte er, nachdem er aufgewacht war, sich ausgiebig gestreckt hatte und Hermann vor seinem Rechner sitzen sah. In der Küche hinter dem Regal, in dem ein paar zerlesene Taschenbücher standen, war der Koch schon mit dem Mittagessen beschäftigt.

»Du hast es schon zehn Mal gesehen«, erwiderte Hermann.

»Trotzdem. Nun mach schon.«

Hermann rief die Liste mit den Videoaufzeichnungen auf und klickte den Film an, der das Datum von vorgestern trug. Auf der anderen Seite des Tisches begann Dieter sich zu regen.

»Da kommt er«, sagte Hermann.

»Lass weiterlaufen, beim zweiten Mal sieht man ihn besser.«

Als das Tier fast den gesamten Bildschirm ausfüllte, hielt Hermann den Film an, damit sie es genau betrachten konnten.

Minuten vergingen, ohne dass jemand etwas sagte. In ihrem Rücken klapperte der Koch mit den Töpfen.

»Das ist doch nicht möglich, oder?«, brach es plötzlich aus Alberto heraus. Auf seiner Stirn hatten sich zwei tiefe Falten gebildet. Er sah von einem zum anderen. »Ich meine, sagt mir bitte, wenn ich falschliege, aber … hier kann doch nicht plötzlich aus dem Nichts eine unbekannte Haiart auftauchen. So etwas ist mir in dreißig Jahren noch nicht passiert.«

Hermann lächelte. Er konnte Alberto verstehen. Der Ecuadorianer musste sich vorkommen wie ein Raubtierexperte, der in gut erforschtem Gebiet auf eine unbekannte Großkatzenart stößt, nicht Löwe, nicht Tiger.

»Vielleicht ist er zugewandert«, sagte er, nur um irgendeinen Weg aus dem Dilemma aufzuzeigen.

Albertos Neugier schien in Verärgerung umzuschlagen. Der Schlaf hatte ihm offenbar nicht gutgetan. »*Zugewandert*«, wiederholte er spöttisch. »Was denn sonst? Soll er etwa hier entstanden sein? Wo, wenn nicht in der brodelnden Evolutionsküche von Galápagos, was?«

»Hier brodelt's auch nicht mehr als anderswo«, brummte Hermann.

»Ich hör wohl nicht richtig.« Dieter tat, als wäre er empört, setzte dann aber ein breites Grinsen auf. »Die Evolution ist doch quasi hier erfunden worden. Damit das mal klar ist. Und das Magma brodelt immerhin noch mächtig.«

Alberto seufzte versöhnlich. »Natürlich ist er zugewandert, Hermann. Sonst würden wir ihn ja kennen. Nur von wo? Von wo und warum?«

»Was weiß ich? Ich habe keine Ahnung, welche Strecken diese Biester zurücklegen. Aber könnte er nicht auch einer ganz ordinären Spezies angehören und nur ein wenig aus der Art geschlagen sein? So etwas kommt doch immer wieder vor.«

»Natürlich, aber diese Spezies hier gibt es einfach nicht. Das muss ein Geisterfisch sein, ein Haizombie.«

»Ach so, dann wäre das Rätsel ja gelöst.«

»Stopp!«, schaltete Dieter sich ein. »Wie wär's, wenn wir die Sache zur Abwechslung mal systematisch angingen.«

»Ausschlussprinzip«, schlug Hermann vor.

»Zum Beispiel.«

»Okay.« Hermann verschränkte die Arme vor der Brust und sah Alberto an. »Schieß los! Was käme denn überhaupt infrage?«

»Das kann ich dir ziemlich genau sagen, mein Freund. Lässt

du mich mal durch?« Alberto zwängte sich aus der Sitzbank. »In ecuadorianischen Gewässern gibt es vierzig Haiarten«, sagte er, schenkte sich etwas von dem abgestandenen Morgenkaffee ein und lehnte sich gegen die Küchentheke. »Hier im Archipel sind es gut dreißig.«

»So viele?«

»Die meisten kommen überhaupt nicht infrage«, erklärte Alberto mit einer wegwerfenden Geste. »Und viele sind selten. Vor Kurzem haben die Leute vom Nationalpark mit der Navy wieder ein Langleinen-Fischerboot aufgerieben. Es hatte fast vierhundert …«

»Einen Longliner?«, unterbrach ihn Hermann. »Hier? Ich dachte, in der Schutzzone ist die kommerzielle Fischerei verboten.«

»In welcher Welt lebst du? Verboten, ja, auf dem Papier vielleicht.« Alberto trank einen Schluck, verzog angewidert das Gesicht und stellte die Tasse auf dem Tresen ab. Der Koch nahm sie wortlos entgegen und stellte sie in die Spüle. »Seit zehn Jahren dürfen Haie hier weder gefangen noch gehandelt werden, aber du glaubst doch nicht, dass diese Schweinehunde sich daran halten? Und wer soll das kontrollieren? Mit Haifischflossen ist einfach zu viel Geld zu verdienen. Das ist wie beim Drogenhandel. Solange den Chinesen ihre verdammte Suppe nicht zu den Ohren herauskommt, wird sich daran nichts ändern, und das wissen auch die Fischer hier auf den Inseln.«

»Na, das scheint ja ohnehin ein ziemlich unbelehrbares und militantes Völkchen zu sein.«

»Sie kämpfen um ihre Existenz, Hermann«, sagte Dieter. »Um ihre Lebensweise. Aber in ihren Mitteln sind sie nicht zimperlich, das stimmt.«

Alberto stieß die Luft aus. »Mir fehlt dafür jedes Verständnis. Viele arme Schlucker vom Festland haben sich auf den Inseln ein besseres Leben erhofft und bedienen sich nun illegaler Methoden. Manche werden auch von großen Firmen angeheuert, die dezent im Hintergrund bleiben. Wenn wir das zulassen, geht hier über kurz oder lang alles den Bach runter.«

Hermann erinnerte sich an Vorfälle, die schon ein paar Jahre zurücklagen. Macheten schwingende Fischer hatten damals aus Protest gegen Einschränkungen der Seegurkenfischerei die Büros der Nationalparkverwaltung besetzt. Sie hatten Ranger und einige seltene Riesenschildkröten aus den Zuchtstationen als Geiseln genommen und sogar damit gedroht, Lonesome George zu töten. Anderen Tieren hatten sie kurzerhand die Gurgel durchgeschnitten. Die internationalen Naturschutzorganisationen waren empört gewesen.

»Du malst die Situation zu schwarz, Alberto«, sagte Dieter. »Die marine Schutzzone ist ein Riesenerfolg. Sie hat sehr viel gebracht. Wir schätzen, dass die illegale Fischerei heute höchstens noch zehn Prozent der früher hier üblichen Fangmenge aus dem Wasser holt, und das ist zweifellos ein großer Fortschritt. Im Prinzip gilt das auch für Haie. Aber sie sind vielleicht ein Sonderfall. Im Großen und Ganzen ...«

»Ach so«, unterbrach ihn Alberto erregt. »Sonderfälle nennst du das. Das Schiff, von dem ich vorhin erzählen wollte, hatte vierhundert dieser Sonderfälle an Bord. Ein paar Blau- und Seidenhaie, Makos, Galápagos- und Hammerhaie. Und mehr als dreihundert Großaugen-Fuchshaie. Überwiegend Weibchen übrigens, damit sie sich ja nicht fortpflanzen. Ich glaube nicht, dass ich da schwarzmale. Man sollte diesen Scheißkerlen ihre Eier abschneiden, und dann Arme und Beine. Und den Rest ins Meer werfen, genau so, wie sie es mit den Haien machen.«

»Gib ihm einen Schnaps«, rief Hermann seinem deutschen Kollegen zu. »Habt ihr hier so was, Dieter? Irgendeinen Stimmungsaufheller. Ich glaube, er braucht einen.«

Dieter lachte nur.

»Manchmal kann einem doch echt alles vergehen«, erklärte Alberto kopfschüttelnd. »Kennst du das nicht, Hermann? Wenn du das Gefühl hast, dass sich überhaupt nichts bewegt, dass die Leute einfach nicht kapieren, was auf dem Spiel steht?«

»Oh doch. Das kenne ich gut.«

»Lass uns heute Nachmittag rüber nach Fernandina fahren, dann zeige ich dir, was die Fischer angerichtet haben. Was meinst du, Dieter? Ist doch ohnehin überfällig, dass da mal wieder jemand vorbeischaut.«

»Du meinst die Felsriffe an der Ostküste.« Dieter nickte. »Gute Idee. Ich sage dem Kapitän Bescheid. Wir müssten gleich nach dem Mittagessen aufbrechen. Wo wir nach unserem Freund suchen, ist ja eigentlich egal. Er könnte sich hier wie dort herumtreiben. Und apropos«, Dieter zeigte auf den Monitor, »wollen wir uns nicht langsam mal weiter mit diesem Burschen da beschäftigen?«

»Also gut«, sagte Alberto und schob sich neben Hermann auf die Sitzbank. »Dazu müssen wir aber nicht bei Adam und Eva anfangen. Es ist ein Requiemhai. Daran gibt es schon mal keinen Zweifel.«

»Ein was?« Hermann glaubte, sich verhört zu haben.

»Familie Carcharhinidae«, erläuterte Dieter. »Das Wort Requiemhai kommt, glaube ich, aus dem Französischen. Mit Kirchengesängen hat es jedenfalls nichts zu tun.«

Alberto schüttelte den Kopf. »Vorsicht. Requin ist zwar das französische Wort für Hai, das stimmt. Aber der Name leitet sich vom lateinischen Requiem ab. Die Botschaft ist ziemlich eindeutig. Für den, der in die Fänge eines solchen Tieres gerät, kannst du die Totenmesse lesen.«

»So ein Blödsinn«, empörte sich Hermann. »Dann gehört der Name abgeschafft. Oder wir sprechen in Zukunft auch nicht von Menschen, sondern von Requiemaffen.«

Sie lachten.

»Sieh ihn dir an!« Alberto zeigte auf das eingefrorene Videobild. »Zwei Rückenflossen, die erste viel größer als die zweite. Bei den meisten Requiemhaien ist sie keil- oder sichelförmig. Eine Afterflosse, rundliche Augen mit einer Nickhaut, die man natürlich nicht erkennen kann, obwohl ihr ihn gut getroffen habt. Kein Spritzloch, ich sehe jedenfalls keins. Das spräche für die Gattung Carcharhinus. Wir müssten seine Zähne untersuchen, um sicher zu sein. Bei den meisten Arten sind sie oben und unten gezackt. Damit hätten wir die Auswahl auf weltweit gut dreißig Arten eingeengt.«

»Na bitte, das ist doch schon was.«

»Ja, ja, aber ich sage euch, es ist keine der hier lebenden Arten. Entweder er muss wirklich von weit her kommen oder …« Alberto zog die Augenbrauen zusammen. Jetzt war er in seinem Element. »Die Färbung ist eigentümlich. Kaum ein Unterschied zwischen Rücken und Bauch. An den Flanken kann ich keine Zeichnung erkennen. Hier«, er zeigte auf die große Rückenflosse, »wenn man will, kann man da eine Aufhellung sehen …«

»Aber nur mit viel Fantasie«, widersprach Dieter. »Ich sehe da nichts. Deswegen bin ich ja auf den Seidenhai gekommen.«

»Die Rückenflosse ist oben merkwürdig abgerundet, finde ich«, stellte Hermann fest.

Alberto nickte. »Du hast recht, ja. Aber beim Hochsee-Weißspitzenhai ist das viel ausgeprägter. Ich kann dir Fotos zeigen. Die Brust- und sogar die Rückenflosse sind bei ihm wie Paddel geformt. Der Seidenhai würde von der Färbung am ehesten passen, aber sein Bauch ist heller, und seine Rückenflosse setzt deutlich hinter den Brustflossen an. Das ist das wichtigste Bestimmungsmerkmal, und seht's euch an, es trifft einfach nicht zu. Vielleicht käme auch ein ungewöhnlich gefärbter Galápagoshai infrage. Nein, halt, der Bursche hier hat keinen Interdorsalkamm. Ach«, er ließ sich mit einem Seufzer gegen die Rückenlehne fallen, »diese Biester sind im Einzelfall wirklich verdammt schwer zu bestimmen. Man bräuchte seine Zähne und müsste die Rückenwirbel zählen. Also, wie man es dreht und wendet, wir kommen so nicht weiter.«

Sie schwiegen einen Moment.

»Tja«, Hermann beendete das Programm und klappte den Rechner zu, »was machen wir jetzt?«

»Tauchen, was sonst?«, sagte Dieter. »Deswegen sind wir doch hergekommen. Wenn er noch hier ist, werden wir den Burschen schon finden. Und danach gibt's Mittagessen. Oder, Georg? Almuerzo?«

Der Koch stützte sich mit seinen fleischigen Unterarmen auf den Küchentresen und linste um das Regal herum. »Una hora. Más o menos.«

»Also. Ihr habt es gehört. Eine Stunde. Wenn wir nach dem Essen noch rüber nach Fernandina wollen, sollten wir keine Zeit verlieren.«

»Eins noch«, sagte Hermann, während er sich aus der Sitzbank schob. »Wenn wir ihn haben, halten Dieter und ich ihn fest, und Alberto zieht ihm ein paar Zähne, okay?«

»So gefällst du mir, mein Lieber«, sagte Alberto und legte Hermann die Hand auf die Schulter. »Genau so machen wir es. Am besten, ich knipse ihm auch noch ein Stück aus der Rückenflosse. Du weißt schon. Für die DNA-Untersuchung.«

Sie verließen lachend die Kajüte, um sich die Taucheranzüge anzuziehen.

Draußen empfingen sie zwei Pelikane, die neben der *Queen Mabel* im Wasser schwammen und erwartungsvoll zu ihnen aufs Deck schielten. »Jungs, heute gibt's keinen Fisch«, rief Dieter ihnen zu.

Um den Gipfel des La Cumbre hatten sich dunkle Wolken zusammengezogen.

3

Isla Santa Cruz, Puerto Ayora

Als Anne am Morgen aufbrach, waren alle Nachbarzimmer verschlossen, die Wissenschaftler schon an der Arbeit. Sie trugen die Algen- und Fischarten, die sie auf ihren Tauchgängen gesehen hatten, in lange Tabellen ein oder trockneten und sortierten ihre Sedimentproben. Einige Proben hatte Anne selbst mit dem Bodengreifer nach oben befördert, um sich an Bord ein wenig nützlich zu machen, bis ihre nassen Hände von der rauen Leine wund geworden waren und ihr Rücken schmerzte. Eines hatte sie auf dieser Reise gelernt: Spätestens wenn man, stundenlang im Panga der äquatorialen Sonne ausgesetzt, zum zwanzigsten Mal den Greifer für die Bodenproben aus vierzig oder sechzig Meter Tiefe an die Oberfläche gehievt hatte, oft genug, ohne ein einziges Sandkorn vorzufinden, weil der Untergrund an dieser Stelle felsig war, wurde Wissenschaft zur Knochenarbeit. Ausgerechnet Salvatore, der einzige Südeuropäer im Team, hatte diese Probennahmen mit einem kapitalen Sonnenstich bezahlt, der ihn für Tage mit Kopfschmerzen ans Kajütenbett fesselte.

Unten kam Anne am Sekretariat vorbei und plauderte dort ein paar Sätze mit Valeria und Lucia, zwei patenten jungen Frauen mit langen pechschwarzen Haaren, bei denen alle organisatorischen Fäden der Charles-Darwin-Forschungsstation zusammenliefen. Ihr kam kurz der Gedanke, ob sie sie nach einem Zimmer in dem anderen Gebäude fragen sollte, ließ es dann aber. Die Sache war ihr unangenehm, sie wollte nicht den Eindruck einer verwöhnten Europäerin machen.

In der Nähe des marinen Labors folgte Anne dann einem

durch dichtes Buschwerk führenden Trampelpfad. Bald stieß sie auf einen kleinen Sandstrand; da sie sich aber nicht in Sichtweite der Station niederlassen wollte, lief sie auf dem schwarzen Vulkangestein weiter die Küste entlang, bis sie nach einer guten halben Stunde zwischen Sträuchern und Felsen eine geschützte Stelle im Halbschatten fand, wo sie auf herrlich weichem Sand unbeobachtet ihr Badetuch ausbreiten konnte.

Sie ließ sich mit einem Seufzer nieder und lächelte. Dieser Ort war schon eher nach ihrem Geschmack. Irgendwann fiel ihr jedoch ein, dass sie sich gar nicht hier aufhalten durfte. Die Küste war Teil des Nationalparks. Und niemand wusste, dass sie hier war. Das war die dunkle Seite dieser Inseln: Man durfte in ihrer äquatorialen Gluthitze nicht verloren gehen. Fast zwanzig Personen war das in den letzten Jahren passiert, allein auf Santa Cruz. Die meisten waren lebend wieder aufgetaucht, manche aber auch nicht. Ein israelischer Tourist hatte ein Schildkrötenreservat weiter im Inselinneren besucht und sich dort im Busch verirrt, ein ehemaliger Soldat, bei bester Kondition und an Hitze gewöhnt. Zwei Monate lang verlief die intensive Suche nach ihm ohne Ergebnis, bis Fischer schließlich seine Leiche fanden. Nicht einmal zehn Kilometer hatte er geschafft, bevor Sonne und Wassermangel ihn in die Knie gezwungen hatten. Das Warnschild, das heute am Rand des Reservats stand, hatte sie selbst gesehen. Es ließ an Deutlichkeit nichts zu wünschen übrig: »Stopp! Nicht weitergehen. Sie könnten sterben.« Sie würde einfach immer in der Nähe des Wassers bleiben, dann konnte sie sich wenigstens nicht verlaufen.

Für Stunden sah sie keinen einzigen Menschen, nur ein paar Boote, die die Bucht verließen oder in Gegenrichtung Puerto Ayora ansteuerten, manchmal gefolgt von dicht über dem Wasser dahingleitenden Pelikanen. Sie wurde schläfrig, döste eine Weile, las dann ein wenig in einem Buch, schaute dem Spiel der Wellen und den Fregattvögeln und Tölpeln am Himmel zu und hielt Zwiesprache mit den eigentümlichen Kreaturen, die ihr Gesellschaft leisteten, den kleinen schwarzen und grauen Finken, die im nahen Gebüsch von Ast zu Ast hüpften, einem graublauen Lavareiher, der sich nur wenige Meter entfernt mit einer grell gefärbten toten Krabbe abmühte, und den Leguanen, die überall auf den schwarzen Felsen hockten, meist stur vor sich hin starrten und gelegentlich an ihr vorbeimarschierten, um sich im Wasser mit einem Algenimbiss zu stärken.

Am Morgen war sie mit dem Bild des brennenden Schiffes vor Augen aufgewacht, inzwischen hatte sie es aber vollkommen vergessen. Von ihrem Platz aus schaute sie nicht in die Bucht, sondern nach Südwesten, auf das offene Meer hinaus. Sie faltete die Karte auseinander, die sie gestern aus einem Café mitgenommen hatte. Islas Galápagos stand da, umrahmt von bunten Anzeigen einiger Hotels und Tourveranstalter. Die Insel, deren Umrisse sie in weiter Ferne erahnen konnte, musste Santa Fé sein, die erste Station ihrer Fahrt mit der *Queen Mabel* vor ziemlich genau einer Woche. Sie fuhr mit dem Finger die Reiseroute entlang, erinnerte sich daran, was sie gesehen und erlebt hatte.

San Cristóbal, Española, Floreana, Isabela und Fernandina … diese Namen, dachte sie fasziniert. Und eine Tierwelt, die sich durch ihre Gegenwart nicht im Geringsten stören ließ. Ob über oder unter Wasser, zu keinem Zeitpunkt hatte sie sich als Eindringling oder Fremdkörper empfunden, immer fühlte sie sich hier auf schwer zu beschreibende Weise als Teil eines Ganzen. Vielleicht lag darin das Geheimnis dieser Inseln, die Faszination, die von ihnen ausging …

Anne hätte all diese Eindrücke und Gedanken gern mit Hermann geteilt. Wahrscheinlich hätte sie dann aber nie erfahren, wie es sich anfühlte, allein und vollkommen ungestört diesem exotischen Ort und seinen Bewohnern ausgesetzt zu sein. Je länger sie das Treiben um sie herum beobachtete, desto euphorischer fühlte sie sich, desto bedeutungsloser wurde die Enttäuschung über ihr spartanisches Quartier. Bis schließlich alle störenden Gedanken verstummt waren und sich ein Gefühl einstellte, das dem, was sie als Glück bezeichnen würde, ziemlich nahe kam.

Eigentlich hatte sie keinen Hunger, trotzdem machte sie sich kurz nach halb eins auf den Weg in den Ort, wo sie sich mit den anderen noch in der Nacht, auf dem Rückweg zu ihren Zimmern, zum Mittagessen verabredet hatte. Außerdem war ihre Trinkflasche leer, und sie hätte es hier ohnehin nicht mehr lange ausgehalten. Sie brauchte Wasser.

Kaum hatte sie die Küste verlassen, das Tor im Maschendrahtzaun passiert und die Verwaltungsgebäude erreicht, wo die in weitem Bogen um die Bucht führende Straße nach Puerto Ayora begann, spürte sie die drückende Mittagshitze. Es war, als beträte sie einen Brutofen. Wie ein zentnerschweres Gewicht legte sich die Hitze auf ihre Schultern, und obwohl sie langsam lief, um sich nicht zu überanstrengen, wurde bald jeder Schritt zur Mühsal. Sie vergewisserte sich, dass sie ihren Strohhut aufgesetzt hatte.

Die ersten zwei-, dreihundert Meter führten Anne durch das Buschland des Nationalparks, dann tauchten Häuser auf, die ersten Hotels, Tauchbasen, Restaurants und die obligatorischen Souvenirläden. Über eine Verkehrsinsel spannte sich ein blau gefärbter, mit Reliefs der bekanntesten Inseltiere versehener Triumphbogen, den sie ausnehmend hässlich fand und trotzdem fotografierte. An seiner höchsten Stelle sprang dem Betrachter das bärtige Antlitz des greisen Charles Darwin ins Auge, und damit man auch ja nicht vergaß, wem diese Inseln ihren Ruhm verdankten, thronte auf einem Vulkansteinsockel gleich daneben noch eine Bronzebüste des großen Engländers, mit nicht minder imposantem Bart versehen. Dabei war Darwin, als er die Inseln besuchte, ein junger Mann von sechsundzwanzig Jahren gewesen und sein Gesicht, abgesehen vom damals üblichen Backenbart, gänzlich unbehaart. Fast dreißig Jahre später, als er endlich sein epochemachendes Werk veröffentlichte, war er noch immer bartlos. Aber so hätte ihn heute niemand erkannt. Im Vorfeld ihrer Reise hatte Hermann einmal die Vermutung geäußert, die vollbärtige Version Darwins beherrsche nur deshalb die Bilderwelt, weil man einem gütig dreinblickenden und gebrechlichen Greis die Zumutungen, die er mit seinen Ansichten in die Welt gesetzt hatte, weniger übel nahm. Im Gegensatz zu anderen Größen der Wissenschaft sei ihm kein wirklich durchschlagender Erfolg beschieden gewesen. Nur ein Teil der Menschheit habe sich seine revolutionären Vorstellungen zu eigen gemacht, und dieser Teil scheine heute eher kleiner als größer zu werden.

Hermann hatte seine Bemerkung ernst gemeint, aber Anne musste lachen, als sie daran dachte. Überhaupt kam ihr die hiesige Darwin-Manie heute lächerlich vor. Hermann sprach von Puerto Ayora immer als Darwin City. Vielleicht lag es an den herrlichen Stunden, die sie zuvor am Meer verbracht hatte, dass sie sein Unbehagen angesichts des allgegenwärtigen touristischen Trubels plötzlich nachvollziehen konnte. Während sie die um diese Zeit fast menschenleere Hauptstraße entlangschlenderte – natürlich hieß sie Avenida Charles Darwin –, musste sie daran denken, dass all dies innerhalb weniger Jahre aus dem Boden geschossen war und die Einwohnerzahl sich vervielfacht hatte, dass viele der Häuser illegal errichtet worden waren und dass das Ganze nichts anderes als eine riesige touristische Infrastruktur darstellte, eine Art wild wuchernder Darwin-Erlebnispark. Wovon sollten die Menschen auch sonst leben? Oben im feucht-tropischen Hochland gab es große Farmen und Haziendas, das hatte sie gesehen, als sie mit dem Taxi vom Flughafen quer über die Insel gefahren waren. Dort grasten Kühe, wurde Obst und Gemüse angebaut; hier unten aber, in der Trockenzone, hatte es, bevor die Touristen kamen, nichts als dornenbewehrtes Buschland und die Reichtümer des Meeres gegeben.

Das Restaurant Guille lag in einer kleinen Seitenstraße, ganz in der Nähe des Hafens, hatte Carol gesagt, etwas abseits der üblichen Touristenpfade. Das gefiel den Forschern natürlich, die hier fast jeden Tag zu Mittag aßen, um sich nicht mit ihren erholungssuchenden Artgenossen gemeinzumachen. Es hatte aber den Nachteil, dass Anne noch eine Viertelstunde herumirrte, bis sie das Restaurant endlich gefunden hatte. Unter einem Wellblechdach standen vier große, unregelmäßig geformte Holztische vor einem etwas heruntergekommenen einstöckigen Haus. Carol, Lieke, Isabelle, David, Salvatore und Reinhardt waren die einzigen Gäste. Sie saßen auf weißen Stapelstühlen, vor ihnen auf dem Tisch standen beschlagene Plastikwasserflaschen und große blaue Gläser, aus denen Strohhalme ragten. Die Gruppe schien in ein lebhaftes Gespräch vertieft zu sein. Gerade war es David, der redete und dabei wild gestikulierte, während die anderen ihm aufmerksam zuhörten.

»Entschuldigt, ich bin spät dran«, sagte sie und zog einen Stuhl vom Nachbartisch heran. »Puh, ist das heiß. Habt ihr schon gegessen?«

Reinhardt und Salvatore, die ihr den Rücken zugewandt hatten, drehten sich um und nickten ihr kurz zu, ohne eine Miene zu verziehen. Auch Liekes und Davids Gesichter blieben ernst. Nur Carol und Isabelle begrüßten sie mit einem Lächeln und rutschten mit ihren Stühlen ein wenig zur Seite, damit Anne sich zwischen ihnen an den Tisch setzen konnte. »Nein«, sagte Carol. »Wir sind auch erst vor ein paar Minuten gekommen, haben gerade erst bestellt.«

Anne ließ sich erschöpft nieder, froh, endlich am Ziel zu sein. »Hab ich einen Durst. Was trinkt man denn hier so?«

Isabelle deutete auf die blauen Gläser. »Zitronensaft. Mit viel Eis.«

»Das klingt hervorragend«, sagte Anne und hielt nach der Bedienung Ausschau.

Carol schob ihr eine noch ungeöffnete Wasserflasche hin. »Hier. Damit du nicht verdurstest.«

»Danke.« Anne trank gierig, und da sie noch ganz unter dem Eindruck ihrer Stranderlebnisse stand, platzte sie gleich damit heraus und erzählte, wie sie den Vormittag verbracht hatte. »Ich glaube, ich habe noch nie eine Küste gesehen, die so voller Leben ist. Fantastisch!«

Am Tisch saßen junge Biologen und Geowissenschaftler, Hermanns angehende Kollegen. Natürlich ging Anne davon aus, dass sie ihre Begeisterung teilten. Wer, wenn nicht sie? Sie rechnete daher mit ihrer Zustimmung, erwartete wenigstens ein Nicken, irgendein Zeichen, dass die anderen ihre Freude nachempfanden. Was sie tatsächlich zu hören bekam, traf sie völlig unvorbereitet.

»Fahr mal nach Cuxhaven«, brummte Reinhardt, ohne sie dabei anzusehen. »Da wimmelt es von Leben.«

Annes Finger krallten sich um die Armlehnen des Plastikstuhls. Ihr Lächeln gefror. Cuxhaven? Meinte er das ernst? Sie zog die Brauen zusammen. Ihre Augen wurden zu Schlitzen. Was wollte er ihr damit sagen? Dass sie einen Ort wie diesen lieber den Fachleuten überlassen sollte? Dass sie eine biologische Analphabetin war, die einen Lavareiher nicht von einem Austernfischer unterscheiden und daher genauso gut zu Hause bleiben könnte? Dass Galápagos eine Inselgruppe wie jede andere war?

Für einen Moment herrschte betretenes Schweigen am Tisch. Anne fiel es schwer, ruhig zu bleiben. Sie fühlte sich, als sei sie frontal gegen eine Mauer geprallt, und hätte den kahlköpfigen Schweizer für seine Bemerkung ohrfeigen können. »Ich lebe in Kiel«, antwortete sie schließlich mit eisiger Stimme. »In der Nähe zweier Küsten, falls du in deinem amerikanischen Exil die europäische Geografie vergessen haben solltest. Und ich habe dort noch nie einen Pelikan, Fregattvogel oder Tölpel mit blauen Füßen gesehen. Und schon gar keine handtellergroßen knallbunten Krebse oder Leguane.«

»Nein, natürlich nicht.« Reinhardt verzog das Gesicht. »Ich ... ich wollte nur sagen, dass an deutschen Küsten mindestens so viele Vogelarten leben wie hier. Wahrscheinlich mehr. Das Nordseewatt ist Weltnaturerbe, genau wie Galápagos. Es kommt dir nur so vor, als ginge es hier lebendiger zu. Wir sind in den Tropen. Die Tiere sind exotisch und wenig scheu.« Er sah die anderen an, die peinlich berührt die Köpfe senkten. Endlich schien Reinhardt zu begreifen, dass jedes weitere Wort eines zu viel war. »Tut mir leid«, sagte er und setzte ein schiefes Lächeln auf, das wohl versöhnlich gemeint war. »Ich ... wir hatten hier gerade einen kleinen Disput über Global Change und die Rolle der Wissenschaft, und dieser Scheiß ist immer ein echter Stimmungskiller. Du hast da etwas abbekommen, das gar nicht für dich bestimmt war. Es war eine dumme Bemerkung. Nimm's mir nicht übel, okay?«

Doch es war zu spät. Bei Anne stieß er mit seiner Entschuldigung auf taube Ohren. Sie war es nicht gewohnt, derart herablassend behandelt zu werden, und mit einer halbherzigen Erklärung und einem Lächeln war das nicht aus der Welt zu schaffen. Dass ausgerechnet der Älteste in der Runde, ein Professor einer amerikanischen Universität, sich zu einer solchen Unhöflichkeit verstieg, machte sie sprachlos. Oder steckte doch mehr dahinter? Sie schaute von einem zum anderen, in junge von der Sonne gerötete Gesichter, die ihrem Blick auswichen. Warum sagten sie nichts? Sie war mit diesen Menschen eine Woche auf See gewesen. Unter den beengten Verhältnissen der *Queen Mabel* hatten sie von morgens bis abends aufeinandergehockt, ohne dass ein böses Wort gefallen war. Trotzdem, es waren Fremde geblieben und sie nur ein Anhang Hermanns, jemand, der ihre Mutter sein könnte und dummes, unwissenschaftliches Zeug von sich gab.

Was hatte sie noch hier verloren? Sollte sie aufstehen und gehen? Sie dachte kurz an Hermann. Nein, das konnte sie ihm nicht antun. Außerdem mochte sie Carol und die anderen jungen Frauen, die sich niemals zu einer solchen Äußerung hätten hinreißen lassen. Und sie hatte Hunger, war extra den weiten Weg in die Stadt gelaufen. Wenn ihre Anwesenheit hier nicht erwünscht war, dann sollten sie es ihr ins Gesicht sagen.

»Ich möchte mich nicht aufdrängen«, sagte sie. »Wenn ihr lieber unter euch sein wollt …«

»Natürlich nicht«, wehrte Carol ab und warf Reinhardt einen vorwurfsvollen Blick zu. »Er hat es nicht so gemeint. Ich fürchte, es ist meine Schuld. Ich wollte David nur ein wenig aufmuntern, aber das ist voll nach hinten losgegangen.« Sie zeigte auf die englische Überschrift eines Computerausdrucks, der vor ihr lag. Anne hielt den Kopf schief und las: »Rapid Recovery of A Coral Reef at Darwin Island, Galapagos«.

»Ja, und?«

»In dem Artikel steht, dass es den Korallen hier gar nicht mehr so schlecht geht«, erklärte Reinhardt, der offensichtlich um Wiedergutmachung bemüht war. »Das wollte Carol uns zeigen, weil es echt ein Grund zur Freude ist. Mitte der Achtzigerjahre war die Situation nämlich verheerend, da war fast der gesamte hiesige Korallenbestand gestorben. Jetzt hat er sich wieder erholt, unser junger Kollege hier zieht es aber vor, weiter an den baldigen Untergang zu glauben, und meint, wir müssten etwas dagegen tun.«

»Allerdings meine ich das.« David, ein groß gewachsener,

athletischer junger Mann und neben Anne der einzige Deutsche in der Runde, hatte bis eben noch zusammengesunken auf seinem Plastikstuhl gesessen. Jetzt richtete er sich auf, stützte die blond behaarten Unterarme auf den Tisch und fixierte den Schweizer, der genau gegenüber saß. »Also noch mal, damit Anne versteht, worum es geht. Die Korallenbleiche auf Galápagos war eine Folge der letzten El Niños. Es überrascht mich nicht, dass sich einzelne Riffe von solchen periodisch auftretenden Einbrüchen erholen. Der großen Masse geht es aber weiterhin schlecht, davon habe ich mich gerade mit eigenen Augen überzeugen können, und ihr habt es auch gesehen, oder etwa nicht? Aha, okay, so weit sind wir uns also einig. Das, was uns bevorsteht und worüber wir geredet haben, hat mit dieser lokalen Entwicklung aber nichts zu tun. Da geht es um ganz andere Dimensionen. Wir werden eine Erhöhung der globalen Durchschnittstemperatur um mehrere Grad erleben, einen beträchtlichen Anstieg des Meeresspiegels, eine zunehmende Versauerung der Meere, die für kalkbildende Organismen wie Korallen große Probleme bringen wird. Und das alles in einer nie da gewesenen Geschwin…«

Reinhardt unterbrach ihn mit einer wegwerfenden Handbewegung: »David, das sind doch alles nur von Computern errechnete Vorhersagen. Muss ich euch wirklich erklären, was Computermodelle sind und wie man mit ihnen umgeht? Da werden doch keine unumstößlichen Wahrheiten verkündet. Kein Mensch weiß, ob das alles genau so kommen wird und wann. Computer sind verdammte Rechenmaschinen, keine Orakel. Und vor allem: Die Modelle sind nur so gut wie die Daten, auf denen sie beruhen. Und da schließt sich der Kreis zu unserer Arbeit. Auf Galápagos sind die Wassertemperaturen seit einem halben Jahrhundert nicht erkennbar gestiegen. Entlang der südamerikanischen Küste sind sie sogar leicht gesunken. Es regnet hier ein bisschen mehr, in der warmen Jahreszeit ist es etwas wärmer geworden, in der kühlen etwas kühler, das ist alles. Kein klarer Trend. Ich bin gar nicht so skeptisch, was die Klimaprognosen angeht, das wisst ihr, aber man muss ganz klar sagen: Hier merkt man noch nichts von den höheren Wassertemperaturen, die einige Forscher erwarten.«

Er blickte in die Runde. »Warum sind wir denn hier? Warum beschäftigen wir uns mit ganz grundlegenden Fragen? Wie die Sedimente beschaffen sind, welche kalkbildenden Organismen es hier gibt und ob ein Einfluss des kalten CO_2-reichen Wassers auf die Struktur ihrer Skelette zu erkennen ist ...« Er legte der jungen Frau neben ihm die Hand auf die Schulter. »Es ist kaum zu glauben, aber Isabelle ist die Erste, die sich intensiv mit den Makroalgen dieser Gewässer beschäftigt. Wir wissen noch so wenig, stehen ganz am Anfang. Deshalb müssen wir forschen. Es wäre fatal, wenn ausgerechnet Leute wie wir in Schockstarre verfielen und die Arbeit einstellten.«

»Aber bis all diese Forschungen ausgereift sind, wird es zu spät sein«, antwortete David. »Wenn man noch irgendetwas retten will, muss man jetzt Alarm schlagen. Wir alle hier haben uns nicht ohne Grund entschieden, über Korallen zu forschen. Es gibt kaum etwas Schöneres und Faszinierenderes als Korallenriffe. Sie zu verlieren, wäre ein unfassbarer Verlust. Wenn ich mir vorstelle, dass wir später einmal wissen werden, dass wir das zu verantworten haben, dass wir es hätten verhindern können, wenn wir nur unseren Arsch hochbekommen hätten ... Das ist doch unerträglich.«

»Natürlich wäre es ein entsetzlicher Verlust. Das bestreitet doch niemand. Ein Grund mehr, alle Anstrengungen zu unternehmen, um die Riffe besser zu verstehen.«

»Die gesamte Fachwelt prophezeit den Riffen eine düstere Zukunft, und du freust dich, dass deine Forschungsanträge bewilligt werden. Das kotzt mich an. Forschend den Untergang zu begleiten – gratuliere, was für eine tolle Wissenschaft. Wie kann man nur so gleichgültig sein? Wer bezahlt dich? Die Ölindustrie?«

Reinhardt stöhnte, ließ sich gegen die Stuhllehne fallen und schüttelte genervt den Kopf.

»David!«, rief Lieke erschrocken.

»Ist doch wahr.«

Anne konnte sehen, wie Lieke dem jungen Mann beruhigend die Hand auf den Oberschenkel legte. Die beiden waren ein Paar, das hatte Anne schon auf der *Queen Mabel* mitbekommen. In der Enge des Schiffes hatten sich zwar alle zurückhalten müssen, doch die Art, wie Lieke und David die Nähe des anderen suchten, die Blicke, die sie sich zuwarfen, all das hatte sie in ihrer Überzeugung bestärkt, dass die beiden mehr als nur Kollegen waren. Und wenn sie nicht irrte, interessierte sich auch Isabelle für David. Sie konnte die jungen Frauen verstehen. Wäre sie noch zwanzig Jahre jünger gewesen, hätte sie sicher auch ein Auge auf ihn geworfen.

Nun ergriff Salvatore das Wort. »Warum tut ihr denn so, als müsse man sich zwischen Forschung und Engagement entscheiden? Das ist doch Unsinn. Viele Wissenschaftler machen sich Sorgen und sagen das auch.« Er berichtete von einem Aufsatz in *Nature*. Zwei Dutzend Spitzenforscher aus aller Welt warnten darin vor einem Phasenübergang. Vieles spräche dafür, dass die Erde schon in den nächsten Jahrzehnten auf einen Kipppunkt zusteuerte, an dem die ganze Biosphäre in einen anderen Zustand übergehen könnte. Wenn sich dieses Szenario tatsächlich bewahrheitete, würde sich das Verschwinden der Korallenriffe als nur ein Problem von vielen erweisen. »So ein Aufsatz, das ist die Art, wie wir Wissenschaftler uns engagieren sollten, finde ich, sachlich, mit guten Argumenten und ohne ein Blatt vor den Mund zu nehmen. Mich hat er jedenfalls ganz schön aufgerüttelt.«

David reagierte mit einem mitleidigen Lächeln. »Dich vielleicht. Aber *Nature* wird nur von Wissenschaftlern gelesen. Die große Masse erreicht man damit nicht.«

»Was stand denn drin, Salvatore?«, fragte Lieke.

»Na ja, ich würde es so zusammenfassen: Wir nähern uns dem Abgrund. Es wird nicht einfach nur ein bisschen wärmer werden. Schon 2070 oder sogar früher werden wir eine globale Durchschnittstemperatur haben, die höher ist als alles, was der Homo sapiens seit seinem Entstehen erlebt hat. Klimabedingungen, die es heute auf zehn bis fünfzig Prozent der Erde gibt, werden verschwinden, und auf einer Fläche gleicher Größenordnung werden Bedingungen herrschen, die keine heute lebende Tier- oder Pflanzenart je erfahren hat. Dann entsteht eine neue Welt mit neuen Lebensgemeinschaften. Kein Stein wird auf dem anderen bleiben.«

»Ist doch prima. Neue Lebensgemeinschaften, eine neue Welt«, wiederholte David höhnisch. »Klingt spannend. Und nach viel Arbeit und Jobs für Biologen.«

»Ach, David.« Isabelles hübsches, von Sommersprossen übersätes Gesicht war rot angelaufen. »Ich finde deine Kritik ja berechtigt, aber bitte verschone uns mit deinem Sarkasmus. Du hast das Leiden nicht für dich gepachtet, uns alle lässt das doch auch nicht kalt.«

David erhob sich und schaute auf die anderen herab. »Na, dann besteht ja vielleicht noch Hoffnung.« Einige stöhnten, was er mit einem Achselzucken quittierte. »Tut mir leid, Leute. Reden, immer nur reden, das schlägt mir aufs Gemüt.« Er beugte sich zu Lieke hinunter und küsste sie auf die Wange. »Wir sehen uns später, ja?« Er warf einen Fünfdollarschein für die Getränke auf den Tisch und ging.

Lieke schien ihm erst folgen zu wollen, blieb dann aber doch am Tisch sitzen und schüttelte nur den Kopf. Für einen Moment herrschte ratloses Schweigen.

Anne war klar geworden, dass sie mit der Schilderung ihrer morgendlichen Küstenidylle mitten in eine emotional geführte Debatte geplatzt war. Vielleicht hätte sie erst zuhören sollen, bevor sie ihre Erlebnisse zum Besten gab. Im Nachhinein verstand sie Reinhardts schroffe Bemerkung als Zurechtweisung, die genau das zum Ausdruck bringen sollte.

Es dauerte nur wenige Minuten, bis die Diskussion erneut aufflammte, auch ohne David. Salvatore erläuterte weitere düstere Details der *Nature*-Studie, die anderen steuerten nicht minder finstere Einzelheiten aus anderen Quellen bei.

Anne hatte aufgegeben, dem Gespräch zu folgen, und hing stattdessen ihren eigenen Gedanken nach. Auch die drehten sich nun allerdings um den Klimawandel. Natürlich hatte sie davon gehört und gelegentlich mit Hermann darüber gesprochen. Es war aber das erste Mal, dass sie einem solchen Gespräch unter Fachleuten zugehört hatte. Sicher, David, Salvatore und die anderen waren noch jung und keine Klimaexperten, sie schienen aber doch zu wissen, wovon sie redeten. Bisher war Anne nur auf das Thema gestoßen, wenn ein Monsterhurrikan im Golf von Mexiko wütete oder in Deutschland oder anderswo die Flüsse über die Ufer traten und die Medien sich mit Katastrophenmeldungen überboten. Die Experten waren sich offenbar uneins über den zu erwartenden Verlauf des Klimawandels, so viel hatte sie mitbekommen, und wenn die sich schon nicht einigen konnten, wie sollte sie dann wissen, was davon zu halten war? Die Forscher trafen sich regelmäßig zu riesigen Versammlungen, bei denen nie etwas herauskam, die aber Unmengen an Geld verschlangen, weil dazu Hunderte von Menschen aus der ganzen Welt anreisten. Besonders vertrauenerweckend wirkte das alles nicht. Also hatte Anne ihre Aufmerksamkeit meist schnell wieder anderen Themen gewidmet, von denen sie mehr verstand, und so hielten es auch ihre Kollegen und Freunde. Wie in den Jahren zuvor, als

Wetter einfach nur Wetter gewesen war und nicht die mögliche Ausgeburt eines von Menschen zu verantwortenden Katastrophenklimas, schimpften sie über den grauen norddeutschen Nieselregen und fluchten, wenn Kälte oder schweißtreibende Hitze kein Ende nehmen wollten. Ansonsten hatte Anne sich nicht mehr um Klimaangelegenheiten gekümmert. Bis vor wenigen Minuten.

Fast alle Forschungsprojekte, an denen die um sie versammelten Wissenschaftler arbeiteten, hatten mit dem zu tun, was sie *Global Change* nannten, und wenn Anne richtig verstanden hatte, diskutierte man in diesem Kreis auch nicht mehr über die Frage, ob diese katastrophalen Veränderungen eintreten würden, sondern wann. Das Szenario, das Salvatore beschrieben hatte und anscheinend plausibel fand, klang ziemlich angsteinflößend, aber vielleicht waren das auch nur die typischen Übertreibungen der Jugend, beruhigte sie sich. Reinhardt hatte sich skeptischer geäußert.

»Ahhh«, ließ Carol plötzlich hören. Anne, die noch ganz unter dem Eindruck des Gesprächs stand, sah sie überrascht an. Auch die anderen zeigten sich verwundert.

»Was starrt ihr mich so an?«, fragte Carol. »Dreht euch mal um. Unser Essen kommt.«

Eine füllige schwarze Frau war aus einer Türöffnung getreten und brachte lächelnd mehrere Teller, auf zweien türmte sich ein riesiger Haufen gebratener Reis. Am Tisch wurde es unruhig. Alle griffen nach dem Besteck, das in einem Gefäß auf der Tischmitte steckte, verschoben Gläser und Teller, um Platz zu schaffen. Die Frau verschwand wieder in der Küche, um die restlichen Bestellungen zu holen.

Eine Suppenschale mit frischen Zwiebelringen und Fischstücken erregte Annes Interesse. »Was ist das?«, fragte sie Isabelle, die die Schale entgegennahm.

»Encebollado«, antwortete die kleine Französin. »Mit

Thunfisch und Yucca, ein bisschen sauer, ein bisschen scharf. Sehr zu empfehlen bei diesen Temperaturen.« Sie band sich ihre langen, lockigen Haare zu einem Pferdeschwanz zusammen und griff nach dem Löffel.

»Und nach solchen Gesprächen erst recht«, fügte Salvatore hinzu, der das gleiche Gericht bestellt hatte. Er kostete, schloss verzückt die Augen und holte tief Luft. »Hm, das Entscheidende ist der Limonensaft.« Schon auf dem Schiff hatte sich der Italiener als Feinschmecker und Kochfanatiker entpuppt, den man mehrfach ermahnen musste, sich doch bitte mit kritischen Anmerkungen zum Schiffsessen in Gegenwart des Kochs zurückzuhalten. Während die meisten, sofern sie überhaupt selbst kochten, sich mit Salz und Pfeffer begnügten, habe er in seinem Zimmer nicht weniger als zwanzig verschiedene Kräuter und Gewürze gebunkert, hatte er einmal verraten. Alle direkt aus Italien eingeführt. Schließlich müsse er hier mehrere Wochen überleben, und ohne Thymian und Rosmarin sei das undenkbar. Abends sah man ihn oft im Küchenhäuschen herumwirbeln.

»Das nehme ich auch«, entschied Anne. Sie machte die Wirtin auf sich aufmerksam, deutete auf Isabelles Schale und dann auf sich. Die Frau lächelte und nickte. »Und einen Zitronensaft«, rief Anne ihr hinterher. »Äh … un zumo de limón, por favor.«

Während des Essens wurde kaum gesprochen. Das Encebollado war köstlich. Oder sagte man die Encebollado? – Schließlich war es eine Suppe. Anne war das herzlich egal. Sie hatte die randvolle Schale bis auf den letzten Tropfen geleert und war froh, erst danach im Haus auf die Toilette gegangen zu sein, sonst wäre sie um ein exotisches Geschmackserlebnis ärmer gewesen. Denn was sie da zu sehen und zu riechen bekommen hatte, hatte ihr nachdrücklich den Appetit verdorben. In dem kleinen Raum triefte es vor Nässe, die Toilette selbst war ein Loch im Betonboden. Gespült wurde mit einem Schlauch, den sie kaum anzufassen wagte. Durch die Badtür konnte sie einen schmalen Gang entlang bis in die Küche blicken, wo sich die dicke Wirtin und mehrere junge Schwarze aufhielten, wahrscheinlich ihre Kinder. Anne lehnte die Tür an, verschließen konnte man sie nicht.

Als sie wieder im Gang stand, fühlte sie sich einen Moment lang wie gelähmt und konnte die Augen nicht von dem Treiben in der Küche abwenden. Das Haus, so schien es, war Restaurant und Wohnstätte zugleich, wobei ihr ein Rätsel war, wo all diese Leute schliefen. Sie lächelten ihr freundlich zu, und doch war es, als hätte jemand diesem Ort plötzlich eine Maske vom Gesicht gerissen. Hinter den glänzenden Fassaden der Boutiquen, Reiseveranstalter und Touristenhotels verbarg sich ein ganz anderes Puerto Ayora: nicht gerade Elend, aber doch eine beklemmende Enge und Armut. Offenbar sah man ihr ihre Verwirrung an, denn als Anne sich wieder an den Tisch setzte, runzelte Carol die Stirn und warf ihr einen fragenden Blick zu, den Anne mit einem Kopfschütteln und einem Lächeln beantwortete.

Alle waren nun gesättigt, saßen schweigend am Tisch oder plauderten mit ihren Sitznachbarn, und niemand schien daran interessiert zu sein, das vor dem Essen geführte Gespräch wieder aufzunehmen. Doch in Anne wirkte es nach. Sie musste an ihre Kinder denken, an mögliche Enkel, auf die sie sich immer gefreut hatte. Ihr gingen viele Fragen durch den Kopf, die sie aber jetzt nicht zu stellen wagte und in einer ruhigen Minute vielleicht an Hermann richten würde. Glaubte auch er an eine so baldige Katastrophe?

»Was ist eigentlich aus diesem Schiff geworden, das heute Nacht gebrannt hat?« Isabelles Frage riss Anne aus ihren Gedanken. »Carol hat mir heute Morgen davon erzählt. Ich hab das vollkommen verschlafen. Ein paar von den Ecuadorianern hatten draußen so laut gequatscht, dass ich mir Ohropax in die Ohren gestopft hatte.«

»Das hätte ich besser auch tun sollen«, sagte Reinhardt. »Du hast nichts verpasst.« Er wandte sich an Salvatore. »Ihr seid doch runtergegangen? Es war also wirklich ein Schiff?«

Salvatore nickte. »Ja, eine Segeljacht. Sie stand lichterloh in Flammen. Da dürfte nicht viel übrig geblieben sein. Als eine Art Löschboot aus dem Hafen gekommen ist, sind wir wieder nach oben gegangen.«

»Du hast die Schreie vergessen«, sagte Carol.

»Was für Schreie?« Reinhardt runzelte die Stirn. »Gab es Verletzte?«

»Wissen wir nicht. Wir haben jemanden rufen gehört. Aber es war so weit weg, dass wir nicht sicher waren, woher es kam.« Salvatore zuckte die Achseln.

»Hat jemand was darüber gehört?«, fragte Carol in die Runde und erhielt als Antwort nur ein Kopfschütteln.

»In der Station haben viele gar nichts mitbekommen«, sagte Lieke.

»Vielleicht weiß die Wirtin ja etwas«, sagte Anne. »Carol, du sprichst doch so gut Spanisch. Frag sie doch mal.«

Ohne eine Reaktion abzuwarten, winkte sie der Frau zu, die gerade eine Bestellung von zwei indianisch aussehenden Männern aufnahm. Kurz darauf trat sie zu ihnen an den Tisch und griff nach den leeren Tellern. Carol sprach sie an.

»No lo sé«, antwortete die Frau, ohne ihr obligatorisches Lächeln abzulegen. Keine Ahnung. Aber auf Carols Nachfrage folgten dann doch einige knappe spanische Sätze, die von der Kanadierin sofort übersetzt wurden.

»Ich habe ihr erzählt, dass wir heute Nacht das Feuer bemerkt und uns gefragt hätten, wie so etwas passieren könne.

Sie sagt, sie habe nichts gesehen und wisse auch nur, was sie von anderen aufgeschnappt habe. Das Schiff ist total ausgebrannt. Die Polizei hat es in den Hafen geschleppt.«

»Gehörte es Einheimischen oder Touristen?«, fragte Anne.

Carol übersetzte. »Das weiß sie nicht. Wahrscheinlich gehört es jemandem in Puerto Ayora. Sie glaubt, dass es zu klein gewesen sei, um damit vom Festland hierherzufahren.«

Anne nickte. »Da hat sie wahrscheinlich recht. Aber wer kann sich hier schon eine solche Jacht leisten?«

Nun mischte sich auch einer der beiden Männer am Nachbartisch in das Gespräch ein. Er und die Wirtin wechselten rasch ein paar Worte.

»Was haben sie gesagt?«, fragte Anne.

»Es soll einem reichen Restaurantbesitzer gehört haben, der auf dem Festland in Guayaquil lebt und nur ab und zu hier ist«, übersetzte Carol.

»Also war niemand an Bord?«

»No«, antwortete die Frau. Sie lächelte noch immer, man merkte ihr aber an, dass es sie zurück in ihre Küche zog.

»Aber wer hat dann geschrien?«, fragte Salvatore.

Wieder ergriff der Mann am Nebentisch das Wort. Er und sein Begleiter machten ein ernstes Gesicht.

»Was?« entfuhr es Carol, während sie dem Mann zuhörte. »Er sagt, vielleicht wisse die Wirtin nichts, vielleicht wolle sie aber auch nur nichts sagen. Auf dem Schiff war doch jemand, ein junges Pärchen. Der Sohn des Schiffseigners und eine Touristin.«

Salvatore riss die Augen auf. »Ach, du Scheiße. Also doch.«

»Ja.« Carol übersetzte weiter. Alle hörten jetzt gespannt zu. »Weil eine Touristin betroffen sei, werde es nicht an die große Glocke gehängt, sagt er, aber er hat es von einem Freund, dessen Bruder bei der Polizei arbeitet. Die beiden wurden wohl aus dem Wasser gefischt und sofort ins Krankenhaus gebracht, angeblich mit schweren Verbrennungen. Aber das weiß er nur vom Hörensagen.«

»Boah«, machte Lieke. »Was wollten die denn auf dem Schiff?«

Der Mann grinste, als Carol die Frage übersetzte. »Er fragt, ob du dir das nicht denken kannst. Was treiben ein junger Mann und eine junge Frau wohl nachts auf einem Schiff?«

Lieke errötete.

»Wäre es möglich, dass jemand es auf die beiden abgesehen hatte?«, fragte Anne.

»Ein Anschlag?«, fragte der Mann zurück und wechselte rasch ein paar Worte mit seinem Begleiter. Dann schüttelte er den Kopf.

»Nein, davon weiß er nichts. Er glaubt, es war ein Unfall.«

Die Wirtin hatte begonnen, die leeren Teller aufeinanderzustapeln, und tat so, als würde sie nichts von dem Gespräch mitbekommen. Die Forscher zückten ihre Portemonnaies, um zu zahlen. Aber Anne ließ nicht locker. »Weiß man, wie das Feuer entstanden ist?«, fragte sie.

Die Antwort der Wirtin fiel kurz aus, und diesmal übersetzte Isabelle.

»Ein technischer Defekt, sagt sie. Was sonst? Wir sollen uns keine Sorgen machen.«

»Ich mache mir keine Sorgen. Aber wenn so selten jemand auf dem Schiff war, dann ist es umso seltsamer, dass da plötzlich Feuer ausbricht.«

»Worauf willst du hinaus?« Salvatore entnahm seiner Brieftasche einen Zehndollarschein und reichte ihn der Wirtin. »Glaubst du, jemand könnte das Schiff angesteckt haben? Und das andere vor ein paar Tagen auch? Ein Versicherungsbetrug vielleicht?«

»Es hat schon mal gebrannt?« Lieke schaute überrascht von einem zum anderen. »Wusste ich gar nicht.«

Anne zuckte die Achseln. »Ich glaube gar nichts, Salvatore. Dazu wissen wir viel zu wenig. Es interessiert mich nur. Ist doch merkwürdig, wenn so was innerhalb von ein paar Tagen gleich zwei Mal passiert. Aber vielleicht ist es ja wirklich nur ein Zufall gewesen.«

Die Wirtin hatte das Geschirr in die Küche gebracht und kehrte mit einem Zettel in der Hand zurück, um abzukassieren. Ihr Dauerlächeln war geschäftsmäßigem Ernst gewichen.

»Ich glaube, die Fragerei hat ihr nicht gefallen«, stellte Salvatore fest, nachdem alle ihre Rechnungen beglichen hatten und die Frau wieder in der Küche verschwunden war.

»Meinst du, sie hat etwas mit dem Feuer zu tun?«, fragte Lieke.

»Wie kommst du denn darauf?« Reinhardt schüttelte amüsiert den Kopf. »Ich werde dir sagen, was los ist. Warst du mal im Haus? Das sind arme Leute. Eine Segeljacht da draußen in der Bucht, das ist für die Frau ein Ding von einem anderen Stern, und Leute, die sich so etwas leisten können, sind Aliens. Wie wir im Übrigen auch. Sie will mit dem Scheiß nichts zu tun haben. Sie will keinen Ärger.«

»Was machst du eigentlich beruflich, Anne?«, fragte Isabelle, als sie aufgestanden waren, um den halbstündigen Rückweg in die Station anzutreten. »Bist du Journalistin oder so etwas?«

»Nein, ich bin Kriminalpolizistin.«

»Im Ernst?«

Anne lächelte, als sie die erstaunten Blicke der anderen auffing. Sie kannte diese Reaktion, eine Mischung aus Respekt und Erschrecken. Meistens ließ sie es, wenn man sie fragte, bei dieser Berufsbezeichnung bewenden, heute aber, nach dem Verlauf des Mittagessens, konnte sie nicht anders und fügte mit gleichgültig klingender Stimme hinzu. »Ja, natürlich. Ich leite die Kieler Mordkommission.«

Isabelle blieb wie angewurzelt stehen. »Oh«, entfuhr es ihr.

Anne war weitergelaufen und erreichte nach ein paar Schritten die Straßenecke, wo sie sich nach rechts wenden wollte, Richtung Hafen. Sie drehte sich um. »Macht's gut und fröhliche Wissenschaft«, rief sie den anderen zu, die ein paar Meter zurückgefallen waren und sie verblüfft anstarrten. »Ich bleibe noch ein wenig hier. Vielleicht sehen wir uns ja heute Abend.«

Sie setzte ihren Weg fort, ohne sich noch einmal umzudrehen. Im Rücken spürte sie die Blicke der jungen Forscher und schmunzelte. Jetzt wisst ihr wenigstens, worüber ihr euch auf dem Rückweg unterhalten könnt, dachte sie. Ich mag zwar ignorant sein, aber habt ihr wirklich gedacht, dass ich zu Hause hocke und Hermanns Bücherregale abstaube?

4

Isla Fernandina, *Queen Mabel*

Sie schwammen mit sanften Flossenschlägen hintereinander, Dieter Grumme vorneweg, dahinter Alberto und Hermann als Schlusslicht. Ihre Augen waren nach unten auf ein Felsplateau gerichtet, das nach rechts zum Canal Bolívar hin abfiel. Niemand dachte in diesem Moment an den Hai. Das Bild, das sich ihnen bot, war derart deprimierend, dass wohl auch dann betretenes Schweigen geherrscht hätte, wenn es möglich gewesen wäre zu sprechen.

Hermann versuchte sich vorzustellen, wie das Plateau früher ausgesehen haben mochte. So weit das Auge reichte, so hatten es ihm Dieter und Alberto vor dem Tauchgang erzählt, hatte sich hier eine dicht bewachsene submarine Wiese mit diversen blättrigen Grün- und Rotalgen erstreckt, ein Schlaraffenland nicht nur für die pflanzenfressenden Meeresechsen, die von ihren Ruheplätzen auf den Küstenfelsen von Fernandina hierhergeschwommen waren, um die Algen abzuweiden.

Jetzt wuchsen hier nur noch ein paar kleine fächerförmige Braunalgen, die durch Kalkeinlagerungen weiß gefärbt waren. Der Rest sah aus zwei, drei Metern Abstand aus, als sei dem Fels ein dichtes grün-bräunliches Fell gewachsen. Hermann kam es vor wie eine einst bunt blühende Bergwiese, von der nur noch ein eintöniger dicker Moosteppich geblieben war. Erst aus der Nähe war zu erkennen, dass die vermeintlichen Haare in Wirklichkeit die Tentakel kleiner, nur wenige Zentimeter messender Polypen waren, die dicht an dicht das gesamte Plateau bedeckten. Eine Klonarmee von *Aiptasia*, der Glasrose, hatte die Herrschaft übernommen.

Hin und wieder entdeckte Hermann die dicken, stiftförmigen Stacheln eines Seeigels, die einzige andere bodenbewohnende Tierart, die sich in dem dichten Tentakelteppich hatte halten können. Von dem üppigen Salatbuffet vor der eigenen Haustür war den Leguanen nur noch ein schmaler Algenstreifen im flachen Wasser geblieben, den die Polypen aus irgendeinem Grund mieden, vielleicht, weil ihnen die hohe Lichtintensität oder die Wasserbewegungen nicht behagten.

Fische gab es hier kaum, ein schmerzhafter Kontrast zu dem quirligen Unterwasserleben, das sie noch vor wenigen Stunden vor Isabela auf der anderen Kanalseite bewundert hatten.

Bei Aquarianern, die *Aiptasia* gelegentlich mit bewachsenen Steinen in ihre Zimmerbiotope einschleppten, war sie gefürchtet, weil sie dazu tendierte, nach und nach das ganze Aquarium in Besitz zu nehmen. Man solle ihnen brühend heißes Wasser injizieren, so lautete einer der im Netz kursierenden Ratschläge zu ihrer Bekämpfung. Oder Pfeffersaft. Doch das Injizieren war nicht so einfach und in freier Natur, wo man es unter Umständen wie hier mit Millionen von Glasrosen zu tun hatte, sicher nicht das Mittel der Wahl.

Mehr Erfolg versprach der Einsatz eines spezifischen Räubers, der die Biester im Aquarium in Schach halten konnte, einer Nacktschnecke zum Beispiel, die den Vorteil hatte, auch noch hübsch auszusehen. Es gab eine ganze Reihe von Tieren, die Glasrosen fraßen, auch Schildkröten, mehrere Fischarten, sogar eine Robbenart und diverse Vögel hatte man schon beim Polypenfraß beobachtet. Doch alle diese Tiere waren im Galápagos-Archipel, sofern sie hier überhaupt vorkamen, eher selten. Was auch immer für diese Entwicklung verantwortlich war, die hiesige Tierwelt hatte sie nicht verhindern können.

»Mir ist der Appetit vergangen«, sagte Hermann, als sie sich nach dem Tauchgang zum Abendessen am Tisch einfanden. Der Kapitän hatte schon den Motor angeworfen, und der

Bug der *Queen Mabel* richtete sich gerade nach Osten aus, wo sie in ein paar Stunden an ihrer alten Position vor Isabela ankern würden. Sie hatten nur noch einen Tag Zeit, um den unbekannten Hai zu finden. Am morgigen Abend würden sie zu einer Nachtfahrt zurück nach Puerto Ayora aufbrechen.

Hermann schob den Teller zur Seite und stützte den Kopf auf beide Fäuste. Die Videokamera lag samt Speicherkarte neben ihm auf der Sitzbank. Doch die Bilder dieses Tauchgangs musste er sich kein zweites Mal antun. Noch nie hatte er eine solche Einöde gesehen.

»Manche glauben, dass es nur eine vorübergehende Erscheinung ist«, sagte Dieter, als wollte er ihn beruhigen. »Wir wissen es nicht.« Er schaufelte sich eine Riesenportion Kartoffeln auf den Teller.

Hermann hob den Kopf. »Seit wann sieht es denn da unten so aus?«

»Soviel ich weiß, traten die ersten Massenvermehrungen in den Neunzigerjahren auf, weiter oben, im Norden von Fernandina. Zuerst waren es nur sporadische Berichte einzelner Taucher. Dann entdeckte man sie auch im Süden. Mittlerweile gibt es sie auch vor anderen Inseln, sogar in der Academy Bay. Aber hier ist es am schlimmsten.«

»Und das nennst du eine vorübergehende Erscheinung?«

»Ich habe gesagt, wir wissen es nicht.«

Wie Dieter schienen auch Alberto die Eindrücke ihres Tauchgangs nicht auf den Magen zu schlagen. Er bediente sich aus den dampfenden Schüsseln, die der Koch auf den Tisch gestellt hatte, und begann, Scheiben von einem dunklen Braten abzusäbeln.

»Warum beschäftigt sich eigentlich niemand damit?«, sagte er, steckte sich ein Stück Fleisch in den Mund und begann zu kauen.

Nach einer Weile fragte er mit noch immer vollem Mund

und einem skeptischen Blick auf die Bratenscheiben, die er auf seinen Teller gelegt hatte: »Was ist das?«

»Keine Ahnung, vermutlich Rind«, antwortete Dieter, dessen Kiefer ebenfalls Schwerstarbeit zu verrichten hatten.

Alberto schüttelte den Kopf und spülte seinen letzten Happen mit einem Schluck Saft hinunter. »In Argentinien käme man ins Gefängnis, wenn man so etwas servieren würde«, brummte er, nicht ohne einen vorsichtigen Blick in Richtung Küche zu werfen, wo der Kapitän und zwei Besatzungsmitglieder am Tresen standen und aßen. Dem Koch, der kaum Englisch verstand, sollte seine Bemerkung natürlich nicht zu Ohren kommen. Schiffsköche waren entscheidend für die Stimmung an Bord. Man musste sie bei Laune halten. Unbeirrt nahm er ein zweites Stück Fleisch in Angriff. »Solange *Aiptasia* so dichte Bestände bildet, wird sich nichts ändern, fürchte ich. Alles, was sich hier auf den Felsen ansiedeln könnte, endet in ihren Tentakeln. Man müsste sie an ausgewählten Stellen beseitigen, um zu prüfen, ob die Algen zurückkommen oder was sich stattdessen ansiedelt.«

»Super Idee«, sagte Dieter. »Hast du Geld? Und die Leute dafür? Außerdem funktioniert das so nicht. Der Teppich würde sich innerhalb kurzer Zeit wieder schließen. *Aiptasia* vermehrt sich einfach zu schnell.«

»Ungeschlechtlich, nehme ich an«, sagte Hermann.

»Ja, sie schnüren sich einfach der Länge nach durch. Aus eins mach zwei. Wie die Pantoffeltierchen.«

Hermann seufzte, zog den Teller zu sich heran und tat sich Kartoffeln, Soße und Salat auf. Auf das Fleisch verzichtete er.

»Die Fischer hätten eben nicht alle Seegurken wegfangen dürfen. Vielleicht hätten sie diese Massenvermehrung verhindert«, sagte Alberto. »So etwas wie da unten ist typisch für Ökosysteme, aus denen man entscheidende Akteure entfernt hat. Die Seegurkenfischerei, die hier betrieben wurde, war schlicht Wahnsinn. Der Boom hat viele arme Fischer von der leer gefischten Festlandküste erst auf die Inseln gelockt. Und dann haben sie hier innerhalb weniger Jahre mehr als acht Millionen Seegurken aus dem Meer geholt. Acht Millionen! Ohne die Populationsgröße zu kennen, ohne zu wissen, wie schnell die Tiere wachsen und sich vermehren. Die Regierung hat natürlich Fangquoten festgelegt, aber später hat man herausgefunden, dass sie viel zu hoch angesetzt waren, und daran gehalten hat sich ohnehin niemand. Die Fischer behaupteten immer, im tieferen Wasser, wo sie die Tiere nicht einsammeln könnten, gäbe es viel mehr Seegurken, sodass die Bestände sich von da aus wieder erholen würden. Heute wissen wir, dass es genau umgekehrt ist. Die Leute haben nicht richtig hingeschaut oder bewusst gelogen. Es ist nie um etwas anderes als das schnelle Geld aus Asien gegangen. Und das Schlimmste ist, dass dieser Wahnsinn jetzt schon wieder losgeht, obwohl die Bestände sich noch nicht erholt haben.«

»Du sprichst von dem neuen Vertrag.«

»Ja. Ich weiß nicht, was die Nationalparkverwaltung geritten hat, aber sie hat mit den Fischern und dem Ministerium eine Vereinbarung über die Entnahme von einer halben Million Seegurken getroffen. Ich fürchte, sie haben vor den ewig jammernden Fischern einfach den Schwanz eingezogen. Solange viel Geld im Spiel ist und die Asiaten den Hals nicht vollkriegen, wird das wohl so weitergehen. Thunfische, Haie, Seegurken – die fressen buchstäblich die Weltmeere leer.«

»Dann hat sich ja hier nicht viel geändert«, sagte Hermann. »Die Schildkröten sind auch gern verspeist worden. Und jetzt fehlen sie.«

»Das stimmt«, sagte Dieter. »Ohne Schildkröten verändert sich die ganze Vegetation der Inseln. Sie verbreiten die Kaktussamen.« Er wandte sich seinem Tischnachbarn zu. »Aber du machst es dir zu einfach, Alberto. Sicher hat die Seegurkenfischerei Schaden angerichtet, entscheidend waren aber die warmen Wassermassen des El Niño Ende der Neunziger. Warme Strömungen haben den Algengemeinschaften schon immer zugesetzt, diesmal aber hat *Aiptasia* die Lücke gefüllt, bevor die Algen sich erholen konnten. Andere Riffe wurden von Krustenalgen besiedelt und sind jetzt eine einzige Seeigelwüste. Fünfzig Tier- und Algenarten der alten Felsriffe sind vom Aussterben bedroht.«

»Ja, ja, ich kenne diese Argumente«, antwortete Alberto mit finsterem Gesicht. »Klimaschwankungen hat es ja auch schon immer gegeben, aber heute haben wir es wirklich mit neuen Qualitäten zu tun, mit Veränderungen in nie gekannter Geschwindigkeit. Und selbst El Niños gibt es seit Jahrtausenden, aber sie treffen heute nicht mehr auf intakte, sondern hochgradig gestörte Riffe. Und dazu noch der Overkill der Fischerei, das ist für die Lebensgemeinschaften einfach zu viel.«

Hermann hatte aufgegessen und lehnte sich zurück. »Wie reagieren denn die Meeresleguane?«

Dieter zuckte die Achseln. »El-Niño-Jahre sind für die seit jeher Krisenzeiten gewesen. Viele überleben den Nahrungsmangel nicht. Ob sich das verschlimmert hat, weiß ich nicht. Aber es ist wohl zu befürchten.«

Alberto hatte aufgegeben. Die Hälfte des Fleisches war auf seinem Teller liegen geblieben, und er sprach nun dem Kuchen zu, den der Koch gebacken hatte. »Die Hunde fressen sie. Überall da, wo Menschen siedeln, laufen auch Hunde herum, und die Iguanen kapieren einfach nicht, von wem ihnen Gefahr droht. Sie bekommen noch nicht mal Herzklopfen, wenn die Köter sich ihnen nähern. Bis sie ihre Zähne zu spüren bekommen. Die Cleversten sind sie nicht gerade. Das ist schon Darwin aufgefallen.«

»Ja, er verabscheute sie.« In Vorbereitung ihrer Reise hatte Hermann noch einmal das Galápagos-Kapitel in Darwins *Die*

Fahrt der Beagle gelesen. »Er fand sie dumm, hässlich und träge. ›Ihr Fleisch mögen diejenigen, deren Magen sich über alle Vorurteile erhebt‹, schrieb er.«

Sie lachten, froh darüber, endlich ein anderes Thema gefunden zu haben.

»Das gilt auch für das hier«, flüsterte Alberto verschwörerisch und deutete auf die Fleischreste auf seinem Teller. »Kulinarisch hat Galápagos wirklich nicht allzu viel zu bieten, fürchte ich, von den Fischen mal abgesehen. Aber Darwin hat alles probiert.«

»Er hat sogar darüber geschrieben, als gehörten Geschmackstests zu seinen Aufgaben als Naturforscher.«

»Stell dir mal vor, wir würden das machen, einfach alles verspeisen, was hier kreucht und fleucht. Mein Gott, was dann los wäre ...«

Von draußen waren plötzlich aufgeregte spanische Rufe zu hören. Kurz darauf drosselte der Kapitän den Motor.

»Qué pasó?«, fragte Dieter den Koch.

»No lo sé.«

Sie schlüpften nacheinander durch die Kajütentür. Die Sonne war schon hinter Fernandina verschwunden und färbte die Wolken am La Cumbre orange-rot. Einen Moment starrte Hermann hinauf zum Vulkankrater. Es sah aus, als spiegele sich in den Wolken ein Höllenfeuer, das im Inneren des Berges brannte. Ein dramatischer Anblick.

Dann riss er sich los und spähte in Fahrtrichtung der *Queen Mabel.* Vielleicht hatte jemand von der Crew Wale entdeckt, dachte er. Hier zogen manchmal Orcas und Pottwale durch. Er hatte so gehofft, sie Anne zeigen zu können, bislang hatten die Meeressäuger sich aber rargemacht.

»Da habt ihr euern Ozean der Zukunft«, rief Alberto verächtlich, der zwischen zwei ebenfalls finster blickenden Besatzungsmitgliedern an der Reling lehnte.

Hermann blickte nach unten ins Wasser. »Oh nein«, stöhnte er. »Von diesen Glibberviechern habe ich für heute wirklich genug.«

Die *Queen Mabel* schwamm inmitten einer riesigen Quallenbank. Es waren rötliche Medusen, so groß wie ein Kinderkopf, die zuckend dicht an dicht im Wasser trieben. Tausende, Millionen, so weit das Auge reichte.

»Sie sind doch hübsch.« Alberto grinste. »Sei froh, dass es keine Japanischen Riesenquallen sind. Du kennst die Biester, Hermann? Zwei Meter Durchmesser … Stell dir vor, du müsstest runtertauchen und sie von der Schiffsschraube schneiden.«

5

Isla Santa Cruz, Puerto Ayora

Anne hatte nicht nach dem Schiff gesucht. Sie hatte nicht einmal mehr daran gedacht. Ohne auf die Zeit zu achten, hatte sie sich nach dem Mittagessen durch den Ort treiben lassen und stand jetzt schon seit einer Weile auf der Mole im Hafen und sah, auf das Holzgeländer gestützt, dem Treiben in der Academy Bay zu, den Fregattvögeln am Himmel, dem Kommen und Gehen der Touristenboote und den Blaufußtölpeln oder Boobies, die zwischen Wassertaxis, Ausflugsschiffen, Motorbooten und Segeljachten ihre halsbrecherischen Jagdmanöver durchführten. An diesen Vögeln und ihren Sturzflügen würde sie sich nie sattsehen können.

Eigentlich hätte sie sich liebend gern auf einer der überdachten Holzbänke niedergelassen, die, Rückenlehne an Rückenlehne, in der Mitte des Stegs standen. Sie war müde. Doch alle Bänke waren besetzt, meist von Einheimischen, die im Schatten dösten oder sich unterhielten, einige auch von Robben, die auf dem Bauch oder Rücken liegend ein Nickerchen machten. Anne schlug immer einen respektvollen Bogen um die Tiere – sie hießen sicher nicht ohne Grund Seelöwen. Gerade verfolgte sie, wie unter ihr ein großes Tier geschickt aus dem Wasser an Bord eines offenen schneeweißen Motorbootflitzers kletterte und sich auf den roten Sitzpolstern im Heck niederließ. Ein zweites Tier, das vorne auf dem Deck lag, zeigte keine Regung.

Schließlich fiel Annes Blick auf einen deutlich kleineren Steg, der gut fünfzig Meter entfernt war und wohl zur Polizeistation gehörte. Und dort, nur wenige Meter vom Ufer entfernt, entdeckte sie das verkohlte Wrack, das zwischen zwei

Polizeibooten schief im Wasser lag. Sie vergewisserte sich mithilfe ihres Fernglases. Ja, das musste das Boot sein. Hoffentlich waren die beiden jungen Leute rechtzeitig ins Wasser gesprungen. Von den Aufbauten war außer verkohlten Resten nämlich nicht viel übrig geblieben, die Kunststoffteile waren schwarz und hatten sich verformt. Ihr lief es eiskalt den Rücken herunter. Das hätte übel enden können, deutlich schlimmer noch als mit den Verbrennungen, von denen der Mann vom Nachbartisch am Mittag gesprochen hatte. Sie fragte sich, wo man solche Verletzungen wohl hier auf der Insel behandelte; ein Krankenhaus oder etwas Ähnliches war ihr bisher gar nicht aufgefallen.

Zwei brennende Boote innerhalb weniger Tage. Seltsam ist das schon, dachte sie träge, als sie das Fernglas absetzte. Natürlich hatte sie das erste Boot nicht gesehen und wusste nichts über die näheren Umstände, aber wäre sie jetzt in Kiel und im Dienst gewesen, wäre es ihr schwergefallen, an Zufall zu glauben. Vielleicht ging es wirklich um Versicherungsbetrug. Oder jemand war eifersüchtig auf das junge Paar. Wenn der Brandstifter gewusst hatte, dass die beiden sich an Bord befanden, war es ein versuchter Mord gewesen. Da flog man um die halbe Welt und stand letztlich, Naturparadies hin oder her, vor den gleichen kriminellen Abgründen wie zu Hause.

Oder waren es doch Unfälle gewesen? Hatten die beiden vielleicht mit dem Gaskocher herumhantiert? Jemand hatte doch von einer Explosion gesprochen. Sie schüttelte verärgert den Kopf. Eigentlich ging sie das alles nichts an. Aber ihr Gehirn war nicht zu stoppen. Es versuchte, Schlüsse zu ziehen, und prüfte, was sie wusste, auf Plausibilität, ein Automatismus, den sie nicht abstellen konnte.

Seufzend wandte sie sich ab und schaute in Richtung Ufer, wo sich eine größere Menschenmenge versammelt hatte. Die Leute warteten auf den Beginn der Volleyballmatches – wobei das, was hier gespielt wurde, fast wie eine Karikatur dieses großartigen Sports wirkte, den sie vor langer Zeit einmal selbst betrieben hatte – jede Ballberührung ein grober technischer Fehler. Gespielt wurde auf grünem Betonboden und mit einem schweren Lederfußball, als ob sie es darauf anlegten, sich die Finger zu brechen. Die Spiele brachten halb Puerto Ayora auf die Beine. Ein Tagesausklang ohne Ecuavoley – undenkbar. Es gab sogar eine kleine Flutlichtanlage.

Sie beeilte sich, um den Spielbeginn nicht zu verpassen. Zwei Mannschaften machten sich schon warm, und auch auf dem Nachbarspielfeld tat sich etwas. Anne gesellte sich zu den Zuschauern am Spielfeldrand, doch nach einer Weile wurde ihr unbehaglich zumute. Sie hätte kaum in Worte fassen können, was sie störte. Es waren Kleinigkeiten, die sich zu einem diffusen Gefühl der Nervosität summierten, ein wütendes Gesicht, verstohlene Blicke, ein erregt, aber fast flüsternd geführtes Gespräch. Sie entdeckte nur wenige Frauen, und nirgends spielten Kinder wie an anderen Nachmittagen. Als ob man ihnen gesagt hatte, sie sollten heute besser zu Hause bleiben. Auch die Straßenhändler, die sonst Eis und Leckereien angeboten hatten, suchte Anne vergebens. Irgendetwas stimmte hier nicht.

Dann entdeckte sie den ersten Polizisten, schließlich einen zweiten und einen dritten, insgesamt vielleicht ein Dutzend, verteilt über den ganzen Platz am Hafen. Man sah ihnen an, dass sie dem Geschehen nicht als Zuschauer beiwohnten. Sie trugen Uniform und, völlig unpassend in einem Ferienparadies, Helm und Schlagstock. Manche waren sichtlich nervös, andere standen wie aus Stein gemeißelt unbeweglich und breitbeinig da, die Hände hinter dem Rücken verschränkt, und behielten mit finsterem Blick die Menge im Auge. Denn das war ihr Auftrag, entschied Anne. Präsenz zeigen, beobachten. Seht her, wir passen auf, war die Botschaft. Besser, ihr reißt euch zusammen und bleibt friedlich.

Anne fühlte sich zunehmend unwohl in ihrer Haut. Sie hatte keine Lust, in eine Massenschlägerei zu geraten, was immer sich hier zusammenbraute. Gestern war das Ecuavoley noch so eine leidenschaftliche und fröhliche Angelegenheit gewesen, fast ein Volksfest. Hatte der Aufmarsch der Polizisten etwas mit dem nächtlichen Brand zu tun?

Sie sah sich um, auf der Suche nach einem bekannten Gesicht, einem Blickkontakt, der sie hätte aufmuntern oder beruhigen können, doch hier war niemand, den sie kannte, und die Leute wichen ihr aus. Kein Lächeln, keine anzüglichen Gesten, wie sie es an den Vortagen erlebt hatte, keine Sprüche. Das hier war Südamerika, ein Kontinent des Machismo, und normalerweise bekam man das als Frau ohne männliche Begleitung ständig zu spüren. Heute schienen die Galapageños jedoch Wichtigeres im Kopf zu haben.

Sie war so beunruhigt, dass sie fast die ersten Ballwechsel verpasst hätte. Das Spektakel hatte parallel auf beiden Feldern gleichzeitig begonnen, und es war, als ginge ein Aufatmen durch die Reihen. Schnell kamen die Partien in Schwung, der Geräuschpegel im Publikum stieg, und bald gab es für die Menge nichts anderes mehr als Bälle und schwitzende Männer.

Anne setzte ihre Tasche auf dem Boden ab, entnahm ihr eine Plastikflasche und trank so gierig, dass ihr das Wasser über die Mundwinkel und am Hals herablief. Nach einigen Ballwechseln entschloss sie sich, zurück in die Station zu gehen. Sie konnte sich heute nicht für das Spiel begeistern. Vielleicht würde sie sich ja vor dem Abendessen noch ein halbes Stündchen aufs Ohr legen. Und wo sollte sie sonst hin?

In der Avenida Charles Darwin hatten die Boutiquen und Restaurants geöffnet und warteten auf die von ihren Tagesausflügen zurückkehrenden Touristen. Anne trank auf der Holzterrasse des Il Giardino in Ruhe einen Kaffee und blieb dann hundert Meter weiter in der Menschenmenge am Fischmarkt stehen, ihrem Lieblingsplatz in Puerto Ayora. Nichts erinnerte hier an die gespannte Stimmung unten am Hafen. Wie immer um diese Zeit versuchten Menschen, Seelöwen, Pelikane, Fregattvögel und Möwen, sich ihren Teil des Fanges zu sichern, und obwohl alle auf engem Raum durcheinanderliefen, ging es erstaunlich ruhig und gesittet zu. Die Tiere wussten, dass sie bei Fehlverhalten mit einer Kopfnuss oder einem Tritt mit dem Gummistiefel zu rechnen hatten, und wagten es nicht, nach den Fischen zu schnappen, die oft nur Zentimeter von einer Robbenschnauze oder einer Pelikanschnabelspitze entfernt auf den Bodenfliesen lagen. Die Fische wurden einer nach dem anderen ausgenommen, mit einem Schlauch abgespült und dann auf den blau gestrichenen Verkaufstisch an der Straße gelegt. Wenn die großen Vögel und ihre Seelöwenkonkurrenz Glück hatten, erwischten sie etwas von der Haut oder den Innereien, bevor sie ins Hafenbecken gespült wurden. Mehr war hier nicht zu holen, und doch waren die Tiere jedes Mal zur Stelle, wenn die Fischer zurückkamen. Ging es ihnen am Ende gar nicht ums Fressen? Hatten sie einfach nur Spaß an dieser speziesübergreifenden Zusammenkunft?

Auf einem anderen Betontisch präsentierten die Fischer ihren wertvollsten Fang: Gelbflossen-Thunfische, etwa einen Meter lang. Zwei amerikanische Touristen im Rentenalter standen neben den prallen, feucht glänzenden Fischkörpern und fachsimpelten darüber, wie man so wilde Kämpfer an den Angelhaken bekommen könnte. Hinter ihnen, an der Kaimauer, posierte eine Frau neben dem Torso eines noch wesentlich größeren Fisches, während ihr Mann sie fotografierte. Das Tier hing an einem Mast und überragte die Touristin um etliche Zentimeter.

Anne fiel eine junge Frau mit einer großen dunklen Brille auf, die ein Klemmbrett in den Händen hielt und den Fang genau protokollierte, wahrscheinlich eine Mitarbeiterin der Nationalparkverwaltung. Die Frau vermaß einige Fische und notierte das Ergebnis. Wahrscheinlich gab es Größenvorgaben, die die Fischer beachten mussten, dachte Anne. Von einigen Tieren entnahm die Frau sogar Gewebeproben. Sie ging konzentriert und unbehelligt ihrer Arbeit nach, Anne konnte sich aber vorstellen, dass die Frau und die Vorschriften, deren Einhaltung sie überwachte, bei den Fischern nicht besonders beliebt waren. Doch die scharfen Kontrollen waren wohl der Preis, wenn man an einem Ort wie Galápagos von Fischfang leben wollte. Als Jäger in der Serengeti durfte man ja auch nicht auf alles schießen, was einem vor die Flinte kam. Dies waren Orte von globaler Bedeutung, Heiligtümer des Arten- und Naturschutzes.

Anne lief vorsichtig um einen putzigen Seelöwenteenager herum, der noch immer auf einen fetten Happen hoffte, aber genau zu wissen schien, dass bei ihr nichts zu holen war, und sie deshalb völlig ignorierte. Sie wollte den Riesenfisch näher begutachten. Flossen und Kopf waren abgetrennt worden. Vielleicht ein Schwertfisch. Oder ein Marlin.

Als sie das Tier erreicht hatte, sah sie ein paar Meter weiter einen blonden Mann in Shorts, weißem T-Shirt und Flip-Flops stehen, der ihr den Rücken zuwandte und auf einen der Fischer einredete. Strohhut, blonder Haarflaum an Armen und Beinen ... das war David, kein Zweifel.

Interessanter fand Anne allerdings sein Gegenüber, einen ungewöhnlich großen und kräftigen Mann mit eckigen Schultern und markanten indianischen Gesichtszügen, der breitbeinig im Bug seines Schiffes stand und Taue ordnete. Der Mann war ihr schon bei früheren Gelegenheiten aufgefallen, die Autorität, die von ihm ausging, seine Kraft und die bedächtigen Bewegungen. Er besaß ein kantiges Gesicht mit hoch stehenden Wangenknochen und vernarbter Haut, das man nicht so schnell vergaß. In einem Hollywoodfilm wäre er die Idealbesetzung für die Rolle des Fieslings gewesen, unter den Fischern war er anscheinend eine Respektsperson, das hatte sie an der Art gesehen, wie die anderen mit ihm redeten.

Anne beschloss, David nicht zu stören. Die Männer waren in ein Gespräch vertieft, wobei eigentlich David derjenige war, der redete, während der Fischer mit meist unbeweglichem Gesicht zuhörte. Was hatten die beiden wohl zu besprechen? Um nicht zu neugierig zu wirken, richtete Anne ihre Aufmerksamkeit wieder auf das Treiben um sie herum.

Auf den Tischen der improvisierten Straßenrestaurants spielten ein paar Männer Karten, daneben hatten die Frauen angefangen zu kochen. Ein köstlicher Geruch stieg Anne in die Nase, und plötzlich hatte sie keine Lust mehr, zurück in die Station und später wieder den ganzen Weg in den Ort zu laufen, nur um dort zu Abend zu essen. Sie würde sich selbst etwas zubereiten, in dem beinahe allabendlich von Salvatore genutzten Küchenhäuschen, und dann früh ins Bett gehen.

Sie trat an den Verkaufstisch, warf der Frau, die dort stand, ein Lächeln zu und zeigte nach kurzem Zögern auf einen der ausliegenden Fische. Die meisten waren auch ohne Kopf und Schwanz viel zu groß für sie allein, und so fiel ihre Wahl zwangsläufig auf ein kleineres, auffällig rot-orange gepunktetes Exemplar mit breitem Maul und Glupschaugen, das sie eigentlich viel zu hübsch fand, um es zu verspeisen. Gestikulierend bat sie die Frau darum, Schuppen, Kopf und Flossen zu entfernen, und dachte, während sie zuschaute, dass Salvatore ihr sicher einige seiner aus der Heimat mitgebrachten Kräuter spendieren würde und ein bisschen Salz und Olivenöl dazu. Aus der Plastiktüte, die die Frau ihr übergab, ragte der rote Schwanz ihres Abendessens heraus. Sie reichte der Frau ein paar Dollarnoten. Billig war das Tier nicht.

Bei mittlerweile angenehmen Temperaturen machte sie sich

hungrig und gut gelaunt auf den Heimweg. An einer Hausecke, etwas abseits des Trubels, passierte sie einen finster dreinblickenden Polizisten in Kampfmontur. Sie waren also auch hier präsent, weit weg vom Hafen. Sofort musste sie wieder an das ausgebrannte Schiff und die gedrückte Stimmung beim Ecuavoley denken. Sie nahm sich vor, die Frauen im Stationssekretariat nach dem Grund für die vielen Polizisten zu fragen, die waren in der Regel gut informiert. Als sie zwanzig Minuten später dort ankam, fand sie das Büro aber verschlossen vor.

6

Isla Isabela, Canal Bolívar, *Queen Mabel*

Damit hatte Hermann nicht gerechnet. Gestern, nur wenige Kilometer entfernt, auf der anderen Seite des Kanals zwischen Isabela und Fernandina, war das Wasser über dem Tentakelrasen der Glasrosen noch klar und angenehm warm gewesen. Jetzt fror er schon nach wenigen Minuten, und die Sichtweite betrug keine sieben Meter. Wie kalt das Wasser war, wusste er nicht, er musste aber an eine Messung der *Beagle*-Besatzung denken, die ihn einhundertachtzig Jahre später noch genauso beeindruckt hatte wie die Seeleute damals an Bord von Captain FitzRoys Schiff: 14,7 Grad Celsius, gemessen nicht weit von hier, vor der Südwestspitze von Isabela. Er hätte vor dem Tauchgang daran denken sollen. Für Temperaturen wie diese war sein Dreimillimeteranzug nicht gemacht. Er und seine Kollegen schwammen praktisch auf dem Äquator entlang, aber es fühlte sich an wie die Ostsee im Spätherbst. Kaltes Tiefenwasser des riesigen Pazifiks schwappte in den Spalt zwischen den beiden Inseln und riss sie buchstäblich mit.

Dieses Wasser war voller Leben. Um sie herum trieben Myriaden transparenter Gestalten, Plankton, schwebende Wolken rundlicher, schlangenähnlicher, in Ketten aufgereihter, auf und ab tanzender, zuckender, nesselnder kleiner Fabelwesen, eine Wunderwelt mariner Zwerge. Die drei Taucher hatten allerdings nicht die Muße, sie genauer zu betrachten oder darüber nachzudenken, was ihre Anwesenheit bedeutete. In der kräftigen Strömung waren sie viel zu sehr damit beschäftigt, nicht die Kontrolle über ihre Körperhaltung zu verlieren.

Unter ihnen war schemenhaft der Boden auszumachen. Sie

trieben über dunkle Felsgebilde hinweg, über absonderliche Kreationen erstarrter Lavaströme. Sie waren der einzige Bezugspunkt, der ihnen gestattete, ihre Lage im Raum zu erkennen und die Geschwindigkeit abzuschätzen, mit der sie durch das Wasser glitten. Der Kapitän der *Queen Mabel* hatte sie vor dem Frühstück auf das Förderband der Strömung gesetzt, und schon waren sie in Bewegung. Jetzt wartete das Schiff etliche Hundert Meter weiter, um sie am Ende ihres Tauchgangs wieder aufzulesen. Dazwischen lag eine kalte Meerwasserautobahn, auf der sie nun ohne Halt dahinsausten und darauf achteten, sich nicht aus den Augen zu verlieren und eine aufrechte Haltung zu bewahren. Manchmal hielten sie sich alle drei an den Händen fest oder wedelten mit den Armen im Wasser herum und nutzten sie als Steuerruder. Jeder von ihnen zog zur Sicherheit eine an der Oberfläche schwimmende rote Boje hinter sich her, damit sie nicht verloren gingen. Den Bojen folgte in geringem Abstand das Panga.

Angst hatte Hermann unter diesen Umständen nicht, aber der Kampf gegen die Kälte und den Wasserstrom kostete ihn viel Kraft, das spürte er, und er versprach sich nichts von diesem wilden Ritt, konnte darin kaum mehr sehen als einen letzten hilflosen Versuch, doch noch zum Erfolg zu kommen und den ominösen Hai aufzuspüren.

Sie hatten eine Aufgabe, nur deshalb hatte er es überhaupt vor sich rechtfertigen können, Anne allein in Puerto Ayora zurückzulassen, und er bezweifelte, dass es sie diesem Ziel näher brachte, wenn sie jetzt als Spielbälle einer ungewöhnlich starken Strömung durchs Wasser schossen. Hoffentlich hatten Alberto und Dieter den Tauchgang gut geplant, denn wenn ihnen jetzt etwas den Weg versperren sollte, ein Felsen oder ein Schiffswrack, würde das für sie kein gutes Ende nehmen.

Auch Alberto schien zu frieren, denn er rieb sich mit beiden Händen die Oberarme. Dieter warf einen Blick auf seinen Tauchcomputer, um ihre Tiefe zu kontrollieren, und signalisierte dann, dass alles in Ordnung war. Von wegen. Hermann schauderte. Es fehlte nicht mehr viel, und er würde sich den Rest seiner Tropenreise mit einer heftigen Erkältung herumschlagen.

Er schaute zurück in die Richtung, aus der sie kamen, ein Blick ins tiefe Blau, der beim Tauchen immer mit der bangen Hoffnung verbunden war, irgendein Großfisch könnte sich nähern. Der nach Norden enger werdende Canal Bolívar, an seiner schmalsten Stelle keine hundert Meter tief, war normalerweise kein idealer Ort für ein derartiges Aufeinandertreffen, heute herrschten aber besondere Bedingungen, und darüber hinaus befanden sie sich in der Nähe der Position ihrer ersten Begegnung mit dem Hai. Mindestens ein Mal hatte er sich also hierher verirrt. Hermann fiel ein, dass das Wasser auch bei diesem Tauchgang recht kalt gewesen war – ein gutes Omen?

Kaum ging ihm dieser Gedanke durch den Kopf, hatte er das Gefühl, nicht mehr allein zu sein. Da war doch eine Bewegung im Wasser. Er verfluchte die schlechte Sicht und starrte so angestrengt ins Blau, dass seine Augen schmerzten.

Plötzlich spürte er den festen Griff Albertos an seinem Arm. Er drehte widerwillig den Kopf und sah sofort, worauf der Ecuadorianer ihn aufmerksam machen wollte. In der anderen Richtung spielte die Musik, nicht hinter, sondern vor ihnen. Irgendetwas Dunkles, Riesiges materialisierte sich im trüben Wasser. Es hatte die Ausmaße eines Einfamilienhauses, und sie trieben direkt darauf zu. Beim Näherkommen zerfiel der eine große Umriss in drei kleinere Objekte, jedes so groß wie ein Auto, und Sekunden später erkannten die Taucher, dass es Lebewesen waren, drei Mantas in Formation, begleitet von einem halben Dutzend Schiffshalterfischen. Einer, der größte, ein mindestens sechs Meter breiter Riese, schwamm dicht unter der Wasseroberfläche, die beiden anderen flankierten ihn etwas tiefer. Mehrfach blitzte Dieters Kamera auf. Die Rochen nutzten die Strömung, die ihnen nichts auszumachen schien, um sich das Kleingetier geradewegs ins breite Maul spülen zu lassen. Dabei zitterten die markanten Hautlappen am Kopf im Wasserstrom, die Flügel bewegten sich ruhig auf und ab.

Kaum hatte sich Hermann optimal ausgerichtet, um die prächtigen Tiere filmen zu können, hatte die Strömung ihn unter ihren weit ausladenden Flossenflügeln hindurchgetrieben. Er erwischte sie nur noch von hinten, und dann entfernten sie sich rasch, ihre Umrisse verschwammen, lösten sich innerhalb von Sekunden auf, und im nächsten Moment trieben die drei Taucher wieder allein im Wasser, als sei es nie anders gewesen. Das Ganze hatte wahrscheinlich nur Sekunden gedauert, eine submarine Fata Morgana.

Hermann starrte in die Richtung, in der die Mantas verschwunden waren. Sein Herz klopfte. Was für ein unglaublicher Anblick! Wahrscheinlich hätte man auch fast auf eine solche Begegnung wetten können, sicher gab es hier noch mehr dieser Rochen, aus allen Himmelsrichtungen angelockt von diesem ungewöhnlich reichhaltigen Nahrungsangebot. Ein Fest für die Planktonfresser. Vielleicht gab es sogar Wale und Walhaie im Kanal.

Doch ein Zusammentreffen mit Mantas, diesen sanftmütigen Riesen, gehörte schon zu den größten Glücksmomenten, die man unter Wasser erleben konnte. Es war vermessen, auf noch mehr zu hoffen. Hermann kostete das Gefühl aus, das der Anblick der Tiere in seinem Körper hinterlassen hatte, spürte seinen Herzschlag, pumpte Luft in seine Lungen. Er wusste, dass es den anderen genauso ging. Ein kurzer, aber unvergesslicher Moment – die Kälte war vergessen. Sie zeigten sich das OK-Zeichen, strahlten hinter ihren Masken über das ganze Gesicht und trieben weiter.

Nach einer Weile stellte sich bei Hermann wieder das Gefühl ein, dass außerhalb seines Sichtfeldes etwas Großes herumschwamm und ihnen folgte. Sicher bildete er es sich nur ein. Er war gierig geworden, und die Sicht war miserabel. Wer so wenig erkennen konnte, wurde leicht zum Opfer seiner Fantasie. Trotzdem kniff Hermann die Augen zusammen und bemühte sich, hinter den Planktonwolken etwas zu erkennen.

Dieter zeigte auf seinen Computer und dann nach oben. Ja, sie sollten wirklich aufsteigen. Sie waren zwar keine zehn Meter tief, und da sie sich kaum bewegten, hätte ihre Luft noch lange gereicht. Aber bei diesen Temperaturen bestand die Gefahr, dass sie unterkühlten. Sie sollten sich lieber auf dem Schiff aufwärmen, frühstücken, ein wenig ausruhen und es dann später noch einmal an einer anderen Position versuchen. Zwei Versuche hatten sie noch, bevor es in der Nacht zurück nach Puerto Ayora gehen sollte, wo Anne auf ihn wartete. Vielleicht hatten sie Glück, und die Sichtverhältnisse verbesserten sich. Hermann hatte das Gefühl, dass die Strömung schon jetzt nachließ.

Sie verständigten sich mit Handzeichen und stiegen dann mit langsamen Flossenbewegungen zur Oberfläche auf. Direkt über ihnen zeichneten sich an der Wasseroberfläche die dunklen Umrisse des Pangas ab.

Ein letzter Blick zurück, und wieder glaubte Hermann, etwas zu sehen. Er machte die anderen auf sich aufmerksam, zeigte ins Blaue und deutete mit einer schaukelnden Handbewegung an, dass er nicht genau wusste, ob da etwas war. Sie hatten Zeit, also schwebten sie nebeneinander, trieben weiter und warteten. Eine Minute, zwei, drei …

Und dann schoss etwas, ein großer, schlanker grauer Körper, so plötzlich und schnell aus der Tiefe empor und unter ihnen hindurch, dass ihre Formation augenblicklich in Unordnung geriet. Dieter war vor Schreck nach hinten gekippt, strampelte mit den Flossen im Wasser herum, schlug Hermann fast die Videokamera aus der Hand, verhedderte sich in Albertos Bojenleine und versuchte trotz allem zu fotografieren. Dabei war inzwischen überhaupt nichts mehr zu sehen. Es war ein Hai gewesen, keine Frage, aber war es ihr Tier? Und wo war er geblieben?

Es dauerte keine Minute, sie waren noch damit beschäftigt, Alberto aus Dieters Leine zu befreien, als der Hai diese Frage höchstpersönlich beantwortete. Er kam zurück, zog langsam enger werdende Bogen um die drei Taucher und verschwand dabei immer wieder für Sekunden aus ihrem Gesichtskreis, um kurz darauf an unerwarteter Stelle wiederaufzutauchen. Hermann filmte, Dieter fotografierte, und alle drei drehten sie sich fortwährend um sich selbst, um ihn nur ja nicht aus den Augen zu verlieren. Dabei kam er ihnen schließlich so nahe, dass sie nur die Hand hätten ausstrecken müssen, um ihn zu berühren.

War es das Tier, das sie suchten? Hermann hätte die Frage nicht mit Sicherheit beantworten können. Er konzentrierte sich darauf, ihre Begegnung zu dokumentieren und den bullig wirkenden Hai möglichst lange und vollständig im Bild zu behalten. Alles andere konnten sie später anhand der Filmaufnahmen klären.

Aus dem Augenwinkel registrierte er, dass Alberto irgendetwas aus seiner Westentasche holte. Als das Tier wieder an ihnen vorüberstrich, neugierig bis in die Schwanzflossenspitze, schwamm der Ecuadorianer mit einem Flossenstoß darauf zu, streckte die Hände nach der riesigen Rückenflosse aus, Hermann hörte ein metallischen Klicken, als ob etwas zuschnappte, der torpedoförmige Fischkörper zuckte, und das Tier schoss davon, angetrieben von zwei, drei kräftigen Hieben mit der Schwanzflosse.

Diesmal warteten sie vergebens auf seine Rückkehr.

7

Isla Santa Cruz, Charles Darwin Research Station

Als sie die Augen aufschlug, war Anne sofort hellwach. Sonnenstrahlen fielen durch Fenster und Fliegengaze auf die braunen Vulkansteinwände ihres Bungalows und verbreiteten ein warmes Licht. Draußen zwitscherten die Darwinfinken.

Sie grinste. *Darwinfinken.* Früher hätte sie so etwas weder gesagt noch gedacht, schon gar nicht früh am Morgen, kurz nach dem Aufwachen. Wenn sie die Piepmätze überhaupt registriert hätte, dann nur als namenlose Allerweltsvögel. Doch Hermanns Jargon, seine Sicht auf die Welt und seine Begeisterung begannen auf sie abzufärben. Und sie ließ es zu, ja begrüßte es. Als Kriminalpolizistin lief sie Gefahr, irgendwann eine Welt wahrzunehmen, die nur noch aus Mördern, Verbrechern und deren Untaten bestand. Sie hatte viele überlastete Kollegen erlebt, die sich in den menschlichen Abgründen und Katastrophen, mit denen sie konfrontiert waren, verfingen und auch in ihrer Freizeit nicht mehr herausfanden. Deshalb war ihr Hermanns Kontrastprogramm in seiner Fremdartigkeit von Anfang an höchst willkommen gewesen. Es erweiterte ihren Horizont. Wenn es Hermann war, der ihr davon erzählte, fand sie es plötzlich faszinierend, wie ein britischer Historiker in jahrelangem akribischem Quellenstudium die verbreiteten Ansichten über Darwin und die nach ihm benannten Finken als Mythen entlarvte, eine geradezu kriminalistische Spurensuche, vor der sie größten Respekt hatte. Durch Hermann hatte sie auch von den Evolutionsbiologen Mark und Carolyn Little erfahren, einem Ehepaar, das mit mindestens so viel Berechtigung wie Darwin zu Namenspatronen der Finken hätten werden können. Seit Jahrzehnten erforschten sie die Population auf einer der vielen kleinen Galápagosinseln, auf welcher, hatte Anne vergessen.

Hermann ... noch ein langer, einsamer Tag ohne ihn. Ein Tag und eine Nacht. Sie schloss die Augen und atmete tief ein und aus. Vielleicht war er ja rechtzeitig zurück, um sie morgen früh mit einem Kuss und einer Tasse Kaffee zu wecken, wie er es zu Hause in Kiel machte. Sie rieb sich den Schlaf aus den Augen, richtete sich auf und schlug das Laken zurück. Es hatte sich gelohnt, früh schlafen zu gehen. Sie fühlte sich erfrischt und ausgeruht, voller Tatendrang. Aber sie vermisste Hermann umso mehr.

Draußen herrschte bereits reger Betrieb, obwohl es noch nicht einmal acht Uhr war. Sie hörte schnelle Schritte auf dem Schotter vor der Terrasse, dann aufgeregte spanische Rufe, und im nächsten Moment schienen mehrere Menschen an der Bungalowreihe vorbeizurennen.

Anne stand auf und duschte. Zurück im Zimmer, fiel ihr Blick auf ihren aufgeklappten Koffer und die vielen überflüssigen Kleidungsstücke, die sie eingepackt hatte. Was sollte sie auf einer schwimmenden Konservendose wie der *Queen Mabel* mit Blusen und schicken Kostümen? Dreimal am Tag zwängte man sich in einen Taucheranzug. Und hier in der Station, wo alle in kurzen Hosen herumliefen? Sollte sie sich lächerlich machen? Hier interessierte niemanden, wie sie sich kleidete – was ja auch sein Gutes hatte, wenn man es sich recht überlegte. Kein Kleidungsstress wie auf den noblen Kreuzfahrtschiffen, die draußen in der Academy Bay vor Anker lagen. Sie schlüpfte in ihre Shorts von gestern und suchte dann im Koffer nach einem frischen T-Shirt. Davon hatte sie nicht genug eingepackt.

Wieder waren von draußen Stimmen zu hören. Anne erkannte Carol und Isabelle, konnte sie aber nicht verstehen.

Bald wurden ihre Stimmen leiser, und ihre Schritte entfernten sich rasch. Wahrscheinlich gingen die Frauen nach unten ins marine Labor.

Anne zog ein weißes T-Shirt über und trat auf die überdachte Terrasse. Die Türen zu den beiden Nachbarbungalows standen offen.

»Reinhardt?«, rief sie und schaute in sein Zimmer hinein. Sie sah nur einen Haufen Schmutzwäsche auf einem der Stühle, ein ungemachtes Bett und Stapel wissenschaftlicher Literatur im Wandregal. Auch der übernächste Bungalow schien verlassen.

Anne runzelte die Stirn, machte kehrt und lief in der entgegengesetzten Richtung bis zum Ende der Bungalowreihe. Das ringsherum verglaste Küchenhaus war leer, die Tür stand offen, neben der Spüle stapelte sich das Frühstücksgeschirr und wartete auf den Abwasch. Als ob die Bewohner der Station alles stehen und liegen gelassen hätten. Sie musste an den gestrigen Nachmittag denken, an die gereizte Stimmung und die Polizisten beim Ecuavoley in Puerto Ayora. Sie hatte noch immer mit niemandem darüber gesprochen.

Die anderen Zimmer gruppierten sich Tür an Tür um eine zentrale Freifläche. Sie waren ordnungsgemäß verschlossen. Handtücher und T-Shirts hingen auf Wäscheleinen, dazwischen einzelne Bäume und niedriges Buschwerk. Hier wohnten ausschließlich junge Ecuadorianer, Nachwuchswissenschaftler und Praktikanten, die für die Station oder die Nationalparkverwaltung arbeiteten. Auch sie waren ausgeflogen.

Merkwürdig.

Anne überlegte kurz und ging dann zurück, um ihren Bungalow abzuschließen. Danach lief sie die Zufahrt hinunter, die zu einem der Hauptwege führte. An der Kreuzung blieb sie stehen. Links ging es zu den Labors und Verwaltungsgebäuden, rechts führte der Weg hinauf zu den Tiergehegen. Zwei junge Ecuadorianer kamen ihr von dort entgegen. Ein Mädchen mit hübschem Puppengesicht schien zu weinen. Der Mann, der sie begleitete, hatte ihr einen Arm um die Schulter gelegt und drückte sie an sich.

»Sprecht ihr Englisch?«, fragte Anne, als die beiden näher kamen. »Was ist passiert? Warum ist niemand hier? Wo sind die alle?«

Das Mädchen rieb sich mit den Handballen die Tränen von den Wangen. Sie sagte etwas, das Anne nicht verstand. »Wie bitte?«

»Jorge ha muerto«, antwortete der Junge.

»Muerto? Wer?«

»El Solitario Jorge.«

»Solitario …« Jetzt begriff Anne. »Meinst du Lonesome George?«

Der Junge nickte. »Sí, sí, Lonesome George.«

»Und du sagst, er ist tot? Woher wisst ihr das? Wie kommt ihr darauf?«

Der Junge zuckte nur die Achseln und zeigte, ohne etwas zu sagen, den Hang hinauf. Dann setzten die beiden Arm in Arm ihren Weg fort.

Anne konnte das Gehörte kaum glauben. Der Schildkröterich Lonesome George war wahrscheinlich das berühmteste Tier der Inselgruppe, ein Eigenbrötler und Phlegmatiker, der in einer anderen, langsamer vergehenden Zeit zu leben schien, davon hatte sie sich bei einem Besuch überzeugt. Es hieß, George sei, trotz seiner vielen Falten, erst achtzig oder hundert, für eine Riesenschildkröte also im besten Mannesalter. Unter Beweis gestellt hatte er seine Männlichkeit allerdings nie. Die Galápagos-Schildkrötenoma Harriet war in einem australischen Zoo doppelt so alt geworden, und es ging das Gerücht, dass sie seinerzeit als Baby noch auf der *Beagle* mit Darwin höchstpersönlich nach England gereist sei. George hätte also eigentlich noch viele Jahre vor sich gehabt. Woran starb so ein Tier? In der Station gab es weder Feinde noch Konkurrenten und Wasser und Nahrung im Überfluss ... Ob es die Einsamkeit war?

Anne stieg den Hang zu den Zuchtgehegen hinauf. Oben angelangt, musste sie nicht lange suchen. Sie war erst ein Mal hier gewesen, und normalerweise hätte sie eine Weile gebraucht, um das richtige Gehege zu finden. Doch jetzt standen dort zwanzig bis dreißig Personen dicht beisammen und wiesen ihr so den Weg.

Es war eine traurige Versammlung, nicht wenige der Anwesenden hatten Tränen in den Augen. Die Nachricht von Georges Tod hatte sich wie ein Lauffeuer über das Stationsgelände verbreitet. Sogar Valeria und Lucia aus dem Büro waren gekommen. Mit betroffenen Gesichtern blickten die Menschen über den niedrigen Holzzaun in das kleine Reich der letzten Pinta-Riesenschildkröte, und Anne schoss der Gedanke durch den Kopf, dass sie hier Zeugin eines historischen Moments wurde. Nicht nur George war gegangen, mit ihm war eine ganze Tierart ausgestorben, unwiederbringlich verschwunden vom Antlitz der Erde. Was sonst in ferner Vergangenheit geschehen war oder heute im Stillen und Verborgenen und deshalb ohne öffentliche Anteilnahme geschah, mit der berühmten Schildkröte als Hauptdarsteller vollzog es sich nun vor aller Augen. George verlieh dem Aussterben ein Gesicht. Und er stand für Galápagos, für den Ort, der Charles Darwin der Legende nach den Evolutionsgedanken ins Hirn gepflanzt hatte.

Irgendwann wird es auch die wirklich einmaligen Tiergestalten treffen, dachte Anne, die tierischen Helden ihrer Kindheit. Sie verspürte einen schmerzhaften Stich in der Brust. Der letzte Afrikanische Elefant, das letzte Nashorn, der letzte Sibirische Tiger, der letzte Panda, der letzte Gorilla oder Orang-Utan – es war nur noch eine Frage der Zeit. Im Freiland stand ihr Schicksal und das vieler anderer Arten auf des Messers Schneide, das wusste sie.

Die zumeist jungen Leute, die sich vor dem Gehege versammelt hatten, umringten schweigend einen älteren Mann mit grau meliertem Haar und einem riesigen Schnurrbart, der die Uniform der Nationalpark-Ranger trug. Anne wusste, dass er zu denen gehörte, die George 1972 auf der Insel Pinta entdeckt hatten, als Letzten seiner Art unter Tausenden von verwilderten Ziegen. Als sie zum ersten Mal hier oben war, hatte er ihr erzählt, was sein Schützling, der arme George, nach seiner Umsetzung alles mitgemacht hatte. Die auf der Insel Española beheimatete Unterart hatten die Forscher noch retten können, indem sie die überlebenden Tiere, zwölf Weibchen und zwei Männchen, evakuierten. Über 1500 junge Schildkröten gingen aus deren Verbindung hervor, und sie wurden mühsam über viele Jahre in der Station aufgepäppelt, bis sie alt und stark genug waren, um die Insel ihrer Vorfahren wieder in Besitz zu nehmen.

Auf Pinta hatte es aber nur noch den armen George gegeben, und schon das war eine Riesenüberraschung. Niemand hatte damit gerechnet, dass auf dieser von Ziegen kahl gefressenen Insel noch Schildkröten lebten. Nun lag sein erstaunlich langer Hals reglos im Dreck, die Augen waren geschlossen, die stämmigen Beine ausgestreckt. Es sah aus, als ob er schliefe. Zwei Männer knieten neben ihm, einer davon war David. Er hielt den Kopf gesenkt und hatte seine Hand auf die sattelförmige Ausbeulung des Panzers zwischen den beiden Vorderbeinen gelegt.

Auch George war von den Menschen dazu auserkoren, seine Art zu retten, hatte der alte Pfleger erzählt. Man hatte in Zoos auf der ganzen Welt nach einer geeigneten Gefährtin geforscht und sogar zehntausend Dollar Belohnung für einen entscheidenden Hinweis ausgesetzt. Aber der alte Stiesel ließ alle Weibchen abblitzen, die man ihm vorsetzte, obwohl eine Schweizer Zoologin sich große Mühe gab und ihre Hände täglich mit deren Vaginalsekret einrieb und sie ihm vorhielt, um ihn mit dem Geruch auf Touren zu bringen. Immerhin: In den 1990er-Jahren hatte er eine erste Erektion bekommen und fünfzehn Jahre später sogar mit einer sorgfältig ausgewählten Schildkrötenriesin kopuliert, zur Freude der ganzen Station. Doch aus den Eiern, die die Auserwählte legte, schlüpfte nichts. Hatte George vergessen, wie es ging? Oder es nie gelernt? War er unfruchtbar? Man brachte ihn mit einem Schildkrötenpärchen zusammen, das ihm im Nachbargehege Anschauungsunterricht erteilte und dessen geiles Gebrüll über die ganze Anlage schallte. Die Ziegen auf Pinta hatte man abgeschossen – angeblich waren es vierzigtausend gewesen –, damit sich die Vegetation in Erwartung von Georges Nachwuchs schon mal erholen konnte. Aber Lonesome George wollte oder konnte die in ihn gesetzten Erwartungen nicht erfüllen.

Anne zuckte zusammen, als David sich abrupt aufrichtete und mit der rechten Hand eine Geste machte, die das Gehege oder die ganze Zuchtstation mit einschloss. »Und, was sagt ihr? Hat sich der Aufwand gelohnt? Das alles hier?« Die anderen sahen ihn erschrocken an. Sein Gesicht war gerötet, Tränen liefen ihm über die Wangen. »Für ihn, meine ich, nicht für die Tourismusindustrie.« Er zeigte auf den leblosen Schildkrötenkörper. »Vierzig Jahre hat der arme Kerl hier zugebracht. Die meiste Zeit allein. Vierzig verdammte Jahre! Und gebracht hat es nichts. Das war Tierquälerei. Man hätte ihn auf seiner Insel lassen sollen. In Freiheit.«

»Reiß dich zusammen, David«, sagte Reinhardt scharf. Er sprach deutsch, damit ihn die Einheimischen nicht verstehen konnten. »Wir sind hier zu Gast, vergiss das nicht. Deine Fundamentalkritik kannst du später loswerden, wenn wir unter uns sind. Und im Übrigen bist du ziemlich ungerecht. Ecuador tut eine Menge: die Stiftung, die Station, der Nationalpark, das Meeresschutzgebiet ... Die vielen jungen Menschen hier tun auch alles, was sie können, und du spuckst ihnen ins Gesicht.«

Er packte David am Oberarm und drängte ihn ein paar Schritte zur Seite. Lieke trat dazu und ergriff Davids Hand, und auch Carol, Salvatore und Isabelle schlossen sich an. Kurz darauf entfernte sich die Gruppe langsam von dem Gehege. Anne hörte noch, wie sie sich im Weggehen stritten.

»Warum musst du dich so aufregen, David?« Lieke war genervt. »Ausgerechnet jetzt. Manchmal benimmst du dich wirklich unmöglich.«

»Tut mir leid, aber wann darf man denn mal kritische Fragen stellen, hm? Wenn alles vorbei und nichts mehr zu machen ist? Eine Tierart nach der anderen wird uns wegsterben, und wir werden, genau wie jetzt, danebenstehen und uns fragen, wie das möglich war.«

»Ich finde auch, dass wir was tun sollten«, schaltete sich Isabelle ein. »Lasst uns doch den Moment nutzen und uns zusammensetzen. Lieke hatte gestern schon eine Idee.«

David nickte und wischte sich mit dem Handrücken über das Gesicht. »Ich bin dabei«, sagte er, und dann hatte die Gruppe sich so weit entfernt, dass Anne sie nicht mehr verstehen konnte. Außerdem räusperte sich der Schnurrbartträger, der nur wenige Meter entfernt stand, und begann leise in gebrochenem Englisch zu sprechen. Die Art, wie er den Forschern hinterherschaute, verriet, dass er Davids Äußerungen nicht guthieß.

»Wisst ihr, jedes Mal, wenn George mich sah, kam er zu mir und reckte seinen Hals, so hoch, dass wir uns in die Augen sehen konnten. Dann öffnete er sein Maul. Für manche, die ihn nicht kannten, mag das gefährlich ausgesehen haben, aber das war einfach seine Art, mich zu begrüßen.« Der alte Mann lächelte versonnen. »Er erkannte mich. Und für mich war er wie ein Familienmitglied. Ohne ihn wird sich das alles hier leer anfühlen. Er wird eine Riesenlücke hinterlassen. Galápagos hat seinen berühmtesten Bewohner verloren, obwohl wir alle dachten, er würde noch weitere fünfzig Jahre bei uns leben. Unser deutscher Freund hat recht, wenn er meint, dass wir innehalten und nachdenken sollten, ob wir in all den Jahren richtig gehandelt haben. Wir dürfen nie aufhören, uns kritisch zu hinterfragen. Die Natur ist stets in Bewegung, und auch die Forschung bleibt nicht stehen. Das heißt aber nicht, dass alles, was wir getan haben, falsch war oder dass die jahrelange Arbeit, die wir investiert haben, nichts wert ist.«

Einige der jungen Ecuadorianer nickten. Sie waren sichtlich verunsichert und hingen an den Lippen des alten Mannes. Die meisten waren in dem Glauben und der Überzeugung auf die Inseln gekommen, ihre Arbeitskraft für eine gute und sinnvolle Sache einzusetzen. Wenn sich jetzt ausländische Wissenschaftler, ohne deren Beitrag die Charles-Darwin-Station kaum überleben konnte, derart kritisch äußerten, ließ sie das nicht unbeeindruckt. Einige schauten Anne an und flüsterten miteinander. Erwartete man von ihr, dass sie etwas sagte? Wahrscheinlich glaubten sie, dass sie zu der Gruppe um Reinhardt und David gehörte. Sollte sie erklären, dass sie hier eigentlich nur auf ihren Partner wartete? Nein, das wäre zu peinlich. Am liebsten hätte sie sich in Luft aufgelöst, so unangenehm waren ihr das Getuschel und die Blicke der jungen Südamerikaner. Sie lächelte noch einmal in die Runde und entfernte sich dann vom Gehege. Lonesome George bedachte sie mit einem letzten stummen Gruß. Während sie hinunter zu den Bungalows ging, hörte sie hinter sich noch die Stimme des alten Mannes mit dem Schnurrbart.

»Galápagos ist mehr als Lonesome George, nicht wahr? Viel mehr. Die Menschen kommen aus der ganzen Welt hierher, um die Wunder dieser Inseln zu sehen. Wir müssen sie bewahren und weiter für sie kämpfen, und dafür brauchen wir euch alle, jeden Einzelnen, ihr macht hier gute und wichtige Arbeit!«

Als sie eine Stunde später ihren gestern entdeckten neuen Lieblingsplatz am Meer aufsuchen wollte, sah Anne die anderen wieder. Sie saßen um einen großen Tisch auf der Terrasse des marinen Labors und debattierten vor aufgeklappten Laptops lautstark wie immer, ohne dass Anne mitbekam, worum es ging. Sie wollte es auch gar nicht wissen. Nach Streit und Diskussionen stand ihr jetzt ganz und gar nicht der Sinn, nicht nach diesem Tagesauftakt. Sie wollte sich nicht einmischen, auch nicht, als Salvatore mit einem Teller voller Bruschette aus der Teeküche des Hauses trat und von den anderen mit großem Hallo begrüßt wurde.

Sie setzte ihren Weg fort, bog unbemerkt nach links auf den schmalen Pfad, der hinunter zum Wasser führte, und genoss bald die Ruhe und Abgeschiedenheit, die dort auf sie wartete. Als sie Stunden später auf dem Rückweg wieder am Labor vorbeilief, war die Terrasse verlassen. Ihr fiel auf, dass auf dem Gelände keine Touristen zu sehen waren. Wegen Georges Tod hatte man die Charles-Darwin-Station an diesem Tag für Besucher geschlossen.

8

Isla Isabela, Canal Bolívar, *Queen Mabel*

»Ich hab's schon gesehen, als wir noch im Wasser waren«, sagte Hermann. »Das ist er nicht.«

War er enttäuscht? Nach ihrer langen Suche fragte er sich das selbst. Und die Antwort hieß natürlich: Nein. Er war Wissenschaftler und Realist. Ein einzelnes Tier in diesem Meer wiederzufinden, glich der Suche nach der berühmten Nadel im Heuhaufen, das war ihm von Anfang an klar gewesen – jedoch kein Grund, es nicht zu versuchen.

Er zeigte mit dem Finger auf einen der Bildschirme. »Da, die Aufhellung oben an der Rückenflosse. Bei diesem Tier ist sie viel ausgeprägter. Und er ist erheblich größer.«

Sie saßen mit Kaffeetassen in der Hand am Tisch, vor sich aufgeklappt zwei Computer, die jeweils das Standbild eines Haivideos zeigten, links das Tier, das Anne und Hermann gesehen hatten, rechts das Exemplar von heute Morgen, das die drei Männer in helle Aufregung versetzt hatte.

Alberto starrte auf die Bildschirme und antwortete Hermann mit einem Brummen, das man als Zustimmung, aber auch als Ablehnung deuten konnte. Seine innere Anspannung verriet sich nur in der Art, wie er unaufhörlich mit der Hand über seinen Schnurrbart strich. »Es ist definitiv nicht das gleiche Tier«, bestätigte er schließlich. »Aber die beiden sind sich schon sehr ähnlich. Der gleiche seltsame Merkmalsmix. Wieder diese hohe, abgerundete Rückenflosse. Was meinst du, Dieter?«

Der kleine Meeresbiologe schüttelte erst den Kopf und holte dann tief Luft, bevor er antwortete. »Ich bin ziemlich verwirrt, muss ich gestehen. Ich habe mir deine Aufnahmen genau angesehen, Hermann, mehrfach, und eigentlich dachte ich, dass es ein irgendwie abweichendes, mutiertes Exemplar sein muss, ein seltener Freak gewissermaßen. Und dass wir deshalb Schwierigkeiten haben, ihn zu bestimmen. So etwas kommt in allen Tiergruppen vor. Aber jetzt taucht hier ein zweiter Hai auf, und ich finde, Alberto hat recht, er zeigt bei allen Unterschieden auch sehr ähnliche Merkmale. Sein Verhalten war genau so, wie du es bei dem anderen Tier beobachtet hast, Hermann. Neugierig, geradezu aufdringlich. Also kann der erste kein Freak gewesen sein. Oder wir sind hier auf ein Nest gestoßen. Für mich sieht es so aus, als hätten wir zwei Exemplare derselben Art vor uns. Fragt sich nur, welcher.«

Hermann fluchte leise. »Dann sind wir also kein Stück weiter«, sagte er.

»Überhaupt nicht«, widersprach Alberto. »Wie kommst du darauf? Wir wissen jetzt, dass es mehr als ein Tier von dieser Sorte gibt, das macht doch einen Riesenunterschied. Und ...«, er stellte stolz lächelnd ein mit einer klaren Flüssigkeit gefülltes Glasröhrchen auf den Tisch, »... wir haben das hier! Es wird zwar eine Weile dauern, aber die Gewebeprobe wird uns Klarheit bringen. Ich werde sie einem Spezialisten bei uns im Institut geben.«

»Tss ...«, machte Hermann und ließ die flache Hand auf die Tischplatte klatschen. »Du bist wirklich verrückt, Alberto. Hast du dem Burschen echt ein Stück aus der Flosse herausgeknipst? Du hattest es ja quasi angekündigt, aber ich dachte, du machst Scherze.«

»Du nimmst mich also nicht ernst.« Alberto grinste. »Die kleine Stanze hat mir schon einige Male gute Dienste geleistet. Nicht gerade bei Haien, das war mir bisher zu heikel, aber was rückt der uns auch so auf die Pelle. Ich musste nur die Hand ausstrecken, ihr habt's ja gesehen. Ich gebe zu, es ist nicht die sanfteste Methode, aber es geht ja nur um ein winziges Pröbchen. Das merkt der doch gar nicht.«

»Er ist zusammengezuckt.«

»Ach, komm, ein besserer Mückenstich. Das wird er überleben. Und wir haben unsere DNA-Probe. Die könnte Gold wert sein.«

Dieter war aufgestanden und sah auf seine Uhr. »Schon nach zwölf. Seid ihr einverstanden, wenn wir ein Stück die Küste rauffahren? Wir könnten es nach dem Mittagessen weiter nördlich noch einmal versuchen. Ich hoffe, hinter der nächsten Landzunge haben wir weniger mit der Strömung zu kämpfen.«

Hermann zuckte die Achseln. »Meinetwegen.«

Alberto nickte.

»Gut, dann sage ich dem Kapitän Bescheid. Und ihr könnt ja mal dem Koch Beine machen.«

Der wirbelte seit mindestens einer Stunde in seiner Küchennische und signalisierte, dass er noch zehn Minuten brauche. Teller und Besteck standen schon bereit.

Hermann schob sich an der Tischkante vorbei in den Gang und trat aus der Kajüte hinaus ins Freie. Es war mittlerweile drückend heiß geworden. »Ich habe wirklich nicht daran geglaubt, dass wir ihn finden«, sagte er und umfasste die Reling. »Und jetzt ...«

»Jetzt ist die Sache noch rätselhafter geworden, noch spannender«, vollendete Alberto, der ihm gefolgt war. »Jetzt haben wir statt einen zwei Haie, die wir nicht ansprechen können. Das ist wahnsinnig aufregend.«

Ein tiefes Grollen ließ Hermann zusammenfahren, ein unheimliches, bedrohliches Geräusch, das nicht zu lokalisieren war und ihm einen Schauer über den Rücken jagte. Ein Gewitter? Am Himmel waren nur feine Wolkenschleier zu sehen. Alberto stand kerzengerade und lauschte. »Habt ihr das gehört?«, fragte Hermann. »Was war das?«

»Bestimmt mein Magen«, rief Dieter aus der Kajüte. »Ich habe einen Riesenhunger.«

Oben am Seitenfenster tauchte das runde Gesicht des Kapitäns auf. »La Cumbre«, sagte er nur und deutete mit einer Kopfbewegung auf die andere Seite des Kanals.

Hermann sah ihn ungläubig an. »El volcán?« Als ob es hier nur den einen gäbe. Alle Gipfel, die sie umgaben, waren Feuerberge. Vor ihnen lag Fernandina mit dem heute wolkenlosen La Cumbre und hinter ihnen Isla Isabela, die aus einer ganzen Kette von Vulkanen bestand.

»Sí, ha hablado durmiendo«, erklärte der Kapitän mit Nachdruck.

»Was hat er gesagt?«

Alberto schob seine Mütze in den Nacken und kratzte sich am Kopf. »Er sagte, der Berg hat im Schlaf gesprochen.«

Die Zeit verging wie im Fluge. Ständig waren mindestens zwei von ihnen im Wasser, auf der Suche nach den seltsamen Haien. Die Strömung war jetzt wesentlich schwächer, die Sicht besser, und da ihnen die Zeit davonlief, hatten sie ihre Strategie geändert. Statt ziellos umherzuschwimmen und Ausschau zu halten, versuchten sie, die Haie anzulocken. Dieter hatte den Fischern in Puerto Ayora vor ihrer Abreise ein paar Thunfischköpfe abgekauft, die bis jetzt in der Tiefkühltruhe gelagert hatten. Nun stopften sie sie in ein Netz, ließen den Köder vom Panga aus etwa zehn Meter tief ins Wasser hinab und warteten unten in der Nähe, versteckt zwischen ein paar Felsen.

Es dauerte eine Weile, dann ließen sich zuerst zwei große Zackenbarsche blicken, später gesellten sich auch Galápagoshaie dazu, schlanke, wendige Tiere, die den Köder interessiert umkreisten, darunter zwei, drei stattliche Exemplare, die sicher drei Meter und mehr maßen.

Dann folgte *ihr* Auftritt, und der zerstreute jeden Gedanken daran, dass sie es hier mit einzelnen aus der Art geschlagenen Exemplaren zu tun hatten. Anfangs kaum auszumachen im lichtdurchfluteten oberflächennahen Wasser, kamen sie wie schemenhafte Geister zögerlich immer näher und waren schließlich nicht mehr zu übersehen. Hermann zog wie verrückt an der Leine, die mit einer Boje an der Oberfläche verbunden war, um Alberto zu alarmieren, der im Panga saß. Er zählte bis zu zwölf Tiere. Sie waren so groß wie die größten Galápagoshaie, aber massiger, mit großen, paddelförmigen Flossen, die an den Spitzen individuell unterschiedliche Aufhellungen zeigten.

Als sich Alberto ein paar Minuten später vom Beiboot ins Wasser fallen ließ, stob die ganze Gesellschaft in alle Richtungen auseinander. Doch kaum hatte er das Versteck zwischen den Felsen erreicht, waren sie wieder da, und einzelne Tiere starteten gezielte Vorstöße auf die Fischköpfe. Es dauerte nicht lange, bis das Großfischgewimmel über ihnen so dicht wurde, dass Alberto eine zweite Boje aufsteigen ließ. Für das im Panga wartende Besatzungsmitglied war dies das Zeichen, den Köder einzuholen. Niemand hätte es wagen können, durch diese sich immer wilder gebärdende Raubfischmeute an die Oberfläche aufzusteigen. Sie sahen noch, wie einige Tiere nach dem Netz schnappten und sich darin verbissen. Der Mann im Boot hatte große Schwierigkeiten, den Köder an Bord zu holen, und versuchte, die gierigen Haie mit Paddeln wegzustoßen.

Hermann und Alberto folgten dem Schauspiel so gebannt, dass sie Dieters Abwesenheit gar nicht bemerkten. Erst als sich die Lage an der Oberfläche entspannt hatte und die Tiere wieder ruhig durchs Wasser glitten, fiel Hermann auf, dass ihr dritter Mann fehlte. Er schwebte ein paar Meter entfernt dicht über einigen Korallenblöcken und schien sie genau zu untersuchen. Dann glitt er weiter, inspizierte den Bewuchs eines Vulkansteinblocks, rupfte etwas ab und füllte es in eine der kleinen verschließbaren Plastiktüten, die er stets in einer Tasche seiner Weste mit sich führte. Hermann klopfte mit dem Messer gegen seine Druckluftflasche, um ihn darauf aufmerksam zu machen, dass sie demnächst aufsteigen würden. Dieter drehte sich um, zeigte ihnen das OK-Zeichen und widmete sich dann wieder dem Gegenstand seines Interesses.

Zurück auf der *Queen Mabel* herrschte große Freude. Sie waren einer bislang unbekannten Haiart auf die Spur gekommen, brachten neue Videos und Fotos dieser Tiere mit zurück in die Charles-Darwin-Station, sogar eine Gewebeprobe, und hatten damit viel mehr erreicht, als sie realistischerweise hatten erwarten dürfen. Sie waren ziemlich aus dem Häuschen, alberten herum und redeten euphorisch durcheinander. Umso überraschender kam dann Albertos abrupter Stimmungswandel. Er wurde von einem Augenblick auf den anderen ernst, murmelte etwas von einer Idee, der er nachgehen müsse, und verschwand in seiner Kabine.

»Was hat er denn plötzlich?«, fragte Hermann. Alberto war eigentlich nicht der Typ, der seinen Triumph allein im stillen Kämmerlein feierte.

Dieter winkte ab. »Keine Ahnung. Lass ihn einfach. Er wird schon wiederauftauchen.«

Sie gossen sich frischen Kaffee ein und setzten sich damit nach draußen. Dieter berichtete, dass er sich über die Korallen und den Aufwuchs rund um die Stelle, an der sie die Haie beobachtet hatten, gewundert habe. Eine ungewöhnliche Gemeinschaft lebe dort, die er in dieser Zusammensetzung hier im Archipel noch nirgendwo gesehen habe. Er müsse unbedingt noch einmal hinunter und weitere Proben nehmen. Wenn er es nicht besser wüsste, würde er auch unter diesen

Organismen etliche für die hiesigen Gewässer unbekannte Arten vermuten.

»Was ist das nur für ein seltsamer Ort hier?«, sagte er, während sie auf dem Kajütendach saßen, an ihren Kaffeetassen nippten und auf das glitzernde Wasser und die dahinter aufragende Isla Fernandina sahen.

Es war ein Logenplatz, wie sich gleich herausstellen sollte. Denn kurz darauf schien sich der La Cumbre ohne jede Vorwarnung aufzublähen. Knapp unterhalb seiner Spitze schoss gespenstisch lautlos ein geschwulstartiges Gebilde aus dem Berghang, eine Wolke aus Gesteinsbruchstücken, Asche und Staub, die immer größer wurde und rasch in den Himmel wuchs. Dann, Sekunden nach dem Ausbruch, folgten der ohrenbetäubende Explosionsknall und eine Druckwelle, die über das Wasser raste, einige niedrig hängende Wolkenschleier vom Himmel fegte und Hermann fast vom Kajütendach stieß, weil sie ihn ungünstig in einem Moment erwischte, als er gerade sein Gewicht verlagerte. Ein Ruck ging durch das Boot. Aus der Kajüte hörte man erregte Rufe.

»Boah«, entfuhr es Dieter, der sich rasch an die Reling geklammert hatte. »Sieh dir das an. Was für ein Ausbruch! Er ist aufgewacht. Der verdammte Vulkan ist aufgewacht. Dieser Tag meint es wirklich gut mit uns, oder? Mensch, Alberto!«, schrie er. »Was tust du da unten? Komm rauf, Mann. Du verpasst was.«

Er sprang vom Dach und hangelte sich an der Reling entlang in die Kajüte.

Hermann brachte kein Wort über die Lippen. Er hatte den Kopf in den Nacken gelegt und starrte auf die immer höher aufsteigende Aschewolke wie die Maus auf die Schlange. Der Hai, der eben noch für Feierstimmung gesorgt hatte, war vergessen.

Später, als es dunkel wurde, sahen sie das Licht, das die

ganze Nacht nicht erlöschen sollte, das Glühen des Magmas, das sich auf der Isla Fernandina einen Weg an die Oberfläche bahnte.

Galápagos brennt, dachte Hermann.

9

Isla Santa Cruz, Puerto Ayora

Anne hatte den Tag in der Bahía Tortuga verbracht, einem erstaunlich menschenleeren tropischen Traumstrand, nur gut dreißig Gehminuten vom Zentrum Puerto Ayoras entfernt. Hundert Meter weiter, unter niedrigen, weit ausladenden Bäumen, die den Rand eines Mangrovenirrgartens säumten, hatte sie schließlich sogar wohltuenden Schatten gefunden, und hier stieß sie auch auf die anderen Urlauber, die der Bahía Tortuga einen Besuch abgestattet hatten. Die Stimmung war unbeschwert und entspannt, das flache Wasser kristallklar, die Natur wunderschön. Um das unerwartete Ableben des Einsamen Georg kümmerte sich hier niemand. Anne hätte ewig im warmen Sand liegen und dösen können.

Doch irgendwann machte sich ringsum Aufbruchstimmung breit, und da sie viel zu träge für einen erneuten Marsch durch das glühend heiße Buschland war, stieg sie in eins der Taxiboote, die im flachen Wasser auf Fahrgäste warteten.

In Puerto Ayora setzte sie sich in ein Hafencafé, bestellte einen Cappuccino und schrieb Postkarten mit Lonesome Georges Konterfei an ihre Kinder. Kaum hatte sie ihre Tasse geleert, entdeckte sie Carol und die anderen jungen Wissenschaftler, die die Avenida Charles Darwin hinuntermarschierten. Bis auf Reinhardt waren alle dabei: Carol, David, Lieke, Isabelle, Salvatore sowie drei, vier weitere junge Leute, wahrscheinlich Kollegen oder Mitarbeiter der Station, die Anne nicht namentlich kannte. Irgendetwas an ihrem Gang verriet Anne, dass die Wissenschaftler nicht zum Vergnügen in den Ort kamen. Sie wirkten entschlossen, liefen in einer Art

Phalanx nebeneinander und hatten es augenscheinlich eilig. Ein paar Verkäuferinnen lehnten an den Türen ihrer Boutiquen oder hängten T-Shirts von einem Ständer auf den anderen, ansonsten war die Straße noch recht leer. Die Ruhe vor dem nachmittäglichen Sturm. Täuschte der Eindruck, fragte sich Anne, oder waren heute noch mehr Shirts mit Georges Charakterkopf und anderen Schildkrötenmotiven zu sehen als sonst?

Die Gruppe marschierte zur Pier und entledigte sich dort auf einer der Bänke ihrer Rucksäcke und Wasserflaschen. Jemand befestigte ein selbst gebasteltes Schild so hoch an einem Laternenmast, dass es alle überragte. Es zeigte ein Foto von George. Darunter stand: »Lonesome George is dead! We grieve for an extinct animal species.« Und in großen Lettern: »STOP GLOBAL WARMING! STOP MASS EXTINCTION!«

Vor dem Schild nahmen die Wissenschaftler im Halbkreis Aufstellung, falteten die Hände, hielten die Köpfe gesenkt und schwiegen. Um den Oberarm hatten sie sich schwarze Trauerflore gewickelt. »Wir trauern um eine ausgestorbene Tierart«, übersetzte Anne stumm.

Mindestens fünfzehn Minuten standen sie reglos und schweigend da, und Anne war sich nicht sicher, ob einige der jungen Demonstranten dabei Tränen vergossen oder sich doch nur den Schweiß aus dem Gesicht wischten. Sie wusste, dass es Hermanns Kollegen ernst war, und in ihren Augen vermittelte das Happening diese Ernsthaftigkeit auch. Sie hatte verstanden, dass es um wesentlich mehr als nur ein einzelnes Tier ging, so berühmt und außergewöhnlich Lonesome George auch gewesen sein mochte.

Schon bald wurden Passanten auf die jungen Wissenschaftler aufmerksam, blieben vor ihnen stehen, fotografierten die seltsame Versammlung und warteten darauf, dass etwas geschah. Aus Annes Position sah es so aus, als würde die Trauergemeinde von Minute zu Minute größer werden.

Plötzlich erwachten David, Isabelle und die anderen zum Leben, steckten über den Rucksäcken die Köpfe zusammen, und im nächsten Moment hielten alle einen Stapel giftgrüner Zettel in der Hand. Einige begannen, die Papiere an die Umstehenden zu verteilen, andere schwärmten aus und taten dasselbe auf dem Steg, wo die von ihren Tagesausflügen zurückkehrenden Touristen gerade aus den Booten auf die Schwimmpontons kletterten.

Anne hielt es auf ihrem Caféstuhl nicht mehr aus. Das hatten sie also ausgeheckt: ein Flugblatt. Sie erinnerte sich, dass gestern beim Mittagessen darüber geredet wurde, ob und wie man sich an die Touristen wenden könnte. Georges Tod hatte nun offenbar den letzten Anstoß geliefert.

Sie zahlte den Kaffee, lief über den Platz und steuerte Isabelle an, die ihr am nächsten war. »Was verteilt ihr denn? Kann ich auch eins haben?«

»Ach, hallo, Anne.« Isabelle lächelte stolz, als sie ihr das Papier aushändigte. »Hier, bitte. War ein hartes Stück Arbeit. Hat uns fast den ganzen Tag gekostet. Aber es hat sich gelohnt, finde ich. Sogar David ist zufrieden damit, und das will schon was heißen.«

»Ja, bin ich«, sagte David, den Anne gar nicht kommen gehört hatte. Er lächelte sie an. »Sehr sogar. Und ich brauche schon neue. Haben wir noch spanische?«

»Dahinten, in dem blauen Rucksack.«

»Ich glaube, wir haben die Leute tatsächlich ein wenig aufgeschreckt.« Im Vergleich zum Morgen wirkte David regelrecht aufgekratzt. Es war offensichtlich, dass diese Aktion ihm guttat. »Anne, wenn du schon hier bist, könntest du uns auch helfen, oder? Gleich wird die Hölle los sein, wenn die ganzen Boote zurückkommen. Nimm dir, was du brauchst. Hier, wir haben jede Menge von den Flugblättern. Und eine Armbinde müsste auch noch da sein.« Er hockte sich hin und durchwühlte einen Rucksack.

Anne lachte. »Warte, David. Nicht so schnell. Ich muss es doch erst mal lesen, okay?« Sie steuerte mit dem Papier eine freie Bank in ihrer Nähe an. Vermutlich konnte sich eine deutsche Kriminalhauptkommissarin sowohl hier als auch zu Hause eine Menge Ärger einhandeln, wenn sie im Ausland die falschen Flugblätter verteilte. Andererseits ... auch ihr war der Tod der berühmten Schildkröte nahegegangen.

»Lonesome George is dead!«, lautete auch die Überschrift des Flugblatts, dicke Buchstaben, die fast die ganze Breite des Papiers ausfüllten. Darunter folgte viel englischer Text, beide Seiten waren dicht bedruckt. Anne sog die Luft ein und schüttelte den Kopf. Was hatten sie sich nur dabei gedacht? Wer sollte das alles lesen?

»Heute in den frühen Morgenstunden wurde Lonesome George, der berühmteste Vertreter aller Galápagos-Riesenschildkröten, in seinem Gehege auf dem Gelände der Charles-Darwin-Station von seinem langjährigen Pfleger tot aufgefunden. Das genaue Alter des Tieres und die Todesursache wird erst die Obduktion ergeben. Soweit bekannt, war Lonesome George aber bei bester Gesundheit ...«

Anne blickte auf und sah, wie Isabelle einem älteren Paar, das gerade vorbeiging, freundlich lächelnd ein Flugblatt anbot. Der Mann schien sich zuerst belästigt zu fühlen und zog die Stirn in Falten, griff dann aber im Vorbeigehen doch zu und warf sogleich einen flüchtigen Blick auf das Papier. »Das kann doch nicht sein«, rief er auf Deutsch und blieb abrupt stehen.

»Lies das mal«, sagte er zu seiner Frau, hielt ihr das Flugblatt hin und musterte gleichzeitig Isabelle mit einem skeptischen Gesichtsausdruck. »Angeblich ist Lonesome George gestorben.«

Ein lang gezogenes »Neiiiin« war die Antwort. Die Frau machte ein betroffenes Gesicht. »Er ist tot? Wie ist denn das möglich? Wir haben die Station doch gerade erst besucht. Vorgestern, nicht wahr? Da war er noch ganz lebendig. Du hast so ein schönes Foto geschossen, erinnerst du dich? Wie er sich ganz lang macht und das Maul aufsperrt.«

»Natürlich erinnere ich mich«, sagte der Mann und wandte sich dann auf Englisch an Isabelle. »Woher haben Sie denn diese Information, Miss? Arbeiten Sie in der Station?«

»Ja, für ein paar Wochen. Ich und fast alle meine Kollegen hier gehören zu einer internationalen Forschergruppe aus Bremen«, antwortete Isabelle bereitwillig und erklärte den beiden deutschen Touristen, was sie hier taten und warum sie dieses Flugblatt verfasst hatten. Insbesondere der Mann schien von der hübschen jungen Frau sehr angetan und nickte wohlwollend zu allem, was sie sagte.

»Aus Bremen.« Er lächelte versonnen. »So klein ist die Welt. Wir kommen aus Hannover.«

Seine Frau gab ihm das Flugblatt zurück, wandte sich an Isabelle und nickte ernst. »Was wir der Natur antun, ist wirklich schrecklich. Und es ist richtig, dass Sie die Menschen darauf aufmerksam machen. Manchmal bin ich froh, dass ich das alles nicht mehr erleben muss.«

»Ach, ich glaube ja nicht an diese angebliche Klimakatastrophe, von der alle reden. Das wird künstlich aufgebauscht«, erklärte ihr Mann, »da wollen Leute sich profilieren, indem sie Angst und Schrecken verbreiten. Denk nur an das angebliche Waldsterben. Das war vor Ihrer Zeit, Miss. Sie waren noch gar nicht geboren, da hat man in Deutschland das Ende des Waldes kommen sehen. Und, ist der Wald gestorben? Nein, außer vielleicht da, wo man die falschen Baumarten gepflanzt hatte. Das Klima hat sich immer schon geändert, lange bevor es Menschen gab. Mal ging es mit der Temperatur rauf, mal runter, wie in den Eiszeiten. Das ist völlig normal. Und die Natur ist immer damit fertiggeworden. Warum sollte das jetzt anders sein? Wir dürfen uns nicht so wichtig nehmen.«

»Das Klima ist keine Konstante, das stimmt«, sagte Isabelle geduldig. »Die Experten sind sich aber weitgehend einig, dass die Veränderungen diesmal nicht von kosmischen oder geologischen Schicksalsschlägen verursacht werden, von Meteoriten oder Vulkanen, sondern von uns Menschen, und das macht in meinen Augen einen gewaltigen Unterschied. An Vulkanausbrüchen können wir wenig ändern, an unserem Verhalten schon. Es kann uns doch nicht kaltlassen, wenn wir durch unsere Lebensweise eines der größten Massenaussterben der Erdgeschichte auslösen.«

»Mein Gott«, der Mann legte den Kopf in den Nacken und verdrehte die Augen, »Sie können einem wirklich leidtun. So jung und schon so pessimistisch. Sie sollten nicht so schwarzsehen. Wir Menschen werden damit schon fertigwerden, glauben Sie mir. Wenn es Probleme gibt, finden wir eine Lösung. Das ist unsere Spezialität. Darin sind wir unschlagbar. Ich bin Ingenieur, wissen Sie. Und unser Wahlspruch lautet: Gibt's nicht, gilt nicht, verstehen Sie? Es gibt für alles eine Lösung. Machen Sie sich keine Sorgen.«

Der Mann schenkte Isabelle ein väterliches Lächeln und schlug dann mit seiner Frau den Weg zur Avenida Charles Darwin ein. Anne sah, wie er ein paar Meter weiter einen Blick zurück warf, das Flugblatt zusammenknüllte und dann in den nächsten Papierkorb fallen ließ. »Unsinn ist das«, erklärte er auf Deutsch und in ganz anderem Ton als eben noch gegenüber Isabelle. »Ein paar Arten weniger, was macht das schon? Es gibt wirklich genug Viehzeug. Die müssen immer gleich das Ende der Welt beschwören. Wahrscheinlich, weil sonst keiner mehr zuhört. Wenigstens hier sollten sie uns damit verschonen …«

Isabelle hatte sich längst anderen Urlaubern zugewandt, und Anne hoffte, dass sie die Worte des Mannes nicht mehr gehört hatte. Sie blickte hinüber zur Pier. Langsam erreichte der Strom der Rückkehrer seinen Höhepunkt. Auf dem Steg und dem Platz am Hafen wimmelte es von Menschen mit Sonnenhüten, Basecaps und Rucksäcken. Normalerweise hätten sie zum Après-Nature direkt die umliegenden Cafés und Restaurants angesteuert oder wären in ihren Hotels verschwunden, um zu duschen und sich auszuruhen. Doch heute drückte ihnen eine Gruppe junger Leute ein ziemlich verstörendes Flugblatt in die Hand – es gab auch gelbe und weiße, in spanischer und deutscher Sprache –, und Lonesome George war fast allen Inseltouristen ein Begriff. Entweder sie hatten ihm bereits einen Besuch abgestattet und erfuhren nun quasi vom überraschenden Tod eines alten Bekannten. Oder sie hatten es noch nicht getan und ärgerten sich, dass es dafür nun zu spät war. Deshalb ließ die Nachricht kaum jemanden kalt. Die Menschen fanden sich zu kleinen Gruppen zusammen, erzählten sich, wie sie Lonesome George erlebt hatten, diskutierten den Inhalt des Flugblatts oder bestürmten die jungen Wissenschaftler mit Fragen. Es kam zu einem Stau.

Währenddessen füllte sich auch die andere Hälfte des Platzes, vorwiegend mit Männern und Jugendlichen aus Puerto Ayora, die sich das tägliche Volleyballmatch ansehen wollten. Sie beäugten den Menschenauflauf, der sich auf der Pier gebildet hatte, die einen eher neugierig, andere teilnahmslos, einige auch misstrauisch oder gar unverhohlen feindselig. Die Nachricht von Georges Tod hatte sich im Ort schnell herumgesprochen, und auch unter den Galapageños war die Stimmung gedrückt, teils wohl aus Anteilnahme, teils aus Sorge, die Nachricht könne den Touristen auf den Magen schlagen und sie daran hindern, ihr Geld in den örtlichen Restaurants zu lassen.

Anne machte ein Foto von der zweigeteilten Menschenmenge am Hafen, überflog dann ein paar Zeilen des Flugblatts und blieb an einigen erschreckenden Zahlen hängen: »Mittlerweile verliert unser Planet neuesten Studien zufolge zwischen 11 000 und 58 000 Tierarten pro Jahr, ein unaufhörlicher Aderlass unserer biologischen Vielfalt, der sich zu einem katastrophalen Massenaussterben addiert, dem sechsten in der Geschichte des Lebens, verursacht zum ersten Mal durch eine einzige Tierart, durch uns, den Homo sapiens.«

Anne schluckte. 50 000 aussterbende Tierarten? Jedes Jahr? Das hatte sie nicht gewusst. Und es kam noch schlimmer. »Die Tierbestände gehen auf breiter Front zurück, lokale Populationen schrumpfen und erlöschen in erschreckendem Ausmaß, vor allem, aber nicht nur, in den Tropen. In Europa gibt es heute über 420 Millionen Vögel weniger als noch vor dreißig Jahren, das hat die Auswertung der Daten von über 140 Vogelarten in fünfundzwanzig Ländern des Kontinents ergeben. Betroffen sind vor allem ehemals häufige Arten wie Spatzen, Stare, Lerchen. Seit 1950 schrumpften die globalen Bestände an Seevögeln um erschreckende siebzig Prozent. Um ein Drittel ist die Zahl der Schmetterlinge zurückgegangen. Ähnliches wird in den Ozeanen geschehen, denn in einer wärmeren Welt schrumpft das bewohnbare Gebiet ...«

Diese Auflistung von Todesnachrichten und Beinahezusammenbrüchen erstreckte sich noch über mehrere Absätze. Vögel, Insekten, Säugetiere, Korallen, alles starb angeblich dahin. »Der Verlust an Fauna«, hieß es weiter, »ist so dramatisch und durch unzählige Einzelbefunde belegt, dass Wissenschaftler das schreckliche Wort ›Defaunation‹ verwenden, um zu beschreiben, was zu einem Kennzeichen des Anthropozäns, des Zeitalters der Menschen, zu werden droht: die weitgehende Auslöschung der globalen Tierwelt.«

»De-fau-na-tion«, murmelte Anne leise vor sich hin. Das Wort hatte sie noch nie gehört.

»… und es werden Generationen von Menschen heranwachsen, die sich nicht erinnern können, dass die Welt je anders aussah, die nie erfahren haben, wie es sich anfühlte, auf einem biologisch bunteren und vielfältigeren Planeten zu leben.«

Annes Augen flogen über den Text, von einer Hiobsbotschaft zur nächsten: »… fatale Konsequenz des Shifting-Baselines-Phänomens … gnadenlose Ausrottung … mit ihren Kadavern mästete man die Schweine … was für eine armselige und katastrophale Bilanz unseres globalen Wirkens. Kann man sich eine schlimmere vorstellen? … sie werden bis zu ihrem Ende in streng bewachten Reservaten leben …«

Anne stieß hörbar die Luft aus. Ganz schön heftig, was David und seine Kollegen den Leuten zumuteten. Vielleicht sah so tatsächlich die Zukunft aus, doch wer wollte das lesen, ausgerechnet hier? Puerto Ayora war ein Ferienort und unterschied sich letztlich nicht sehr von seinen Pendants auf Ibiza oder Mallorca. Die Leute kamen zwar, um Wildtiere zu sehen, aber sie wollten sich auch erholen und amüsieren. Zweifellos hatten sich die jungen Forscher große Mühe gegeben, waren dabei aber etwas über das Ziel hinausgeschossen. Mit dieser geballten Ladung an Schreckensszenarien und Schuldzuweisungen würde man die Leute nur vor den Kopf stoßen, da war Anne sich sicher.

Sie sah sich um. Das Volleyballspiel hatte begonnen, gerade wurde einem besonders gelungenen Ballwechsel Beifall gespendet. Und daneben, am Hafen, beherrschten weiterhin die Touristen die Szene. Noch immer legten Taxiboote an und entließen Bootsladungen voller Rückkehrer auf die Pier, wo David und die anderen im dichten Gewühl standen und auf sie warteten. Anne sah vereinzelte Touristen, die die Flugblätter lasen, doch die meisten Papiere wurden einfach fallen gelassen und ins Wasser geweht oder steckten schon zusammengeknüllt in den Papierkörben.

Und wenn es stimmte, was in dem Flugblatt stand? Wie konnte man dann einfach zur Tagesordnung übergehen? Sollten die Wissenschaftler sich allein damit herumschlagen? Sie waren die Ersten, die die schlechten Nachrichten hörten, und sie mussten sie irgendwie verarbeiten, um weitermachen zu können. All die Studien und katastrophalen Entwicklungen, die sie in ihrem Text anführten, gab es wirklich, und sie selbst erarbeiteten hier weitere Details, Puzzlesteine, die sich zu einem Szenario zusammensetzten, das einem nur die Tränen in die Augen treiben konnte.

Sie kannte das nur zu gut, Tag für Tag ihrer Arbeit nachgehen zu müssen und gleichzeitig zu wissen, dass sich auch bei größtem Engagement nichts Grundsätzliches veränderte oder verbesserte, dass die Menschen nie aufhören würden, zu morden, zu betrügen und zu stehlen. Wie oft hatte sie junge Kollegen aufrichten müssen, deren Fell für diese Erkenntnis noch nicht dick genug war.

Ein Schrei riss sie aus ihren Gedanken. Sie brauchte einen Moment, um wieder im Hier und Jetzt zu landen. Verwirrt sah sie sich um. Da schrie tatsächlich jemand, sie hatte es sich nicht eingebildet. Es waren mehrere Stimmen, und auch die Passanten um sie herum reckten inzwischen aufgeschreckt die Hälse, um herauszufinden, woher die Rufe kamen.

Anne stieg auf die Sitzfläche der Bank und verschaffte sich so einen Überblick. Sie musste nicht lange suchen. Auf der Pier, keine fünfzig Meter von ihr entfernt, hatten sich anscheinend mehrere Männer in die Haare bekommen. Sie ballten die Fäuste und drohten, andere versuchten, sie zurückzuhalten, wieder andere spornten sie an.

Im Zentrum standen ein junger Ecuadorianer, der mit den Wissenschaftlern aus der Station gekommen sein musste, was Anne aus dem Stapel Flugblätter in seiner Hand folgerte, und ein Mann in Shorts und T-Shirt, der versuchte, ihm die Flugblätter zu entreißen. Beide hatten Unterstützer gefunden. Ein Gezerre und Geziehe war die Folge, ein Hin-und-her-Wogen der Menschen auf der Pier, während weitere Tagesausflügler von den Bootsanlegern die Treppen hochdrängten. Verängstigte Touristen stellten sich schützend vor ihre Kinder und versuchten, aus dem Tumult herauszukommen.

Dann begann ein paar Meter daneben eine zweite Auseinandersetzung. Zwei Männer hatten einen dritten gepackt und versuchten, ihn zum Geländer zu zerren. Auch er umklammerte mit der rechten Hand einen Stapel Flugblätter, während er seine Angreifer anschrie und sich mit aller Kraft gegen sie stemmte. Aber das Geländer war nur noch wenige Schritte entfernt. Dahinter schossen die Blaufußtölpel auf ihre unnachahmliche Art ins Wasser, als wäre nichts geschehen. Doch Anne nahm sie kaum zur Kenntnis.

Sie hatte den Mann erkannt. Im Gerangel mit den Angreifern war ihm seine Basecap vom Kopf gefallen. Blonde Haare leuchteten im Sonnenlicht. Es war David, kein Zweifel, und sie zogen und stießen ihn inzwischen zu dritt, zu viert. Ein paar Kerle hatten sich untergehakt und bildeten eine Kette, um die Zuschauer abzuschirmen, und hinter dieser Kette versuchte Lieke mit weit aufgerissenen Augen, zu ihrem Freund zu gelangen und streckte die Hände nach ihm aus.

Anne fühlte sich wie gelähmt. Schon von Berufs wegen verspürte sie den Drang, einzugreifen und für Ordnung zu sorgen. Aber es war offensichtlich, dass sie keine Chance gehabt hätte, zu David vorzudringen. Die Situation erschien ihr so unübersichtlich und verwirrend, dass sie, selbst wenn sie des Spanischen mächtig gewesen wäre, gar nicht gewusst hätte, wen man hier mit welchen Worten hätte beschwichtigen können.

Plötzlich stand ein Mann neben ihr auf der Bank und fragte in breitem amerikanischem Englisch, ob sie wisse, was der Grund der Streitigkeiten sei.

»Ich habe keine Ahnung«, antwortete sie abwesend. »Aber es sind einige der Wissenschaftler beteiligt, die die Flugblätter verteilen.«

Der Mann verzog das Gesicht. »Wissenschaftler sind das? Ich dachte, es seien Umweltschützer, Greenpeace oder so etwas. Sie wissen schon.«

»Schließt sich das aus?«, fragte Anne gereizt.

Er setzte ein Fernglas an die Augen.

»Ich glaub's ja nicht«, stieß er plötzlich aus. »Liebling, einer davon ist unser Bootsführer.« Der Mann sah kurz Anne an, dann seine braun gebrannte Frau, die nervös vor der Bank stand und anscheinend lieber das Weite gesucht hätte. »Er hat uns eben erst hierhergebracht, vor einer halben Stunde vielleicht, von dem großen blauen Kreuzfahrtschiff, das da draußen liegt, der *Endeavour*. Fünf Tage waren wir unterwegs. Hat mich zwar ein kleines Vermögen gekostet, aber es war jeden Cent wert, nicht wahr, Schatz?«

Und die anderen?, fragte sich Anne. Woher kommen die anderen?

»Der rechts von ihm auch«, rief der Mann verblüfft, als hätte er ihre Frage gehört. »Der hat das andere Panga gesteuert.«

»Sie meinen, die gehören alle zu den Bootsführern?«, fragte Anne.

Er hob seine Schultern. »Ich weiß es nicht. Vielleicht. Zwei davon auf jeden Fall.«

Als Anne kurz den Kopf drehte und an dem Mann vorbei zum Ecuavoley hinüberschaute, wirkte die dortige Szenerie wie eingefroren. Alle, Zuschauer wie Spieler, standen unbewegt da und starrten zur Pier. Zwei-, vielleicht dreihundert Männer aller Altersgruppen waren um das Spielfeld versammelt, und es sah aus, als warteten sie nur auf ein Zeichen, um sich ebenfalls ins Getümmel zu stürzen.

Anne erschrak, als einige sich tatsächlich nicht länger zurückhalten konnten und losrannten. Doch auf der Pier angekommen, schlugen sich die Neuankömmlinge keineswegs eindeutig auf die Seite der Angreifer, sondern warfen sich dazwischen und schienen sowohl David und seine Kollegen als auch die Bootsführer zu attackieren, als ginge es ihnen vor allem darum, sich zu prügeln und das Ganze in eine Massenschlägerei zu verwandeln. Annes Gedanken rasten. Fieberhaft versuchte sie, ihre Beobachtungen zu sortieren. Woher kam diese aggressive Stimmung? Wer kämpfte gegen wen und warum? Sie dachte an die Polizisten, die gestern überall auf dem Platz gestanden hatten. In Kampfmontur. Heute war nichts von ihnen zu sehen, aber …

Der Mann neben ihr war verschwunden. Dafür löste sich eine junge Frau aus der Menschenmenge auf der Pier und rannte quer über den Platz. Es war Isabelle. »Was ist los?«, rief Anne ihr zu. »Isabelle, wo willst du hin?«

»Zur Polizei«, antwortete sie, als sie an der Bank vorbeikam, auf der Anne stand. Sie war außer Atem und ihr Gesicht vor Aufregung gerötet. »Sie bedrohen uns. Hast du gesehen, was sie mit David machen? Scheiße, diese Idioten greifen uns einfach an.«

»Wer? Was sind das für Leute?«

»Ich weiß nicht. Einige sind Bootsführer. Sie sind stinksauer und verlangen, dass wir aufhören, die Flugblätter zu verteilen. Sie sagen, wir vertreiben die Touristen.«

Isabelle war stehen geblieben und gestikulierte in Richtung Pier, wo David in dem Pulk von Männern, die ihn in verschiedene Richtungen zerrten, kaum noch zu erkennen war. Schließlich erlahmte sein Widerstand, er wurde in die Luft gehoben, und im nächsten Moment hörte man ein Platschen, als er über das Geländer ins Wasser stürzte. Mit seinem Kollegen geschah kurz darauf das Gleiche. Die Angreifer lehnten sich über die Brüstung und johlten, wurden aber gleichzeitig von einem halben Dutzend anderer Männer beschimpft. Anne begriff es einfach nicht. Die Bootsführer hatten ein Problem mit den Wissenschaftlern, so viel war ihr nun klar, doch das schien nicht der einzige Konflikt zu sein, der sich hier vor ihren Augen Bahn brach.

»Aber es ist unser gutes Recht, zu demonstrieren, das können sie uns nicht verbieten«, verkündete Isabelle, die Davids Sturz ins Wasser noch nicht mitbekommen hatte. »Ganz bestimmt nicht.« Sie erstarrte und wurde blass. »Was ... oh ...«

Sie schien das Gleichgewicht zu verlieren, eine plötzliche Kreislaufschwäche vielleicht, als Reaktion auf die Anspannung der letzten Minuten. Ein fragender Ausdruck trat in ihr Gesicht, als sie mit weit aufgerissenen Augen zu Boden sank. Anne wollte ihr zu Hilfe kommen, merkte aber sofort, dass das unmöglich war. Ihre Beine gehorchten ihr nicht, sie war außerstande, auch nur einen Schritt zu gehen, geschweige denn von der Bank zu klettern. Ein heftiges Zittern hatte die Welt erfasst, etwas, das sie zwang, langsam in die Knie zu gehen. Ein Brummen erfüllte die Luft, ein tiefes Dröhnen oder Stöhnen, das von überall zu kommen schien. Anne schrie auf und umklammerte die Lehne der Bank, die laut knackte, als sie wie von Geisterhand durchgerüttelt wurde. Der Laternenmast daneben peitschte hin und her.

Erst jetzt hörte sie die Schreie der anderen Leute ringsum und sah, dass nicht nur Isabelle und sie, sondern alle Menschen auf dem Platz von dieser seltsamen Schwäche befallen waren. Sie liefen scheinbar unkoordiniert im Zickzack, versuchten, sich aneinander festzuhalten, sanken schließlich mit bleichen Gesichtern zu Boden. Im Ort kläfften zahllose Hunde. Es war offensichtlich: Hunde wie Menschen hatten panische Angst.

»Terremoto«, brüllte jemand. »Terremoto!« Scheiben klirrten, in den Restaurants stürzten die Flaschen aus den Regalen, das Geschirr wanderte klappernd über die Tischplatten und zerschellte. »Terremoto!« Die Boote und ihre Takelagen tanzten wild hin und her, eine Alarmanlage heulte los, andernorts knallte es ohrenbetäubend. Ein Erdbeben, schoss es Anne durch den Kopf, die etwas Vergleichbares noch nie erlebt hatte. Sie klammerte sich noch fester an die Bank. Überall schrien die Menschen in verschiedenen Sprachen, hielten ihre Kinder umklammert oder versuchten, ihre Köpfe zu schützen.

Dann, als hätte jemand einen Schalter betätigt, war es vorbei, von einem Moment auf den nächsten. Kein Dröhnen mehr, kein Scheibengeklirr. Auch die Lichtmasten standen wieder still, nur die Alarmanlage heulte weiter, bis auch sie nach einer halben Minute verstummte. Bald beruhigten sich auch die Hunde. Nur die Menschen trauten dem Frieden nicht. Sie schauten sich ungläubig um, immer noch gebannt und voller Entsetzen über das, was eben aus heiterem Himmel über sie gekommen war. Dann richteten sich die ersten Mutigen wieder auf, langsam und vorsichtig, und überall hob ein erleichtert klingendes Stimmengewirr an. Bald halfen sich Bekannte und Unbekannte wieder auf die Beine, klopften sich gegenseitig den Dreck von der Kleidung, Freunde und Familienangehörige umarmten sich und lachten. Sie hatten ein Erdbeben erlebt und überstanden, und von ein paar Schrammen und Beulen abgesehen schien niemand ernsthaft zu Schaden gekommen zu sein. Was eben noch als rätselhaft und bedrohlich empfunden worden war, verwandelte sich innerhalb von Minuten in ein abenteuerliches Reiseerlebnis, von dem die Anwesenden noch ihr ganzes Leben lang würden erzählen können.

Die Einheimischen wirkten beinahe routiniert im Umgang mit den Geschehnissen. In den Restaurants wurden Scherben zusammengekehrt und den Gästen neue Getränke serviert, ein paar Minuten nach dem letzten Erdstoß wurde sogar das Ecuavoley-Spiel wieder angepfiffen.

Auch Anne und Isabelle hatten sich bald aufgerappelt. Sie vergewisserten sich, dass ihnen nichts passiert war, und ließen sich dann mit blassen Gesichtern nebeneinander auf die Bank fallen.

Anne stöhnte. Beinahe versagte ihr die Stimme. »Puh, mir zittern richtig die Knie.« Sie trank gierig aus ihrer Wasserflasche. »Ich habe noch nie ein Erdbeben erlebt. Das war doch ein Erdbeben, oder?«

Isabelle nickte. »Und ob. Gruselig. Ich meine, man weiß natürlich, dass man hier auf Vulkangipfeln lebt und dass es jederzeit rumsen kann, aber wenn es wirklich passiert ... Wie lange hat es gedauert? Mir kam es ewig vor, aber es waren bestimmt nur ein paar Sekunden, oder?«

Anne schüttelte den Kopf. Sie hatte keine Ahnung.

Isabelle streckte sich. »Puh. Und dann der Zeitpunkt. Als ob jemand dem Irrsinn hier ein Ende bereiten wollte.«

»Der Gott Vulcanus vielleicht.« Anne lachte bitter. »Zuerst dachte ich, du hättest einen Kreislaufkollaps oder so etwas. Erst als ich aufstehen wollte, habe ich gemerkt, dass ich auch keinen festen Boden mehr unter den Füßen hatte. Ein irres Gefühl.« Tränen traten ihr in die Augen. Die Nerven. Sie rieb sich mit beiden Händen über das verschwitzte Gesicht. Sie brauchte jetzt dringend eine Dusche. Und Ruhe. Aber ihr Zimmer, ihr Bett waren mindestens eine halbe Stunde Fußmarsch entfernt, unerreichbar. Sie war froh, dass sie hier sitzen konnte. Nach einer Weile fragte sie: »Willst du immer noch zur Polizei? Was ist überhaupt mit David?«

»Wieso?«

Anne war wieder auf die Bank gestiegen und suchte die Pier ab. »Sie haben ihn doch ins Wasser geworfen. Kurz bevor ...«

»Sie haben *was*?« Isabelle schaute sie entgeistert an, doch plötzlich zielte ihr Blick an Anne vorbei und fokussierte irgendetwas in ihrem Rücken.

Anne hörte die Männer, bevor sie sie sah. Schwere Stiefeltritte donnerten über den Platz, und zuerst dachte sie, es seien die Zuschauer vom Volleyballfeld. Aber dann drehte sie sich um und entdeckte einen Trupp Polizisten, vielleicht zwei Dutzend Mann, die über den Platz am Hafen stürmten. Die Menschen wichen vor ihnen zurück.

Kurz vor der Mole begannen sie sich aufzuteilen. Etwa die Hälfte von ihnen nahm rings um das Volleyballfeld Aufstellung und tauschte mit den dort wartenden Männern ein paar drohende Blicke, bis Zuschauer und Spieler sich abwandten, dem Geschehen auf dem Steg den Rücken zukehrten und ihr Spiel fortsetzten. Ein paar Uniformierte liefen auf dem Platz umher und schienen sich nach dem Befinden der Anwesenden zu erkundigen.

Zu Annes Erleichterung beendeten drei der Polizisten auch die Rangelei auf der Mole, die sich gerade wieder zuzuspitzen drohte. David und sein Kollege waren inzwischen aus dem Wasser geklettert. Anscheinend hatten sie das Beben unten auf den schaukelnden Schwimmpontons überstanden und sich dann oben, triefend nass, wie sie waren, wieder auf ihre Angreifer gestürzt. Jetzt standen die Kontrahenten heftig atmend vor den Polizisten und beschuldigten sich gegenseitig. David sah zum Fürchten aus. Seine Augen waren weit aufgerissen, und aus dem rechten Nasenloch lief ein Blutfaden, den er sich über die Wange verschmiert hatte. Er war außer sich. Seine wütende, sich überschlagende Stimme schallte über das ganze Hafengelände. Lieke und ein südamerikanischer Kollege, den Anne nicht kannte, standen jetzt bei ihm, konnten ihn aber nicht beruhigen.

Die Polizisten hörten sich das Geschrei eine Weile an, wirkten dabei aber recht desinteressiert. Den Bootsführern schenkten sie nicht die geringste Beachtung. Irgendwann scheuchten sie sie mit einer flüchtigen Handbewegung fort, die Wissenschaftler aber mussten bleiben, von den Einheimischen, die sich rasch auf ihre Boote zurückgezogen hatten, hämisch beäugt.

Isabelle, die von der Bank aus verfolgte, was mit ihren Kollegen geschah, traute ihren Augen nicht. »Siehst du das, Anne? Die spinnen doch, oder?« Die Mole hatte sich schnell geleert, sodass man nun auch die anderen, Carol, Salvatore und zwei weitere Kollegen, mit jeweils zwei oder drei Polizisten zusammenstehen sah. Und überall das gleiche Bild. Die Wissenschaftler mussten ihre Reisepässe zeigen.

»Siehst du das?«, rief Isabelle noch einmal, sprang auf und zeigte wütend auf ihre Kollegen. »Die sind gar nicht gekommen, um den Leuten zu helfen. Die haben es auf uns abgesehen. Das kann doch nicht wahr sein.« Plötzlich wirkte sie hilflos. »Ich ... du bist doch Polizistin, Anne. Kannst du nicht irgendetwas unternehmen? Ich meine, unsere Leute werden festgehalten, und diese durchgeknallten Bootsführer lassen sie gehen. Wie kann man so ignorant sein? Die haben uns angegriffen, nicht umgekehrt. Ich muss da rüber.«

Gerade als sie sich anschickte, über den Platz zu rennen, um ihren Kollegen zur Seite zu stehen, tauchten wie aus dem Nichts drei Polizisten auf und versperrten ihr den Weg. Der kleinen Frau entfuhr ein lautes Stöhnen.

»Su pasaporte, por favor.«

Isabelle dachte gar nicht daran. »Warum?«, antwortete sie auf Englisch. »Was haben wir getan? Mit welchem Recht halten Sie mich und meine Kollegen hier fest?«

Anne stand auf und legte ihr beruhigend die Hand auf den Arm. Wenn sie so weitermachte, brachte sie sich noch in echte Schwierigkeiten. Der mittlere der drei Polizisten schien Isabelles Protest amüsant zu finden. »Disculpe, Señorita«, sagte er mit einem Grinsen und wechselte dann ins Englische. »Niemand wird hier festgehalten. Wir überprüfen nur Ihre Personalien und ob Sie sich rechtmäßig hier aufhalten. Also noch einmal: Ihren Reisepass, bitte.«

»Was glauben Sie denn? Natürlich sind wir rechtmäßig hier. Sehe ich aus wie eine Illegale?« Isabelle zog eine kleine Reißverschlusstasche aus ihrem Rucksack und riss sie so heftig auf, dass sie ihr aus der Hand fiel. Sie bückte sich und zog dann endlich ihre Dokumente heraus. Anne sah, dass ihre Hände zitterten.

Während der Polizist langsam durch den Pass blätterte, redete Isabelle auf ihn ein: »Wir sind Gastforscher der Charles-Darwin-Station. Ich kann Ihnen den gesamten Schriftverkehr zeigen, wenn Sie mir nicht glauben. Das Leibniz-Zentrum in Deutschland ...«

»Sie sind Bürgerin der Europäischen Union und als Touristin nach Ecuador eingereist, wie ich sehe. Das berechtigt Sie nicht zu politischen Aktionen auf unserem Territorium.« Der Polizist klappte den Pass zu. »Ich muss Sie daher bitten, uns Ihre Flugblätter auszuhändigen. Alle.«

»Politische Aktivitäten? Wir sind Wissenschaftler, und in unserem Flugblatt geht es ausschließlich um wissenschaftliche Tatsachen. Wie Sie vielleicht wissen, ist Lonesome George heute gestorben, und wir haben das ...«

Der Mann verzog keine Miene. »Die Flugblätter, bitte.« Er schlug sich mit Isabelles Reisepass ein paarmal ungeduldig auf die linke Handfläche.

»Gibt es in Ihrem Land keine Demonstrationsfreiheit?«

»Doch, die gibt es, Señora, natürlich. Sie geben also zu, dass es sich um eine Demonstration gehandelt hat? So etwas muss vorher bei den zuständigen Behörden angemeldet werden. Ich schätze, das ist in Ihrem Land nicht anders.« Er ließ den Papierstapel, den Isabelle ihm gegeben hatte, durch seine Finger gleiten. »Sind das alle?«

»Warum kümmern Sie sich nicht um die Typen dahinten?«

Sie deutete auf die Boote, die in der Nähe der Pier lagen. In einigen saßen die Männer, die David und seinen Kollegen attackiert hatten. Sie taten unbeteiligt und beschäftigt, schrubbten ihre Boote und spülten sie mit Wasser ab, das sie eimerweise aus dem Meer schöpften. Doch aus den Augenwinkeln verfolgten sie genau, was mit den Wissenschaftlern geschah. »Die haben uns grundlos angegriffen«, sagte Isabelle. »Wir könnten Anzeige erstatten.«

»Das können Sie, natürlich. Jetzt möchte ich aber von Ihnen wissen, ob das alle Flugblätter sind.«

»Ja, verflucht, das sind alle. Sehen Sie doch nach. Hier!« Sie öffnete ihren Rucksack und hielt ihn dem Polizisten vor die Nase.

Der Mann wich einen Schritt zurück. »Sollten Sie sich hier noch einmal in dieser Weise betätigen, werden wir Sie in Arrest nehmen, aufs Festland bringen und dort in das nächste Flugzeug nach Europa setzen. Das gilt natürlich auch für Ihre Kollegen. Haben Sie mich verstanden?«

Isabelle hielt den Kopf gesenkt, blickte dann mit hochgezogenen Brauen zur Seite und holte tief Luft. Sie nickte kaum merklich.

»Und was ist mit Ihnen?« Der Polizist hatte sich Anne zugewandt. »Sind Sie auch Wissenschaftlerin?«

»Nein. Ich … ich wohne in der Charles-Darwin-Station, aber ich begleite nur meinen Partner, äh, meinen Freund. Er ist momentan …«

»Ihren Reisepass, bitte.«

Anne hatte ihn schon in der Hand. »Ich finde, dass sich diese jungen Leute hier für eine wichtige Sache starkmachen. Ich glaube nicht, dass sich die Touristen dadurch belästigt gefühlt haben. Unter ihnen sind viele naturinteressierte Menschen. Da liegt es doch nahe …«

»Gracias, Señora Detlefsen. Buenas noches.« Er gab ihnen

ihre Pässe zurück, tippte an seinen Helm, drehte sich um und lief mit seinen Begleitern sofort auf die anderen Polizisten zu, die in der Mitte des nun fast menschenleeren Platzes warteten.

»Arschloch«, zischte Isabelle.

»Nicht. Sei vorsichtig. Er tut nur seine Pflicht. Mist, er kommt zurück.«

Tatsächlich war der Polizist stehen geblieben, hatte eine Hand ans Ohr gelegt und kam dann rasch auf sie zu, während seine Kollegen weiterliefen. Anne, die nichts zu befürchten hatte, merkte, wie sie sich unwillkürlich zwischen ihn und Isabelle schob. Ihr Herz pochte.

»Ich höre gerade über Funk, dass wir infolge des Bebens eine Tsunamiwarnung bekommen haben«, sagte er, als er wieder vor ihnen stand. »Das Epizentrum lag vor der Küste Fernandinas, also nicht weit entfernt. Uns bleibt nur sehr wenig Zeit. Sie müssen weg von hier.«

Anne hielt vor Schreck die Luft an. Fernandina, Isabela – Hermann! Was der Polizist sonst noch zu sagen hatte, drang kaum zu ihr durch. Sie konnte nur noch an dieses winzige Schiff denken, auf dem Hermann sich aufhielt, an die *Queen Mabel*.

»Bitte verlassen Sie so schnell wie möglich den Hafenbereich und suchen Sie höher gelegenes Gelände auf«, sagte der Polizist. »Das ist kein Scherz. Sehen Sie das Schild dort? Es zeigt die Fluchtwege. Sie müssen die Straße hinauf. Viel Glück!« Er deutete auf ein großes Holzschild am Straßenrand, dann lief er zurück zu seinen Kollegen und brüllte ein paar unverständliche Kommandos.

Eine ohrenbetäubende Sirene heulte auf. Die Menschen schienen zu erstarren. Auf dem Volleyballfeld prallte der Ball vom Boden ab, ohne dass einer der Spieler sich rührte. Dann ging ein Ruck durch die Menge, und im nächsten Moment rannte sie unter lautem Geschrei die Straße hoch, ein paar halbwüchsige Jungs vorneweg. Viele hatten Handys in der Hand, wahrscheinlich, um ihre Familien zu warnen.

Isabelle schrie und winkte den anderen. Die Reaktion der Einheimischen zeigte unmissverständlich, dass der Alarm ernst zu nehmen war. Aus den Häusern ringsum sah man immer mehr Menschen auf die Straße treten, Frauen, Alte, Kinder. Das Personal der Restaurants sammelte sich, darunter auch die Köche und Küchenhilfen in ihren Schürzen. Manche der Gäste stopften sich noch schnell ein Stück Pizza in den Mund und leerten ihr Glas, bevor sie sich auf den Weg machten, andere ließen alles stehen und liegen, Eltern packten ihre protestierenden Kinder und trugen sie kurzerhand unter dem Arm davon. Sie alle strömten auf die Fahrbahn und bewegten sich zwischen den parkenden Autos eilig die Straße hoch.

»Viel Glück, pfff«, schimpfte Isabelle vor sich hin, während sie ihre Habseligkeiten rasch in den Rucksack stopfte. »Der hat vielleicht Nerven. Erst werden wir verprügelt, dann schüttelt uns ein Erdbeben durch und jetzt auch noch ein Tsunamialarm. Das ist ja wie in einem Roland-Emmerich-Film.« Sie schulterte den Rucksack und sah sich besorgt nach den anderen um. »Wo bleibt ihr denn?«, schrie sie gegen die Sirene an. Ihre Stimme überschlug sich. »Schnell! Wir müssen weg hier.«

Anne wartete voller Unruhe vor dem großen Warnschild. Doch sie war weniger mit ihrer eigenen Lage als mit der Hermanns beschäftigt und dachte an das, was ihm vor Jahren in Neuseeland widerfahren war. Er hatte ihr das sehr eindrücklich geschildert. Ein paar Kilometer vor der Küste war der Hang eines Tiefsee-Canyons abgerutscht. Ein Schiff sei nicht der schlechteste Ort, um einen Tsunami zu überstehen, hatte Hermann behauptet, der die Katastrophe auf einem Whale-Watching-Schiff erlebte. Aber er hatte damals viel Glück gehabt, und es war gefährlich, sein Glückskonto zu überziehen. Jetzt war er wieder auf einem Boot, einer besseren Nussschale, um genau zu sein. Er ist nicht allein, sagte sie sich, während sie auf das Schild starrte, er hat eine erfahrene Crew und Kollegen dabei. Sie würden wissen, was zu tun war …

Sie schreckte aus ihren Gedanken auf, als sie merkte, dass sich nun auch die Polizisten auf den Weg gemacht hatten. Einer von ihnen gestikulierte und deutete energisch in die Richtung, die sie einschlagen sollten. Sie waren die Letzten. Annes Puls begann wie verrückt zu rasen. In der Ferne meinte sie plötzlich das Grollen der Welle zu hören.

»Wo bleibt ihr denn? Beeilt euch«, trieb sie die anderen an, die hastig ihre Sachen zusammenrafften. »Wir müssen die Avenida Baltra hoch. Es ist nicht weit.«

Endlich standen sie neben ihr. Sie vergewisserten sich kurz, dass niemand fehlte, und rannten mit einem letzten bangen Blick auf das Wasser hinter ihnen los. Das Hafengelände und die Mole, auf denen es noch vor einer Stunde von Menschen gewimmelt hatte, waren nun verlassen und leer, doch die Bucht dahinter, die Academy Bay, lag da wie immer. Schiffe dümpelten an ihren Bojen, mitsamt den auf ihnen schlafenden Seelöwen, dazwischen schossen die Boobies vom Himmel und machten Jagd auf unvorsichtige Fische, die sich zu nah an die Oberfläche wagten. Eine Etage über ihnen zogen Fregattvögel ihre Kreise und versuchten, aus luftiger Höhe zu entscheiden, wem sie erfolgreich die Beute abjagen konnten. Ihnen allen schien es vollkommen gleichgültig zu sein, ob Menschen den Hafen bevölkerten oder nicht. Sie taten das, was sie immer taten. Wenn es stimmte, dass Tiere über einen sechsten Sinn für Gefahren verfügten, dann bestand wenig Grund zur Beunruhigung.

Anderthalb Stunden später saßen sie alle zusammen im Restaurant Guille und warteten in der hereinbrechenden Dämmerung auf ihr Abendessen. Zuerst hatte die dicke Wirtin sie gar nicht bedienen wollen, weil sie in der Küche wegen des Alarms nichts vorbereitet hatte. Aber dann kamen noch weitere Gäste, und die Aussicht auf ein gutes Geschäft gab schließlich den Ausschlag zu ihren Gunsten. Sie sollten bitte Platz nehmen, sagte die Wirtin und zeigte dabei sogar wieder ihr breites Lächeln. Es würde eben ein wenig länger dauern als sonst. Sie sollten sich entspannen, Aufregung hätte es an diesem Tag ja schon genug gegeben. Nicht nur Anne war erleichtert. Sie hatten schon befürchtet, die Ablehnung gelte ihnen persönlich.

Sie lehnten sich zurück und nippten an ihren Bier- und Plastikwasserflaschen. Der Tsunami war ausgeblieben. Oder unerkannt gegen die Hafenmole geklatscht, ein paar Wellen unter vielen. Vielleicht hatte sich ihm auch die größte der Galápagosinseln in den Weg gestellt, Isabela, die wie eine Barriere zwischen Santa Cruz und Fernandina lag.

Nach einer guten Stunde hatten die Sirenen jedenfalls Entwarnung signalisiert, mit Gejohle und Lachen begrüßt von der bunten Menschenmenge, die sich in den höher gelegenen Straßen von Puerto Ayora versammelt hatte. Kurzzeitig herrschte Volksfeststimmung, die alle miteinbezog, die Galapageños und ihre Gäste aus aller Welt. Die einen konnten wieder in ihre Häuser und Geschäfte, die anderen zurück an ihre Restauranttische und in die Hotelzimmer. Erst als Anne die Erleichterung in den Gesichtern der Einheimischen sah, wurde ihr klar, wie groß die Angst der Menschen um ihr Hab und Gut gewesen war. Sie hatten alles stehen und liegen lassen.

Die unfreundlichen, mitunter sogar hasserfüllten Blicke, die ihrer Gruppe von manchen der Einheimischen entgegenschlugen, hatten mit dem Beben und seinen Folgen wohl nichts zu tun. Es waren bei Weitem nicht alle, die ihnen so gegenübertraten, aber genug, um die jungen Wissenschaftler zu schockieren. Obwohl Reinhardt sie gewarnt hatte, mit derart unverhohlener Ablehnung hatten sie nicht gerechnet. Sogar die Polizei war aufmarschiert, um sie zurück in ihre Labors zu schicken. Dazu wurde die Stimmung durch die Erkenntnis getrübt, dass nur die wenigsten der Touristen diesen Tag in Zukunft mit einer Gruppe engagierter Wissenschaftler verbinden würden, die ihnen die Augen über den Zustand der Welt geöffnet hatte. Sie hatten viel investiert, um ihr Anliegen öffentlich zu machen, doch sie waren gescheitert.

Es war grotesk: Forschen durften sie an den von ihnen aufgeworfenen Fragen schon, auch hier auf Santa Cruz, aber die Ergebnisse sollten sie für sich behalten. Man wollte nicht, dass sie ihr Wissen, ihre Gedanken und Überzeugungen öffentlich äußerten, das war mehr als deutlich geworden. Glaubten die Menschen etwa, der globale Wandel würde ausgerechnet vor Galápagos haltmachen, einer isolierten Inselgruppe, deren Bewohner, ob Pflanzen oder Tiere, schon jetzt am Limit lebten?

Selten hatte Anne eine derart deprimierte Gruppe von Menschen erlebt. Manchmal steckten zwei, die nebeneinandersaßen, die Köpfe zusammen, um im Flüsterton miteinander zu reden. Ansonsten sagte niemand ein Wort. Isabelle hockte traurig an Annes Seite, seufzte hin und wieder und kippte schon das zweite Bier in sich hinein. Auch Anne blieb stumm. Was hätte sie sagen sollen? Sie hatte nicht das Gefühl, dass hier irgendjemand für Mitleidsbekundungen und Durchhalteparolen empfänglich war.

Was in Davids hübschem Kopf vor sich ging, konnte sie nur erahnen. Er hatte sich zwar das Blut aus dem Gesicht gewischt, und seine Sachen waren getrocknet, er sah aber immer noch fürchterlich aus mit seinen tief in ihren Höhlen liegenden Augen, die jeden wütend anfunkelten, der versuchte, Blickkontakt mit ihm aufzunehmen. Auch in Liekes Gesicht hatte der Nachmittag Spuren hinterlassen. Aber sie kümmerte sich rührend um David, hielt seinen Arm und wich kaum von seiner

Seite. Sie flüsterten miteinander, und er legte seinen Kopf an ihre Schulter.

Das Essen schien allen gutzutun, denn danach hellte sich die Stimmung auf. Oder war es der steigende Alkoholpegel? Auf ihren beiden Tischen standen mittlerweile so viele Bierbüchsen, dass Anne sich fragte, wie die Wirtin den Überblick behielt.

»Ahh«, machte Salvatore und rieb sich zufrieden den Bauch, den er mit heißer Encebollado gefüllt hatte. »Es geht doch nichts über ein gutes Essen.« Er prostete der Wirtin zu, die am Nachbartisch kassierte, und sie quittierte es mit einem Lächeln. »Also, ich weiß ja nicht, wie es euch geht, Leute.« Salvatore blickte in die Runde, hob die Augenbrauen, schüttelte etwas beschämt den Kopf und grinste dann. »Um ehrlich zu sein, geben wir hier gerade ein ziemlich trauriges Bild ab. Es ist ja auch denkbar beschissen gelaufen, aber …«, er bückte sich und beförderte aus seinem Rucksack eines der Flugblätter zutage, »… ein paar habe ich gerettet, und ich stehe nach wie vor dazu. Hundertprozentig. Ich habe jedenfalls nicht vor, mir das, was heute geschehen ist, gefallen zu lassen. Ich weiß nicht, wie, aber – findet ihr nicht? – das kann's nicht gewesen sein, oder? Irgendwie müssen wir's denen doch heimzahlen.«

»Genau. Er hat recht.« Der Ecuadorianer, der an Davids Seite in die Auseinandersetzungen mit den Bootsführern verwickelt gewesen war, hob sein Bierglas. »Viva Salvatore!«, rief er. »Viva Galápagos!«

In den Gesichtern löste sich langsam die Spannung. Die jungen Leute prosteten sich zu und tranken, und der allgemeine Schulterschluss entlockte sogar David ein Lächeln. Isabelle stand auf, lief um den Tisch, nahm Salvatores kurz geschorenen Kopf zwischen beide Hände und drückte ihm unter dem Beifall der anderen schmatzende Küsse auf Stirn und Wangen. Der Italiener lachte und verzog das Gesicht. Die Runde johlte so laut, dass die Gäste an den Nachbartischen sich nach ihnen umdrehten. Doch ihre Blicke waren nicht böse. Sie lachten. An diesem Tag durften alle ein wenig über die Stränge schlagen.

Anne schmunzelte, erleichtert über den unerwarteten Stimmungsumschwung, in sich hinein. Wem wollt ihr es denn heimzahlen?, dachte sie. Der Polizei? Den Menschen in Puerto Ayora? Den Touristen?

Als die Gruppe sich schließlich auf den Heimweg in die Station machte, war es längst dunkel geworden. Keinem von ihnen stand der Sinn noch nach abendlicher Unterhaltung. Sie waren müde und wollten nach Hause in ihre vier schroffen Wände aus Vulkanstein.

Doch die Stadt schien jetzt erst richtig zum Leben zu erwachen. Die Restaurants und Bars waren voller Gäste, Musik schallte auf die Straße, Congarhythmen, Trompeten und die internationalen Hits der Saison. Es roch nach Holzkohle und gegrilltem Fisch. Bewohner und Gäste Puerto Ayoras feierten sich und das Leben auf dem Äquator, heute erst recht. An den armen George dachte niemand mehr.

Fünfzehn Minuten nach ihrem Aufbruch kamen Anne und die Wissenschaftler an dem kleinen Fischmarkt vorbei, um diese Zeit ein Engpass, weil nicht nur der Markt Besucher anzog, sondern auf der anderen Straßenseite auch noch eine beliebte Bar und Restaurants lagen. Heute war es besonders voll. Intensiver Essensgeruch stieg aus den Pfannen und Töpfen der Frauen auf, die jetzt auf den Betontischen kochten, auf denen ihre Männer tagsüber die Fische feilboten. Dicht an dicht standen die Menschen und versperrten einen Großteil der Straße, viele hatten Bierflaschen und Cocktailgläser in der Hand. Ein polyglottes Gemurmel lag über der Menge und vermischte sich mit der aus der Bar schallenden Musik. Die Seelöwen, die es tagsüber auf die Abfälle der Fischer abgesehen hatten, waren den abendlichen Trubel gewohnt und schliefen jetzt dicht nebeneinander auf der hinteren Sitzbank eines Schiffes. Auf der Kaimauer vor der nach ihnen benannten Bucht putzten Pelikane ihr Gefieder.

Wo die Rangeleien ihren Ausgang nahmen, wer provoziert oder geschubst hatte, wer wen zuerst erkannte, konnte später niemand sagen, und auch Anne wusste es nicht. Sie mussten da durch, und so schoben sie sich, müde und abgekämpft, wie sie waren, im Gänsemarsch voran, und Anne merkte zunächst nur, wie sich nach einigen Metern etwas veränderte, wie Bewegung in die Menge kam und die Menschen noch dichter zusammengedrängt wurden. Anne hörte aus dem Stimmengewirr einzelne Schreie heraus, spanische Worte, die sie nicht verstand, die im Ton aber nicht zur herrschenden Partystimmung passten. Wieder schien David im Zentrum zu stehen. Vielleicht kam es ihr auch nur so vor, weil sein Kopf aus der Menge ragte, daneben Liekes blonder Schopf. Vor ihnen hatten sich in einem Halbkreis mehrere Männer aufgebaut, die sie beschimpften und mit jeder Sekunde wütender zu werden schienen. Isabelle, Carol und Salvatore versuchten, zu den anderen zu gelangen, etliche Menschen wollten sich aber nun aus dem Getümmel entfernen und kamen ihnen entgegen.

Auch Anne versuchte aufzuschließen, doch plötzlich wurden die Schreie lauter, und im nächsten Moment sah sie in der Menge die Helme mehrerer Polizisten, die ebenfalls zu den Streitenden vorzudringen versuchten. Sie schoben sich zwischen die Fronten und drängten die Menschen auseinander, was manchen der Einheimischen nicht zu gefallen schien, denn es hagelte wütende Proteste. Anne erkannte den riesigen Fischer mit dem markanten Gesicht, der ihr schon bei früheren Gelegenheiten aufgefallen war. Er stand ein wenig abseits und beobachtete mit Adleraugen, was geschah.

Anne spürte plötzlich eine Hand, die ihren Arm ergriff und sie aus dem Tumult zu ziehen versuchte. Zuerst wollte sie sich losreißen, dann hörte sie aber, wie jemand auf Deutsch nach ihr rief: »Señora Detlefsen, kommen Sie.« Eine unbekannte Stimme. »Hierher! Hier bin ich. Mein Kollege bringt Sie da raus.« Sie entdeckte einen Mann in Jeans und weißem Polohemd, der ein paar Meter entfernt auf der anderen Seite eines Betontisches stand und ihr zuwinkte. Meinte er wirklich sie? Und woher kannte er ihren Namen?

Die Hand auf ihrem Arm gehörte einem Polizisten, der sich von der Seite zu ihr vorgearbeitet hatte und dem es schließlich gelang, sich mit ihr aus dem Gedränge zu befreien. »Gracias«, sagte sie unwillkürlich, obwohl sie eher verstimmt war. Sie mochte es nicht, wenn wildfremde Männer sie anfassten, und hatte niemanden um Hilfe gebeten. Der Mann deutete wortlos auf den Unbekannten, bevor er sich den anderen Polizisten anschloss, die dabei waren, die Straße zu räumen. Der Mann im Polohemd winkte wieder, lächelte und kam ihr um den Tisch herum entgegen. Er ergriff ihre Hand und schüttelte sie.

»Frau Detlefsen, das freut mich. Geht es Ihnen gut? Sind Sie wohlauf?« Der Mann sprach tatsächlich ein gut verständliches Deutsch, wenn auch mit spanischem Akzent.

»Was sollte das?« Sie sah ihn verwundert an und rieb sich die Stelle, an der die Hand des Polizisten wie ein Schraubstock zugepackt hatte. »Kennen wir uns?«

»Entschuldigen Sie, ich habe mich nicht vorgestellt. Nuñez, Chefinspektor Jorge Nuñez. Kommen Sie. Das Gedränge wird gleich aufhören, aber wir wollen doch nicht, dass Ihnen etwas passiert, nicht wahr?«

Chefinspektor? Sie konnte nicht anders, als ihn anzustarren. Ein auffallend schöner Mann, nicht sehr groß, aber kräftig gebaut, mit breiter Brust und vollem schwarzem Haar, dunklen, wahrscheinlich braunen Augen und einer beneidenswert makellosen Haut, auf der sich ein nachwachsender Bart abzeichnete. Sie schätzte ihn auf Ende dreißig.

Er sah sie besorgt an. »Ist alles in Ordnung? Ist Ihnen wirklich nichts passiert? Kommen Sie, wir ziehen uns hinter den Tisch zurück. Meine Leute werden das hier gleich beendet haben.«

Sie folgte ihm widerstandslos.

»Ihre Leute? Sie sind also ihr Vorgesetzter?«, fragte sie.

»Sí. Wir sind Kollegen, Frau Detlefsen. Obwohl ...«, er streckte ihr vor der Brust beide Handflächen entgegen, »eine Mordkommission leite ich natürlich nicht. So weit werde ich es wohl nie bringen. Ich bin nur ein kleiner Inspektor.«

»Und woher kennen Sie meinen Namen?«

Er lachte. »Liebe Kollegin, ich bitte Sie. Ecuador mag im Vergleich zu Deutschland ja ein rückständiges Land sein, aber auch bei uns gibt es Computer. Sie haben ein Formular ausgefüllt, als Sie nach Galápagos geflogen sind. Erinnern Sie sich? Sie haben als Beruf zwar nur Polizistin angegeben, aber das reichte uns. Reine Routine.«

Chefinspektor Nuñez behielt recht. Die Polizisten hatten das Gedränge bald aufgelöst und umringten nun eine Gruppe junger Männer, die sich noch immer nicht beruhigt hatten und auf die Uniformierten einredeten. Die Straße war wieder frei und passierbar. Die meisten Menschen hatten sich unter die Dächer der Lokale zurückgezogen. Wo waren ihre Leute?

»Sie suchen Ihre Freunde?«, fragte Nuñez, der ihrem Blick gefolgt war. »Da vorne, sehen Sie?« Er deutete die Avenida Charles Darwin entlang, die zur Station führte. Davids und Liekes hoch aufragende Gestalten waren nicht zu übersehen. Drei Polizisten, die sich immer wieder nervös umschauten, schirmten sie nach hinten ab.

»Brauchen Wissenschaftler auf Galápagos jetzt Geleitschutz?«, fragte Anne.

Der Ecuadorianer machte ein betroffenes Gesicht. »Natürlich nicht. Aber Sie werden verstehen, nach den Ereignissen des heutigen Tages ... wir hielten es für besser, die Kampfhähne zu trennen. Damit nicht noch etwas passiert. Das Flugblatt Ihrer Freunde hat einige hier mächtig aufgeregt. Es wäre besser gewesen, sie hätten nicht auch noch eine spanische Version in Umlauf gebracht.«

»Es sind nicht meine Freunde.«

»Umso besser, Comisaria. Umso besser.«

»Sie haben doch aber nichts Unrechtes getan, oder?«

»Das hoffe ich«, sagte er.

»Sie hoffen es? Was heißt das? Es sind Biologen, Wissenschaftler. Ihr Flugblatt ist ein Plädoyer für mehr Naturschutz, ein sehr leidenschaftliches, zugegeben, aber es sind halt junge Leute. Sie engagieren sich. Mir gefällt das. Der Tod von Lonesome George hat sie veranlasst, es zu schreiben.«

»Ich verstehe.« Nuñez nickte ernst. »Nun, sehen Sie, der Schutz der Natur ist etwas, das auch meinem Land sehr am Herzen liegt. Ganz besonders hier, auf den Galápagosinseln. Sie sind UNESCO-Weltnaturerbe, darauf ist man hier sehr stolz. Der größte Teil der Inseln ist Nationalpark und streng geschützt. Und seit einiger Zeit haben wir auch ein Meeresschutzgebiet, eines der größten der Welt. Für ein Land, das nicht gerade reich zu nennen ist, unternehmen wir also große Anstrengungen. Daher lassen wir uns nicht gern belehren, wie wir unsere Natur zu schützen haben, schon gar nicht von jungen Ausländern, die sich hier nur wenige Wochen aufhalten und ganz am Anfang ihrer Karriere stehen. Das werden Sie sicher verstehen. Sie sehen ja, wozu das gut gemeinte Engagement Ihrer ... Entschuldigung, der jungen Forscher geführt hat. Wir können derartige Auseinandersetzungen nicht dulden, kein Land der Welt würde das tun. Die Verhältnisse sind kompliziert. Wir müssen immer auch an die Menschen denken, die hier leben.«

Anne sah, wie sich die Wissenschaftlergruppe mit ihrer Polizeieskorte entfernte. Bald würden sie nicht mehr zu sehen sein, von der Dunkelheit verschluckt. Sie wollte den Weg in ihren Bungalow nur ungern allein zurücklegen.

»Ich … ich muss jetzt weiter«, sagte sie unvermittelt und reckte den Hals, um die Gruppe nicht aus den Augen zu verlieren. »Es war ein anstrengender Tag. Hat mich gefreut, Sie kennenzulernen.«

Nuñez runzelte die Stirn. »Oh, das ist schade. Ich hatte gehofft, wir könnten uns noch ein bisschen unterhalten.« Er schien ihre Entscheidung ehrlich zu bedauern. »Kommen Sie, ich lade Sie zu einem Glas Wein ein, wenn Sie möchten. Oder lieber einen Mojito?«

Sie zögerte. Ihr Blick tanzte zwischen dem Ecuadorianer und der sich entfernenden Gruppe hin und her. Sie hörte die Musik, das Sprachgewirr und Lachen der vielen Menschen, die die kurze Auseinandersetzung anscheinend schon wieder vergessen hatten.

Warum eigentlich nicht?, meldete sich eine zaghafte Stimme in ihr, die schnell lauter wurde. Willst du den Abend etwa wieder in deiner Bungalowbaracke verbringen? Schau ihn dir an! So müde bist du doch gar nicht. Nur einen Drink … Wann wirst du dich das nächste Mal mit einem südamerikanischen Chefinspektor unterhalten können, der aussieht wie der junge Antonio Banderas?

Ihr Widerstand bröckelte. Ganz schlau war sie aus diesem Mann noch nicht geworden, aber … morgen würde es wahrscheinlich zu spät sein. Morgen war Hermann wieder da, und warum zum Teufel fühlte sie sich eigentlich diesen depressiven Jungforschern verpflichtet? Ihre mütterlichen Gefühle in allen Ehren, aber die legten gar keinen Wert auf ihren Zuspruch. Gewartet hatten sie jedenfalls nicht. Sie waren einfach weitergelaufen und hatten wahrscheinlich nicht einmal bemerkt, dass sie nicht mehr bei ihnen war.

»Also gut.« Sie lächelte. »Ich bin wirklich ziemlich müde, aber einen Drink nehme ich gerne, einen Mojito, bitte.«

»Einen Mojito«, wiederholte Nuñez und strahlte über das ganze Gesicht, als hätte sie ihm das schönste Kompliment gemacht. »Kommt sofort.« Er blickte kurz über die Schulter und winkte dann einen muskelbepackten jungen Mann in Jeans und T-Shirt zu sich, der ein paar Meter entfernt gestanden hatte. Anne ertappte sich dabei, wie sie sich unwillkürlich umsah. Wer hier in der bunten Menge gehörte noch zu diesem Verein? Der Kerl sah aus wie der Türsteher irgendeiner zwielichtigen Disco. Machte sie womöglich einen Fehler? Sie konnte diesen angeblichen Polizeiinspektor doch nicht nach seinem Dienstausweis fragen, oder doch? Plötzlich bekam sie Angst vor ihrer eigenen Courage. Was wusste sie schon über die Verhältnisse hier? Sie befand sich in einem der ärmsten Länder Südamerikas, wo Machismo, Korruption, Drogenbarone und organisierte Kriminalität an der Tagesordnung waren …

»Na, na, liebe Frau Detlefsen. Machen Sie nicht so ein skeptisches Gesicht.«

»Mache ich das? Ich …«

»Pedro ist ein Mitarbeiter von mir. Ich würde ja selbst gehen, aber ich will Sie hier nicht allein warten lassen. Nachher überlegen Sie es sich noch anders.«

»Mit wie vielen Leuten sind Sie denn hier vor Ort, Inspektor?«, fragte sie. »Ich bin etwas verwirrt, muss ich gestehen. Wie kommt es, dass die Polizei so schnell zur Stelle war? Haben Sie uns überwacht? Woher wussten Sie, dass es hier noch einmal Ärger geben könnte?«

»Das sind ziemlich viele Fragen auf einmal.«

»Es interessiert mich nur. Aus … beruflichen Gründen.«

»Natürlich.« Da war wieder dieses Banderas-Lächeln. Nuñez holte tief Luft. »Nun, ich sagte ja schon, dass wir unbedingt eine erneute Auseinandersetzung vermeiden wollten. Wir nehmen das, was heute Nachmittag geschehen ist, sehr ernst. Die Menschen kommen von weit her auf diese Inseln, um Urlaub zu machen. Und es werden von Jahr zu Jahr mehr. Das ist für unser Land sehr wichtig, aber es stellt uns auch vor große Probleme. Dank des Tourismus ist die Provinz Galápagos mittlerweile die reichste des Landes. Manche unserer besonders anspruchsvollen Gäste zahlen Tausende von Dollars für eine einwöchige Kreuzfahrt. Für einen einzigen Marlin blättern Sportfischer zehntausend Dollar auf den Tisch. Vor ein paar Jahren haben wir ein Schiff aufgebracht, das kleine U-Boote mit sich führte. Für illegale Tauchfahrten im Schutzgebiet hatten die Passagiere 120000 Dollar gezahlt. Verstehen Sie, was ich meine? Armut und Reichtum prallen hier sehr direkt aufeinander. Denn obwohl es nicht einfach ist, kommen immer mehr arme Menschen vom Festland hierher, und viele bleiben, ob legal oder illegal. Sie wollen auch ein Stück vom Kuchen, sind voller Hoffnung. Und die, die schon hier sind, verteidigen, was sie haben. Unsere Behörden müssen das alles steuern und ausbalancieren. Deshalb reagieren wir auf Gewaltausbrüche und Schlägereien, egal zwischen wem und warum, mit aller Entschiedenheit. Ich erzähle Ihnen das nur, damit Sie verstehen, vor welchen Herausforderungen wir stehen. Und zu Ihrer Frage: Wir wussten, dass es hier am Fischmarkt noch einmal brenzlig werden könnte. Sie sehen ja, die Stelle ist das reinste Nadelöhr. Also haben wir im Hintergrund rechtzeitig Stellung bezogen und gewartet. Irgendwann mussten Sie ja hier durchkommen, um zurück zur Station zu gelangen. Zufrieden, Frau Kriminalhauptkommissarin? Ich nehme an, in Deutschland hätte sich die Polizei nicht anders verhalten, oder?«

Anne nickte anerkennend. »Woher können Sie so gut Deutsch?«

»Meine Mutter ist Deutsche, und ich habe in Deutschland studiert. An der Polizeihochschule in Münster. Aber ich bin ein bisschen aus der Übung.«

»Nein, Sie sprechen hervorragend. In Münster, das ist ja ein Ding. Da fährt man um die halbe Welt, und ausgerechnet auf den Galápagosinseln läuft einem ein in Deutschland ausgebildeter Polizist über den Weg.«

»Mein Arbeitsplatz ist eigentlich nicht hier in Puerto Ayora.«

»Nicht? Wo denn dann?«

»In Guayaquil, einer großen Hafenstadt.«

»Ich weiß, wir sind von dort hierhergeflogen.«

»Ah, da kommen unsere Drinks. Danke, Pedro.«

Der Muskelmann verzog keine Miene, als er die zwei Mojitos an Jorge Nuñez übergab. Sie entfernten sich ein paar Schritte von den Tischen und setzten sich auf eine geschwungene Mauer mit einer mannshohen, bunt bemalten Betonwand als Rückenlehne.

»Also, worauf trinken wir?«, fragte Nuñez.

Anne musste an das Plakat denken, an die dramatischen Motti dieses turbulenten Nachmittags. Stop global warming! Stoppt das Massenaussterben. Aber dann fiel ihr etwas anderes ein. »Auf die Islas Encantadas«, sagte sie und hob ihr Glas. »Auf die Verzauberten Inseln.«

Er lachte schallend. »Ah, sí, muy bien. Eine gute Idee. Auf die Verzauberten Inseln. Mögen sie und ihre Natur uns noch lange erhalten bleiben.«

Sie tranken, stellten die Gläser dann auf der Mauer ab und blickten einen Moment schweigend in die Menschenmenge. In der Bar gegenüber liefen zwei Fernsehgeräte, vor denen einheimische Fußballfans gerade ein Tor bejubelten. Ein uniformierter Polizist erschien und flüsterte dem Chefinspektor etwas ins Ohr. »Sí, sí.« Nuñez nickte ungeduldig und fächelte einmal mit der Rechten durch die Luft.

»Ist etwas passiert?«, fragte sie.

»Nein, nein, ich habe sie nach Hause geschickt. Wie sagt man bei Ihnen? Feierabend.«

»Rechnen Sie damit, dass es morgen wieder Ärger geben könnte?«

Er sah sie mit großen Augen an. »Ich, äh ... ich hoffe nicht. Planen Ihre Freunde etwa noch einen Anschlag auf den Inselfrieden?«

»Ich sagte doch: Es sind nicht meine Freunde. Mein Partner ist Biologe. Es sind seine Kollegen. Und ein Anschlag auf den Inselfrieden war das nun wirklich nicht, jedenfalls war es nicht so gedacht.«

»Sie waren eine Woche mit ihnen auf einem Schiff, zusammen mit Professor ... wie war noch sein Name ...«

»Pauli, Hermann Pauli.«

»Richtig, Pauli. Eine Woche. Kommt man sich da nicht näher?«

Anne kniff die Augen zusammen und musterte den Chefinspektor. Was wollte dieser Mann von ihr? Doch nicht nur ein Glas unter Kollegen.

»Wissen Sie über alle Touristen so gut Bescheid wie über uns?«

Nuñez schmunzelte und griff nach seinem Cocktail. »Sie und Ihr Partner sind keine normalen Touristen, Frau Detlefsen. Touristen wohnen in einem Hotel oder auf einem Kreuzfahrtschiff, nicht in der Charles-Darwin-Station. Und wer dort ein und aus geht und was er dort treibt, das interessiert uns schon. Die Situation ist im Augenblick ... wie soll ich sagen, etwas angespannt. Der Station geht es nicht gut, finanziell, meine ich. Manche sagen, sie wird dichtmachen müssen und das Ende dieses Jahres nicht erleben. Es gibt hier nicht wenige, die darüber froh wären. In Teilen der Bevölkerung ist man nicht gut auf sie zu sprechen.«

»Auf wen?« Anne fiel aus allen Wolken. »Auf die Wissenschaftler?«

»Auf die Wissenschaftler, auf die Darwin-Stiftung, ihre Station und auf die Nationalparkverwaltung. Ich fürchte, die Leute differenzieren nicht.«

»Das wusste ich nicht. Warum denn? Hat das, was wir heute erlebt haben, damit zu tun? Diese Gewalt? Von den Wissenschaftlern ging das nicht aus, und keiner von ihnen hat mit etwas Derartigem gerechnet, das kann ich Ihnen versichern. Ich war dabei, ich habe gesehen, was passiert ist. Es war eine Gruppe junger einheimischer Männer, angeblich Bootsführer. Ihre Leute haben sich danach aber die Forscher vorgeknöpft. Ich habe selbst gehört, wie einer jungen Frau mit Ausweisung gedroht wurde.«

Nuñez zögerte, bevor er antwortete. »Was soll ich sagen ... ich habe versucht, es Ihnen zu erklären, Frau Detlefsen. Den Leuten hier geht es ganz gut, besser als auf dem Festland, sie haben aber Angst, dieses gute Leben wieder zu verlieren. Sie sind sehr empfindlich. Die Quelle des Wohlstands ist der Galápagos-Tourismus, und gegen den wendet sich ja letztlich das Flugblatt, wegen der weiten Flugreisen, des Bevölkerungswachstums und so weiter, das haben die Männer sehr gut verstanden. Und wer sich gegen den Tourismus wendet, der wendet sich gegen sie, der will ihnen ihre Lebensgrundlage nehmen. Wissenschaftler sind hier in der Bevölkerung nicht sehr beliebt. Manche sagen, sie leben auf Galápagos schon jetzt wie in einer Art Ökodiktatur. Sie dürfen sich kein Auto oder Schiff kaufen, wenn sie es möchten, sie dürfen sich nicht frei bewegen, nichts anbauen oder fischen, was sie wollen ... Sie fühlen sich gegängelt. Und sie glauben, dass die Wissenschaftler die Regeln und Gesetze bestimmen. Außerdem … wir haben unterschiedliche Bevölkerungsgruppen hier mit unterschiedlichen Interessen, das macht die Sache nicht leichter. Der Nationalpark und das Meeresschutzgebiet sind die Grundlage des hiesigen Tourismus, das ist allen, die davon leben, klar. Den Fischern ist das aber ein Dorn im Auge. Sie sind nicht gegen Naturschutz, aber er geht ihnen viel zu weit. Es ist noch gar nicht lange her, da gab es hier einen regelrechten Krieg.«

»Wegen der Seegurken, ich weiß.« Sie rührte mit dem Strohhalm in ihrem Glas herum und betrachtete die Schlieren, die sich um die tauenden Eiswürfel bildeten. Nuñez und seine Kollegen waren um ihren Job nicht zu beneiden. Was er erzählte, klang nach einer komplizierten Gemengelage. Sie hatte gesehen, was dabei herauskam, und verstand nach Nuñez' Ausführungen wenigstens annähernd, was es mit den verschiedenen Gruppen einheimischer Männer auf sich hatte, die sich heute Nachmittag gegenseitig beschimpft und bekämpft hatten. Das angespannte Gesicht des hünenhaften Fischers kam ihr wieder in den Sinn. Sie konnte sich vorstellen, dass mit Männern wie ihm nicht gut Kirschen essen war. Unwillkürlich hielt sie nach ihm Ausschau.

»Wegen der Seegurken, genau. Wir nennen sie *pepinos del mar*. Sie bringen den Fischern gutes Geld. Die Forscher sagen aber, dass es nicht genug davon gibt, dass es nicht nachhaltig wäre, sie zu fangen.«

»Ja, das habe ich gehört.« Hermann hatte ihr davon erzählt, und auf welcher Seite er dabei stand, war nicht schwer zu erraten gewesen. Er hatte die Fischer als Idioten bezeichnet.

»Das ist schon ein besonderer Menschenschlag, diese Fischer«, sagte Nuñez kopfschüttelnd. »Einer der ältesten Berufe der Menschheit. Der Apostel Paulus war Fischer, nicht wahr? Darauf bilden sie sich etwas ein und glauben, mit ihren Forderungen im Recht zu sein. Wir hatten gerade wieder eine

Auseinandersetzung um die *Pepinos*, die mehr oder weniger zu ihren Gunsten ausgegangen ist. Jetzt sind es die Forscher, die protestieren. Irgendjemand ist immer unzufrieden. Meine Vorgesetzten sind deshalb sehr beunruhigt.«

»Hat man Sie deshalb aus Guayaquil hierher geschickt?«

Nuñez nickte und leerte dann sein Glas. »Das und die Schiffsbrände«, sagte er dann. »Vielleicht haben Sie davon gehört.«

»Ja, eines der Feuer habe ich sogar gesehen. Vom Ufer aus.«

Er sah sie fragend an.

»Irgendetwas hatte mich aufgeweckt. Alle in der Station waren wach. Es hatte ja wohl eine Explosion gegeben.«

»Und?«

»Was und?«

»Haben Sie eine Vermutung, wer dafür verantwortlich sein könnte?«

»Ich?« Sie starrte ihn ungläubig an. »Wie kommen Sie denn darauf?«

Er zuckte die Achseln.

»Also …« Sie setzte ihr Glas an und leerte es in einem Zug. Sie brauchte die Zeit, um sich eine angemessene Antwort zurechtzulegen. »Ich glaube, jetzt muss ich Ihnen mal etwas erklären, Chefinspektor Nuñez. Ich bin erst seit zwei oder drei Tagen hier in Puerto Ayora, und mein Partner, Herr Pauli, und ich sind hier, um Urlaub zu machen. Ferien. Holidays. Sie verstehen? Um zu tauchen, die Natur zu genießen, um gut zu essen und uns auszuruhen. Nicht, um Detektiv zu spielen. Oder irgendwelche Verbrechen aufzuklären. Mein Bedarf an Aufregung ist spätestens seit heute Nachmittag restlos gedeckt. Und jetzt …« Sie fuhr einmal mit der Hand durch die Luft. Finito. Sie hoffte, dass er das verstand.

»Entschuldigung. Ich wollte Ihnen nicht auf die Nerven gehen, Frau Kollegin.« Anne blickte zur Seite und verdrehte die

Augen. Darauf schien er großen Wert zu legen. Dass sie Kollegen waren. Es war besser, sie enthielt sich eines Kommentars.

»Es hätte ja sein können, dass irgendjemand aus der Station eine Vermutung geäußert hat«, fuhr er fort. »Einer der Mitarbeiter zum Beispiel. Vielleicht hat jemand sogar etwas gesehen und davon erzählt.«

Sie erhob sich und suchte ihren Sitzplatz auf der Mauer ab, um nichts zu vergessen. »Nein, nicht dass ich wüsste. Und es interessiert mich auch nicht.« Erst zwei Büchsen Bier im Restaurant und jetzt der Mojito, den sie viel zu schnell hinuntergestürzt hatte. Sie spürte den Alkohol in ihrem Kopf. Sie schwankte und musste ihre Hand kurz auf die Nase eines der Haie legen, die ein Künstler auf die Betonwand gemalt hatte. »Oh«, sagte sie und ließ wieder los. Dann hatte sie sich gefangen.

Ihr ging noch einmal durch den Kopf, was Nuñez gesagt hatte. »Sie ... Sie gehen von Brandstiftung aus?«

Er war ebenfalls aufgestanden, nahm ihr das leere Glas aus der Hand und stellte es auf einen der Tische. »Höre ich da doch ein klitzekleines bisschen Interesse heraus?«

»Ich habe Sie etwas gefragt«, nuschelte sie.

»Ja, ich weiß.« Er lächelte. »Das Feuer ist in der Tat absichtlich gelegt worden. Wir haben auf dem zweiten Schiff Brandbeschleuniger gefunden.«

»Oh«, sagte sie. »Ich hätte nicht gedacht, dass Sie hier ...«

»Dass wir solche Untersuchungen durchführen können? Sie unterschätzen uns schon wieder. Wir haben Experten vom Festland kommen lassen. Wie gesagt, solche Anschläge auf den Inselfrieden können wir unter keinen Umständen dulden. Immerhin sind Menschen zu Schaden gekommen.«

In ihrem Kopf begann es sich erneut zu drehen. »Ich muss jetzt wirklich nach Hause, Herr ... äh, Chefinspektor. In meine ... geliebte Station.«

»Gefällt es Ihnen da nicht? Warum haben Sie sich kein Hotelzimmer genommen? Kommen Sie. Ich begleite Sie.«

Sie nickte nur, froh, nicht allein gehen zu müssen.

»Und unterwegs erzählen Sie mir, was da draußen im Ozean so wichtig ist, dass Ihr Partner eine attraktive Frau wie Sie tagelang allein in Puerto Ayora zurücklässt.«

10

Isla Santa Cruz, Charles Darwin Research Station

Sie war spätabends mit dem Gedanken an ihn eingeschlafen, voller Vorfreude auf das Wiedersehen, auf die Küsse, mit denen er sie wecken würde, auf seine großen warmen Hände, den Kaffeeduft, mit dem er sie morgens verwöhnte, wenn sie die Nacht zusammen verbracht hatten. Dass es hier nur ein simpler Aufguss sein würde, störte sie nicht im Mindesten. Auch beim Erwachen galt ihr erster Gedanke Hermann – und sie spürte sofort, dass etwas nicht stimmte. Er hätte hier sein sollen, neben ihr auf dem Bett, aber es hatte weder Küsse noch Kaffeeduft gegeben, nichts. Nur ein hektisches Kommen und Gehen auf der Terrasse und dem Schotterweg draußen, knirschende Schritte, englische und spanische Gesprächsfetzen. Schon wieder sorgte irgendetwas für Aufregung auf dem Stationsgelände, und er war nicht da.

Hatte es ein Problem gegeben? Sie war hin und her gerissen zwischen Besorgnis und Wut. Hermann hatte ihr keine Nachricht zukommen lassen. Das sah ihm überhaupt nicht ähnlich. Irgendetwas musste schiefgelaufen sein.

Draußen brüllte jemand, als gebe es nur ihn auf der Welt. Konnten sich die Leute so früh am Morgen nicht ruhig verhalten? Was war das hier, ein Kindergarten? Ja, zum Teufel. Sie musste an die Puppengesichter der jungen Ecuadorianer denken, die hinter dem Küchenhaus wohnten. Und die Wissenschaftler, die sie kennengelernt hatte – waren die nicht auch so etwas wie große Kinder, Menschen, die ihr Leben lang Abenteuer erleben, Rätselaufgaben lösen und mit teurer und exklusiver Technik spielen wollten?

Sie fluchte und schlug wütend das Laken zurück. Jeden verdammten Tag versetzte irgendetwas die Bewohner dieser Station in Unruhe. Das war doch nicht normal. Was hatte das mit Urlaub zu tun? Lonesome George konnte heute jedenfalls nicht mehr der Grund für die Aufregung sein. Der war schon tot. Aber was war es dann? Alles hier pfiff auf dem letzten Loch. Die Charles-Darwin-Station und die sie tragende Stiftung brauchten dringend Geld, hatte Nuñez ihr gestern auf dem Weg durch die warme äquatoriale Nacht erklärt. Sie habe in den letzten Jahren immer wieder mal Engpässe erlebt, doch jetzt sei es wirklich ernst, die Verantwortlichen griffen nach jedem Strohhalm. Mit der Eröffnung eines eigenen Souvenirladens habe die Station die Gewerbetreibenden des ganzen Ortes gegen sich aufgebracht, und gleichzeitig versuche sie fast schon verzweifelt, in der ganzen Welt Spender zu gewinnen. Im Ernst, hatte Nuñez gefragt, musste die Charles-Darwin-Station wirklich T-Shirts und Souvenirs verkaufen, um sich zu finanzieren? Das sei doch ein Armutszeugnis. Er könne das nicht beurteilen, aber angeblich lasse auch der wissenschaftliche Output zu wünschen übrig.

Anne hatte Mühe gehabt, das alles zu verdauen. Wissenschaft hatte sie sich immer als etwas Teures und Wertvolles vorgestellt, blitzblank und sauber, mit modernster Technik und edlen Materialien ausgestattet. Wie primitiv es hier in Wirklichkeit zuging, und zwar zu Lande und zu Wasser, hatte sie verblüfft. Dieses Schiff, die *Queen Mabel*, war doch ein Witz. Sie fuhr und ging nicht unter, das war aber auch alles. Und die Labors, die sie gesehen hatte, sahen kaum besser aus, als habe sich hier seit mindestens zwanzig Jahren nichts verändert. Ob Hermann wusste, wie kritisch die Lage war? Hatte er deshalb unbedingt hier wohnen wollen, um wenigstens einen kleinen finanziellen Beitrag zu leisten?

Als Hotelersatz war die Station zweifellos indiskutabel, als wissenschaftliche Einrichtung war sie Anne aber schier unantastbar erschienen, eine weltweit anerkannte Institution mit einem berühmten Namen, die zu den Inseln gehörte wie der Vatikan zu Rom. Galápagos ohne Charles-Darwin-Station – war das überhaupt vorstellbar? Der Chefinspektor hatte nur mit den Schultern gezuckt. Wieso nicht? Galápagos brauche die Forscher nicht. Wenn die Forscher Galápagos brauchten, sollten sie sich schnellstens etwas einfallen lassen.

Wieder schallten von draußen laute Rufe ins Zimmer, wo Anne unentschlossen auf der Bettkante saß. Im nächsten Moment stürzte jemand Hals über Kopf an ihrem Fenster vorbei und rannte dann mit schweren Schritten über den Vulkansplitt davon. Herrgott, dieses Geschrei und allmorgendliche Gerenne gingen ihr kolossal auf die Nerven.

Sie rieb sich über das Gesicht. Was sollte sie tun? Sie konnte sich nicht erinnern, dass Hermann je eine getroffene Verabredung nicht eingehalten hatte, jedenfalls nicht, ohne ihr Bescheid zu sagen. Also musste etwas passiert sein, das ihn an seiner Rückkehr gehindert hatte – das Beben zum Beispiel, oder der Hai, den sie suchten. Sie schlug die Hand vor den Mund. Mein Gott. Sie musste runter zum marinen Labor, auf die kleine Mole, an der die Pangas anlegten, um das Gepäck und die Pressluftflaschen von der *Queen Mabel* an Land zu bringen. Vielleicht machte sie sich ja ganz umsonst Sorgen, und sie waren einfach noch mit dem Um- und Ausladen beschäftigt. So musste es sein: Wenn sie nur zehn Minuten länger geschlafen hätte, wäre er sicher da gewesen, an ihrem Bett. Vielleicht war er jetzt in diesem Moment schon auf dem Weg zu ihr.

Als sie aufstand, um ins Bad zu gehen, sah sie den Zettel. Er lag vor der Tür auf den Steinfliesen, jemand musste ihn heute früh unter der Tür hindurchgeschoben haben, vermutlich, um sie nicht zu wecken. Sie zögerte einen Moment, verzog den Mund zu einem kleinen Lächeln, hob dann das Papier auf, faltete es auseinander, runzelte die Stirn, als sie sah, dass es sich um einen Computerausdruck handelte, und begann zu lesen. Langsam sank sie zurück auf ihr Bett. Ein liebloser Computerausdruck, mit einer noch liebloseren Botschaft. Er war nicht da. Und er würde auch nicht mehr kommen, nicht vor morgen früh:

Prof. Pauli has sent a message early this morning. Please accept his apologies. Queen Mabel will not be back before tomorrow morning. They have made some important discoveries.

Sie musste die Nachricht zweimal lesen, um sie zu glauben. »Important discoveries«, wichtige Entdeckungen – meinte er das ernst? Sollte das tatsächlich entschuldigen, was er ihr antat? Nicht irgendwelche Katastrophen hatten ihn zurückgehalten, kein Motorschaden, keine Krankheiten, Verletzungen, Erdbeben und auch kein tropischer Sturm – all das kam vor, und sie hätte Verständnis gehabt. Nein, der Grund seiner Abwesenheit waren *Entdeckungen*. Er versuchte es gar nicht erst mit einer Lüge. Entdeckungen, darum ging es in der Wissenschaft. Anne stieß ein bitteres Lachen aus. Was konnte das schon für eine Entdeckung sein? Irgendein ozeanisches Schwabbelbiest, eine rot gepunktete Garnele, so groß wie der Nagel ihres kleinen Fingers. Hatten sie diesen aufdringlichen Hai tatsächlich gefunden? Konnte man so etwas heute noch neu entdecken, ein Tier dieser Größe? Vielleicht würde Hermann es auf ihren Namen taufen. Zuzutrauen wäre es ihm, das Versöhnungsangebot eines Meeresbiologen. *Carcharhinus detlefseni*, oder noch besser: *annei* … das wäre immerhin ein Stück Unsterblichkeit. Auch Hermanns Name war auf diese Weise verewigt worden. Ein neuseeländischer Kollege hatte einen Tiefseetintenfisch nach ihm benannt. Im Urlaub getrennt, doch vereint in den Annalen der Zoologie. Sie schnaufte verächtlich. Genau so hatte sie sich ihr gemeinsames Leben vorgestellt.

Sie würde also noch einen Tag allein sein. Und die Jungs

spielten da draußen in ihrer Nussschale Darwin. Was sonst, was hatte sie erwartet? Sie waren auf Galápagos, auf den legendenumrankten Darwin Islands mit der unwiderstehlichen Aura. Jetzt war ihr auch Hermann erlegen.

Anne stemmte die Arme auf die Oberschenkel, stand auf und blies die Luft aus ihren Lungen. Na gut, dann eben nicht. Auf keinen Fall würde sie seinetwegen in Tränen ausbrechen. Auf gar keinen Fall! Sie würde sich jetzt zusammenreißen, ausgiebig duschen, so lange, bis die Wasserversorgung dieser verdammten Station zusammenbrach, und dann würde sie nach unten ins Büro gehen und Valeria oder Lucia nach weiteren Informationen fragen. Mit diesem lächerlichen Zettel ließ sie sich nicht abspeisen. Und wenn Hermann und dieser Wie-hieß-er-doch-gleich, dieser ecuadorianische Fischliebhaber, unbedingt auch im Urlaub Naturforscher spielen mussten, dann ... ja, warum sollte sie sich dann nicht als Detektivin betätigen? Zusammen mit Chefinspektor Jorge Nuñez zum Beispiel. Mal sehen, wie ihm das gefiel.

Eine Viertelstunde später trat Anne in Shorts und T-Shirt vor die Tür ihres Bungalows, atmete die warme, aromatische Luft ein und staunte kurz über die intensiven Farben, das dunkle Grün des Buschlandes und das tiefe Blau eines nahezu wolkenlosen Himmels. Nur weit im Osten türmte sich ein einsames, ungewöhnlich großes, dunkel drohendes Wolkenungetüm bis hoch hinauf in die Atmosphäre. Kündigte sich da ein Gewitter an?

Seit ein paar Minuten herrschte Ruhe, abgesehen vom Gesang der geschäftigen Finken war kein Laut zu hören. Sie sah auf die Uhr. Kurz nach halb acht. Sie lief zum Küchenhäuschen und warf einen Blick auf die anderen Wohngebäude. Wie schon gestern früh waren anscheinend alle Bewohner ausgeflogen. Irgendetwas hatte sie vertrieben. Oder angelockt.

Neben dem Pfad, der hinunter zum Ufer und zu den marinen Labors führte, lag auch eines der ältesten Gebäude der Station, vor dem in einer Wendeschleife die aus Puerto Ayora kommende Straße endete. Es beherbergte Bibliothek und Vortragssaal und, soweit Anne informiert war, auch die gesamte Verwaltung. Sie hatte auf dem Weg dahin noch keine fünfzig Meter zurückgelegt, als erste Stimmen zu hören waren. Ein paar Meter weiter klang das Gemurmel schon nach einer größeren Menschenmenge. Und tatsächlich: Als sie kurz darauf das entomologische Labor passiert hatte, sah sie mindestens fünfzig oder sechzig Personen vor dem Verwaltungsgebäude stehen, Wissenschaftler, Park-Ranger, Tierpfleger, Reinigungskräfte, junge Praktikanten, sogar einige Touristenfamilien waren darunter, die an ihren Kopfbedeckungen und Kameras leicht zu erkennen waren.

Irritiert blieb Anne etwas oberhalb der Menschenmenge stehen. Hatte sie etwas nicht mitbekommen? Eine Versammlung, vielleicht ein gemeinsamer Ausflug in den Nationalpark? Nein, die meisten Anwesenden trugen leichte Sandalen oder gar Flip-Flops, ganz und gar ungeeignetes Schuhwerk, wenn man sich hier in der Natur bewegen wollte. Der Erregungspegel war hoch, und er fühlte sich für Anne nicht nach freudiger Erwartung an. Irgendetwas hatte die Menschen alarmiert, sie standen in kleinen Gruppen zusammen und debattierten, die Gesichter rot vor Aufregung. Ihr fiel auf, dass sich Einzelne aus der Menge immer wieder auf die Zehenspitzen stellten, um Einblick in die Straße zu gewinnen, die nach Puerto Ayora führte, sodass auch sie unwillkürlich in diese Richtung schaute, ohne jedoch etwas zu entdecken. Aber die Luft vibrierte fast vor Anspannung – irgendetwas Einschneidendes war geschehen, und nun schienen alle auf irgendeine Art von Klärung zu warten.

Anne fühlte sich fremd in dieser Menge, und in ihr wuchs

der Ärger darüber, dass niemand sie über die Versammlung und die Gründe informiert hatte. Sie suchte nach jemandem, den sie kannte und fragen konnte, und entdeckte schließlich Reinhardts Glatzkopf und daneben, nur ein paar Schritte vom Eingang des Verwaltungsgebäudes entfernt, auch die anderen Bremer Forscher, die dicht beieinanderstanden. Lucia und Valeria waren bei ihnen, die beiden netten Frauen aus dem Büro. Anne erkannte Daniel Estraga, den argentinischen Direktor der Charles-Darwin-Station, ein kleiner, rundlicher Mann, dem sie bisher nur ein Mal begegnet war, als Hermann sie am Tag ihrer Ankunft über das Gelände geführt und ihn vorgestellt hatte. Was war nur los? Niemand schien sich hier noch in seinen vier Wänden aufzuhalten.

Jetzt hatte Anne ihren Ärger vergessen und wurde selbst unruhig. Zufällig streifte ihr Blick die unheimliche Wolke im Osten, die sich keinen Millimeter von der Stelle bewegt zu haben schien, aber noch größer geworden war, und plötzlich fühlte sie eine eisige Kälte, die ihren Nacken hinunterkroch. Was war mit der *Queen Mabel*? Ging es hier etwa um das Schiff und seine Besatzung? War es vielleicht verschollen?

Als sie sich der Forschergruppe näherte, blickte sie in ernste, besorgte Gesichter. Alle waren da, Reinhardt, Salvatore, Carol, David und Lieke. Und als sie fast neben ihnen stand, sah sie auch die kleine Isabelle, die von den anderen verdeckt worden war und sich mit Lucia unterhielt. Niemand sprach sie an, doch sie nickten ihr zu und machten Platz, damit sie sich zu ihnen gesellen konnte. Sofort beruhigte sich Anne. Trauermienen sahen anders aus.

»Was ist …«, begann sie, an Reinhardt gewandt, der sich eben zu ihr umgedreht hatte. Doch sie kam nicht dazu, den Satz zu vollenden. Ein Knall schnitt ihr das Wort ab, gefolgt von einer ganzen Salve.

»Das waren Schüsse«, sagte ein Mann in Ranger-Uniform.

»Du spinnst«, antwortete ein anderer.

»Wenn ich's doch sage. Ich weiß, wovon ich rede.«

Anne wollte sich nicht einmischen, doch sie hatte dieses Geräusch in ihrem Berufsleben oft genug gehört, um zu wissen, dass der Mann recht hatte. Das waren tatsächlich Schüsse gewesen. Ein Salut? Ein Freudenfeuer?

»Vielleicht ...«, räumte der andere Mann ein. »Es könnten aber auch Feuerwerkskörper gewesen sein.« Er schien selbst nicht recht an diese Möglichkeit zu glauben.

»Oder Tränengas«, mutmaßte ein Dritter. »Vielleicht benutzt die Polizei jetzt Tränengasgranaten.«

»So wahr ich hier stehe, das waren Schüsse.«

»Gott steh uns bei ...«

Anne glaubte sich verhört zu haben. Tränengasgranaten? Wer brauchte denn hier so etwas? In Puerto Ayora?

»Wir müssen uns verbarrikadieren«, brüllte plötzlich jemand auf Englisch, so laut, dass alle es hören konnten. Als Anne den Mann in der Menge ausgemacht hatte, erkannte sie den ehemaligen Pfleger von Lonesome George mit seinem riesigen Schnurrbart. Er schwitzte und war hochgradig erregt, die Augen weit aufgerissen. »Ich habe so etwas schon mal erlebt. Glaubt mir, Leute, wir müssen die Station schützen. Mit den Fischern ist nicht zu spaßen. Bei denen muss man mit allem rechnen. Damals haben sie Geiseln genommen, Menschen und Tiere. Ich werde nie vergessen, wie sie Lonesome George ein Messer an die Gurgel gehalten haben. Mit Knüppeln sind sie gekommen und haben hier alles verwüstet, die Büros, die Labors. Brutale Mistkerle waren das. Wenn die hier wiederauftauchen, müssen wir uns wehren.«

»Gonzalo hat recht«, rief einer der Ranger. »Wir müssen uns bewaffnen.«

»Bewaffnen? Womit denn? Seid ihr verrückt?« Das Gesicht des Direktors war rot angelaufen.

»Was ist mit den Gehegen? Sollen wir ihnen etwa die Tiere überlassen? Und was, wenn sie Gewehre haben? Ihr habt doch die Schüsse gehört.«

»Unsinn, die haben keine Schusswaffen. Das muss die Polizei gewesen sein.« Estraga schüttelte verärgert den Kopf und machte mit beiden Händen eine Bewegung, die wohl beruhigend wirken sollte. »Jetzt dreht bitte nicht durch, Leute.« Doch seine Appelle zeigten keine Wirkung. Die meisten konnten den Direktor weder sehen noch hören. Er war zu klein, um sich aus der Menge heraus an alle zu wenden.

»Was sollen wir bloß tun?«, jammerte eine Frauenstimme.

»Haltet doch mal den Mund. Ich will hören, was Daniel zu sagen hat.«

»Ja, der Direktor soll sprechen.«

Reinhardt und Salvatore hatten unterdessen die kleine Holzbank vor dem Verwaltungsgebäude entdeckt und sie an den Straßenrand gestellt. Sie bedeuteten Estraga, er solle auf die Sitzfläche klettern, damit die Menge ihn besser verstehen konnte. Der kleine Mann nickte nervös und strich sich wiederholt mit Daumen und Zeigefinger über seinen Schnurrbart. Für den Direktor einer Forschungsstation war das wahrlich keine alltägliche Situation. Er besprach sich kurz mit Valeria, die daraufhin im Haus verschwand. Durch das große Fenster konnte man erkennen, dass sie sich sofort ans Telefon setzte. Estraga rieb sich ein letztes Mal mit beiden Händen über das Gesicht, dann stieg er auf die Bank und wiederholte dort seine besänftigende Geste.

»Ruhe, Leute«, rief er eindringlich. »Ich kann nicht so laut schreien. Ihr müsst ruhig sein. Wir haben hier Menschen aus vielen Ländern, auch einige Touristen, deshalb werde ich englisch sprechen, okay? Das Wichtigste ist, dass wir jetzt die Nerven behalten. Von Bewaffnung und ähnlichem Quatsch will ich nichts mehr hören. Womit wollt ihr euch denn bewaffnen?

Mit Küchenmessern und Skalpellen? Wir würden damit alles nur noch schlimmer machen. Wir befinden uns doch nicht im Krieg.«

Alle hatten sich nun dem Direktor zugewandt, und er erntete für seine Worte zustimmendes Gemurmel.

»Ich, ähm ... die Informationslage ist noch ziemlich verworren. Wir wissen nur, was uns die Mitarbeiter erzählt haben, die heute Morgen aus dem Ort in die Station gekommen sind. Ich habe Valeria gebeten, die Polizei in Puerto Ayora anzurufen, um zu erfahren, wie die Lage jetzt ist. Aber wir alle haben die Schüsse gehört. Das ist ... das ist sehr beunruhigend. Wir wollen nicht hoffen, dass sich die Situation weiter zuspitzt.«

»Was ist denn überhaupt passiert, Daniel?«, schrie jemand von hinten. »Wir wissen gar nichts.«

»Ach so, ja, natürlich. Also ... im Ort ist es heute Morgen zu Zusammenstößen zwischen einigen Fischern und der Polizei gekommen«, erklärte Estraga. »Wie viele Menschen daran beteiligt waren oder sind, wissen wir nicht. Offenbar haben die Fischer die Polizeistation angegriffen, aber niemand hat uns sicher sagen können, was sie dazu veranlasst hat oder was sie fordern.«

»Na, was wohl? Die wollen mehr Hummer und Seegurken aus dem Meer holen. Das kennen wir doch. Denen geht's ums Geld.«

Estraga schüttelte den Kopf. »Nein. Vielleicht haben's nicht alle mitbekommen, aber heute Nacht hat schon wieder ein Schiff gebrannt, ein Touristenboot diesmal. Der Bootsführer, der auf seinem Schiff geschlafen hat, ist dabei ums Leben gekommen. Es könnte sein, dass die Zusammenstöße damit zu tun haben.«

Anne horchte auf. Schon wieder ein Feuer? Das wäre das dritte Schiff innerhalb weniger Tage. Der Zufall war damit aus dem Spiel. Und jetzt hatte es sogar einen Toten gegeben.

Nuñez hatte es ja schon vermutet. Hier trieb ein Brandstifter sein Unwesen. Warum die Fischer deshalb den Aufstand proben sollten, war ihr allerdings nicht klar. Anscheinend war genau das geschehen, was der Inspektor verhindern wollte. Wie hatte er es formuliert? *Meine Vorgesetzten sind sehr beunruhigt.* Offenbar zu Recht. Und: *Die Leute hier sind sehr empfindlich.* Die unterschiedlichen Interessenlagen auf den Inseln machten sie scheinbar zu einem wahren Pulverfass. Und irgendjemand spielte nun auch noch bewusst mit dem Feuer.

»Bisher gibt es keinerlei Hinweise, dass die Fischer es auf uns abgesehen haben, auf den Nationalpark oder die Station«, erklärte Direktor Estraga mit Nachdruck. »Habt ihr gehört? Nichts deutet darauf hin, dass sie uns angreifen wollen. Es ist ja gerade erst eine neue Vereinbarung über die Fangquoten erzielt worden, die den Fischern erheblich entgegenkommt.«

»Das kann man wohl sagen. Die Leute vom Nationalpark haben sich über den Tisch ziehen lassen«, rief ein älterer Wissenschaftler mit unverkennbar amerikanischem Akzent. »Die Regierung kapituliert vor den Fischern.«

»Wahrscheinlich haben sie wieder mit Gewalt gedroht. Und jetzt machen sie Ernst.«

»Warum sollten sie das tun?«, erwiderte Estraga. »Das ergibt doch gar keinen Sinn. Denkt doch mal nach. Sie würden sich nur selbst schaden.«

Von mehreren Seiten kam Protest. »Die kriegen den Hals nie voll.«

»Ja, und wir sind denen ein Dorn im Auge. Die würden am liebsten alle Naturschützer von den Inseln jagen.«

»Das ist doch Unsinn«, antwortete ein anderer. »Das wird nie geschehen, und die Fischer wissen das. Sie stehen mit dem Rücken an der Wand. Denen ist klar, dass sie auf Dauer nur mit uns zusammen ein Auskommen haben.«

»Genau. Die sind doch nicht blöd.«

»Wir sollten jedenfalls auf alles vorbereitet sein«, ergriff Georges Pfleger wieder das Wort. Er schien bei vielen Mitarbeitern großes Ansehen zu genießen. »Das gebietet die Vorsicht und die Erfahrung. Mag sein, dass wir diesmal nicht der Hauptfeind sind, aber die Fischer wissen genau, wo sie ansetzen müssen, um Druck zu machen. Das ist die Station, das sind wir. Wir dürfen uns nicht wieder überrumpeln lassen.«

Es entstand eine kleine Pause, in der erneut Schüsse zu hören waren. Lautes Gemurmel erhob sich, und den anwesenden Touristen stand deutlich ins Gesicht geschrieben, wie sehr die Situation sie überforderte. Sie schienen kurz davorzustehen, in Panik auszubrechen.

»Da hört ihr's. In der Stadt wird gekämpft.«

»Also gut.« Der Direktor versuchte, das Heft wieder in die Hand zu nehmen. »Ruhig, Leute. Hört zu. Wir machen Folgendes: Einige von uns postieren sich am Nationalparkeingang, damit wir frühzeitig gewarnt werden, falls jemand die Straße entlangkommt.«

Drei junge Männer in Ranger-Uniformen hoben die Arme und schwangen sich sofort auf ihre Fahrräder. Anne sah ihnen fassungslos hinterher. Sie konnte nicht glauben, was hier geschah. Sie war mitten in eine Art Bürgerkrieg geraten. Und die Stationsmitarbeiter hielten Kriegsrat. Die schlimmsten Befürchtungen des Inspektors waren über Nacht wahr geworden, und Hermann machte da draußen *Entdeckungen*. Vielleicht sollte man lieber so schnell wie möglich versuchen, die Inseln zu verlassen, bevor hier alles aus dem Ruder lief.

»Sie könnten auch übers Wasser kommen«, gab jemand zu bedenken.

»Stimmt«, sagte Estraga. »Zwei Leute sollten also nach unten an die Mole. Wer übernimmt das?«

Liekes Arm schoss nach oben. »Wir«, rief sie und stieß die neben ihr stehende Carol mit dem Ellenbogen in die Seite.

»Das machen Carol und ich.« Die Australierin nickte, und beide grinsten sich kurz an. Als besonders gefährlich schienen die Frauen ihre Aufgabe nicht einzuschätzen. Lieke drückte David, der seltsam teilnahmslos wirkte und keine Miene verzog, einen Kuss auf die Wange, zwinkerte beim Vorbeigehen Anne zu und war kurz darauf mit Carol hinter der Hausecke verschwunden. Vielleicht wollten die beiden einfach nur aus dem Gewühl hinaus.

»Gut, tja, und der Rest ...« Estraga strich wieder seinen Bart glatt und sah sich Hilfe suchend um. »Am meisten Platz ist drüben im Foyer des Sammlungsgebäudes.« Er meinte ein modernes Haus mit einem auffälligen, geschwungenen Betondach, das von ihm aus gesehen hinter der Menschenmenge aus dem Buschland ragte. Anne wusste, dass dort viele Büros, Labors und die wertvolle botanische Sammlung untergebracht waren.

»Bis wir genauere Informationen aus Puerto Ayora haben, sollten wir da drin bleiben.« Der Direktor sah sich nach Valeria um, die mit dem Rücken zum Fenster am Schreibtisch saß und in den Telefonhörer sprach. »Valeria telefoniert noch. Wie gesagt, ich glaube nicht daran, aber falls die Fischer tatsächlich hierherkommen und uns irgendwie bedrohen sollten, dann machen wir es ihnen schwerer, wenn wir zusammenbleiben, oder liege ich da falsch?« Er seufzte und zuckte die Achseln. »Ehrlich gesagt ... dass ich unsere Station gegen marodierende Horden zu verteidigen habe, stand nicht in meiner Stellenbeschreibung. Das ist für mich absolutes Neuland, und ich weigere mich immer noch, daran zu glauben, dass es so weit kommen wird. In jedem Fall brauche ich eure Hilfe und Unterstützung. Hat jemand einen besseren Vorschlag? Gonzalo, du?«

Georges Pfleger schüttelte den Kopf und senkte den Blick. Auch aus der Schar zumeist älterer Kollegen, die sich um ihn versammelt hatten, meldete sich niemand zu Wort. Doch sie wirkten unzufrieden, hatten die Arme vor der Brust verschränkt und abweisende Mienen aufgesetzt und machten keine Anstalten, sich in das Haus zu bewegen. Alle anderen waren offenbar froh, dass endlich etwas geschah, auch wenn es nur ein Ortswechsel war. Die Ersten drehten sich um und liefen auf das Sammlungsgebäude zu.

»Bitte ohne zu drängeln«, rief Estraga und beförderte ein zerknülltes Stofftaschentuch zutage, mit dem er sich den Schweiß vom Gesicht wischte. »Niemand hetzt oder bedroht uns. Also bleibt ruhig, geht einer nach dem anderen rein und sucht euch einen Platz. Vielleicht lasst ihr die Familien mit den kleinen Kindern vor. Wer unbedingt will, kann draußen auf dem Platz bleiben. Gonzalo, das gilt für euch. Aber geht nicht weg, damit ihr zur Not schnell zu den anderen ins Haus könnt. Wir bleiben da drin, bis wir Entwarnung bekommen.«

Der Direktor sprang etwas ungelenk von der Bank hinunter und holte tief Luft. Er lächelte sichtlich erleichtert, und Anne, die nur wenige Meter neben ihm stand, lächelte zurück, als ihre Blicke sich trafen. Sie bezweifelte, dass Estraga sich an sie erinnerte, fand aber, dass er seine Sache gut gemacht hatte. Er hatte die Menschen beruhigt und dafür gesorgt, dass sie sich an einen sicheren Ort begaben, mehr war zum jetzigen Zeitpunkt nicht zu erreichen.

Als von der Straße plötzlich ein Motorengeräusch zu hören war, kam die Menge jedoch augenblicklich wieder zum Stehen. Estraga fuhr herum und runzelte die Stirn. Dem lauter werdenden Geräusch nach zu urteilen, war es nur ein einzelnes Fahrzeug, das sich da näherte, die Touristen, die direkt vor der Eingangstür standen, spähten aber mit weit aufgerissenen Augen die Straße entlang, als rechneten sie mit einer schwer bewaffneten Invasionsarmee. Anne sah, wie sie ihre verängstigten Kinder an sich drückten. Eine Frau weinte sogar. Wahrscheinlich hatten die Touristen noch nie von den immer wieder aufflammenden Konflikten auf Galápagos gehört und konnten überhaupt nicht einordnen, was hier geschah, das machte die Ereignisse besonders unheimlich und Angst einflößend. Wenn Nuñez Anne gestern nicht vorgewarnt hätte, wäre es ihr nicht anders ergangen.

Das sich nähernde Fahrzeug entpuppte sich als Mofa. Es näherte sich mit hoher Geschwindigkeit, bremste dann ab, fuhr so nah, wie es ging, an das Verwaltungsgebäude heran und hielt etwa zehn Meter von Anne und der Forschergruppe entfernt am Straßenrand.

»Ist das nicht Miguel?«, fragte Reinhardt neben ihr und reckte sich, um besser sehen zu können. »Ich glaube, das ist seine Maschine.«

»Welcher Miguel?«, fragte Isabelle. »Der über diese seltsamen Planktonkrebse arbeitet?«

»Nein. Nicht der aus der marinen Sektion. Soviel ich weiß, ist er Entomologe und forscht über eingeschleppte Ameisenarten. Ein netter Kerl. Seine Familie stammt aus einem kleinen Bergdorf in Amazonien und ist wahnsinnig stolz auf ihn, weil er es bis an die Universität geschafft hat. Allerdings hätten sie sich wohl ein anderes Studienfach gewünscht, Medizin oder Informatik. Irgendwas, womit man Geld verdienen kann.« Reinhardt lachte kurz auf. »Nicht diese brotlose Biologie. Aber in seiner Heimat hat die Ölförderung unheimlich viele Schäden angerichtet. Der Regenwald ist kaputt, das hat ihn sensibilisiert. Für ihn kam nichts anderes infrage, hat er mir erzählt. Ich fand das sehr sympathisch.«

Anne sah Reinhardt an. Obwohl er sich seit seiner dämlichen Bemerkung über Cuxhaven nichts mehr hatte zuschulden kommen lassen, war sie nicht besonders gut auf ihn zu sprechen und strafte ihn meistens mit Nichtbeachtung. Jetzt empfand sie es jedoch als wohltuend, dass er sich von der angespannten Atmosphäre nicht hatte anstecken lassen und in normaler Lautstärke und Geschwindigkeit sprach, ohne dieses erregte Zittern in der Stimme, das bei manch anderem zu hören war.

Der Fahrer kletterte von seinem Mofa und machte sich an seinem Helm zu schaffen. Darunter kam ein junger Mann mit unverkennbar indianischen Gesichtszügen zum Vorschein, schwarze Haare, große dunkle Augen und hoch stehende Wangenknochen. Da es in den letzten Jahrhunderten außer den Spaniern kaum Menschen anderer Erdteile in dieses Land verschlagen hatte, sahen die meisten Ecuadorianer so aus. Doch Miguel war eine auffällige Erscheinung, ungewöhnlich groß und gut aussehend, bis auf einen verschorften Kratzer über dem rechten Auge. Er kam Anne bekannt vor, aber sie erinnerte sich nicht, woher.

»Ja, das ist er«, stellte Reinhardt fest. »Kommt, gehen wir mal zu ihm. Vielleicht weiß er etwas.«

Anne wunderte sich. »Ist er trotz der Unruhen in die Stadt gefahren?«

»Nein, soviel ich weiß, wohnt er dort. Das machen viele, die länger hier sind. Sie sparen sich die Hin-und-her-Fahrerei, sind abends und an den Wochenenden da, wo was los ist, und kommen tagsüber zur Arbeit in die Station. Wie zu Hause.«

Das leuchtete ihr ein. Sie hätte es genauso gemacht. Hätte sie vorgestern ein paar Hundert Meter entfernt von hier nicht ihren neuen Lieblingsplatz am Wasser entdeckt, wäre ein Umzug in den Ort für sie auch jetzt noch die bessere Option gewesen.

Miguel hatte sich den Helm unter den Arm geklemmt, fuhr sich mit der Hand durch die Haare und sah sich um, als ob er in der Menschenmenge jemanden suchte. Die Umstehenden bestürmten ihn mit Fragen, und um besser verstehen zu können, was er sagte, versuchten sie, näher heranzukommen.

»Ihr erdrückt ihn ja gleich«, rief Estraga. Er winkte den jungen Mann zu sich. »Komm hierher, Miguel. Steig auf die Bank. Was du zu erzählen hast, wollen sicher alle hören.«

Der Ecuadorianer ignorierte die Fragen, die ihm zugerufen wurden, und schob sich freundlich lächelnd durch die dicht an dicht stehenden Menschen voran. Als er an der Forschergruppe vorbeikam, blieb er kurz stehen, wechselte ein paar Worte mit Salvatore, küsste Isabelle auf beide Wangen und klatschte sich mit David ab. Plötzlich fiel Anne wieder ein, woher sie den jungen Mann kannte. Miguel hatte zu denen gehört, die gestern am Hafen mit den Bremer Kollegen Flugblätter verteilt hatten, und zusammen mit David war er von den Bootsführern attackiert und ins Wasser geworfen worden.

Unterdessen drängten auf der anderen Straßenseite einige Leute aus dem Sammlungsgebäude zurück ins Freie. Sie hatten gesehen, dass jemand aus der Stadt gekommen war, und wollten hören, was er zu berichten hatte.

»Nun lasst ihn doch mal durch«, rief Estraga ungeduldig. »Warum dauert denn das so lange?«

Endlich hatte der junge Mann den Direktor erreicht. Die beiden steckten die Köpfe zusammen, und Estraga legte seinen Arm um Miguels Schulter, um sich und den jungen Mann auf diese Weise abzuschirmen. Im selben Moment trat Valeria aus dem Verwaltungsgebäude, sah sich um und drängte sich dann resolut durch die Reihen, um ebenfalls zu dem Direktor zu gelangen. Aus der Menge wurde Protest laut.

»Was ist passiert?«

»Wir wollen wissen, was los ist.«

Nach einer Weile richtete sich Estraga auf, deutete auf die Bank und schob Miguel darauf zu, aber der junge Mann lief rot an, schüttelte den Kopf und zeigte im Gegenzug auf den Direktor. Der stöhnte kurz auf, bevor er sich mit der Rechten auf Miguels Schulter stützte und ein zweites Mal die Sitzfläche erklomm.

»Also, Leute, ihr müsst weiter mit mir vorliebnehmen. Es ist, wie ich vermutet habe. Der Zorn der Fischer richtet sich nicht gegen uns.«

»Noch nicht«, rief jemand aus dem Kreis um Gonzalo. »Wartet mal ab.«

»Na ja, wenn ihr unbedingt schwarzsehen wollt, kann ich euch auch nicht helfen«, erwiderte Estraga ungehalten. »Miguel hat mir eben gesagt, dass er in Puerto Ayora mit Polizisten gesprochen hat, kurz bevor er hierhergefahren ist. Sie haben ihm erzählt, dass man heute Morgen einen der Fischer verhaftet hat. Ihm wird vorgeworfen, die Schiffe in Brand gesteckt zu haben. Das ist eine üble Sache. Es hat Verletzte und jetzt sogar einen Toten gegeben. Dem Mann droht eine langjährige Gefängnisstrafe. Manche von euch werden ihn vielleicht kennen. Er heißt Francisco Viero.«

»Francisco?«, rief ein Mann aus der Menge. »Na, dann wundert mich gar nichts mehr.«

»Ist doch klar, dass die Fischer sauer werden. Er ist ihr Wortführer, oder? Das lassen sie sich nicht gefallen.«

»Vielleicht wollte die Polizei ein Exempel statuieren.«

»Und dann verhaftet sie ausgerechnet Francisco? Der steckt doch keine Schiffe an.«

»Bestimmt nicht. Seine Frau und Kinder leben hier.«

Estraga hob abwehrend die Hand, um die Leute zum Schweigen zu bringen. »Ich weiß, ich weiß. Ihr habt ja recht. Ich verstehe das auch nicht. Francisco ist ein sturer Hund, aber ich habe ihn als verlässlichen Menschen kennengelernt und kann mir kaum vorstellen, dass er das getan haben soll. Was sollte er damit bezwecken? Aber egal ... für uns ist im Moment nur wichtig, dass es nicht um die Station oder den Nationalpark zu gehen scheint. Was genau hinter der Sache steckt, wissen wir nicht. Wir müssen abwarten. Habe ich das richtig wiedergegeben, Miguel? Valeria?«

»Sí.« Die beiden nickten.

»Also: Valeria bestätigt, was Miguel berichtet hat. Es ist, wie ich es gesagt habe. Wir haben nichts zu befürchten. Macht euch keine Sorgen.«

»Was ist mit den Schüssen?«, wollte einer aus der Menge wissen. »Da wurde doch geschossen.«

Estraga fragte die beiden etwas auf Spanisch, wartete die Antwort ab und nickte. »Das waren Warnschüsse. Die Fischer belagern das Polizeigebäude am Hafen und haben anscheinend versucht, es zu stürmen. Also haben die Polizisten in die Luft geschossen.«

»Und was passiert, wenn sie irgendwann besser zielen und jemand getroffen wird?«

»Warum sollten sie das tun? Ich meine …« Estraga sah sich verwirrt um. Miguel, der direkt vor ihm stand, redete auf ihn ein. »Ah, ja, okay … also …« Estraga zog wieder sein Taschentuch hervor. »Die Fischer haben offenbar eine Art Ultimatum gestellt. Sie haben gedroht anzugreifen, wenn ihr Mann bis zum Ablauf der gesetzten Frist nicht wieder auf freiem Fuß ist. Offenbar sind sie …«, er fragte noch einmal nach, »ja, einige sind tatsächlich bewaffnet, sagt Miguel. Schusswaffen hat er keine gesehen. Nur aufseiten der Polizisten, aber Franciscos Kollegen haben wohl Macheten dabei.«

Die Menge wurde sofort unruhig. Macheten … Alle redeten durcheinander.

»Verdammt, ich habe es euch doch gesagt«, schrie Gonzalo. »Wenn die Fischer sich nicht durchsetzen können, werden sie zu uns kommen.«

»Was schlägst du also vor, Gonzalo?« Estragas Geduldsfaden war kurz davor zu reißen, das war dem Direktor anzusehen. Er musterte den Tierpfleger mit gerunzelter Stirn. »Hör auf, den Leuten Angst einzujagen. Wir haben keine Waffen. Gott sei Dank! Willst du etwa Holzknüppel an die Leute verteilen? Das ist doch Irrsinn. Ich glaube immer noch nicht daran, aber wenn die Fischer tatsächlich hierherkommen und uns bedrohen sollten, dann übergeben wir ihnen die Station, ganz einfach. Ich sehe keine andere Möglichkeit.« Aus der Gruppe um den Tierpfleger waren wütende Proteste zu hören. Estraga musste schreien, um sich Gehör zu verschaffen. »Ihr könnt euch hinterher gern über mich beschweren, aber solange ich hier Direktor bin, werde ich alles in meiner Macht Stehende tun, damit kein Mensch zu Schaden kommt, verstanden? Wir sind eine friedliche Forschungseinrichtung und kein Fight Club.«

Gonzalo und seine Gefolgsleute schimpften lautstark, die überwiegende Mehrzahl der Menschen stand aber auf der Seite des Direktors.

Anne war heilfroh, dass sie hier keine Verantwortung trug. Sie fragte sich, was sie anstelle des Direktors getan hätte, und kam schnell zu der Erkenntnis, dass Estragas Entscheidung, sich im Zweifelsfall zurückzuziehen, die einzig richtige war. Sie durften sich nicht auf irgendwelche Scharmützel mit diesen aufgebrachten Fischern einlassen. Dabei konnten sie nur den Kürzeren ziehen. Unter ihnen waren Frauen und Kinder.

Sie musste an Nuñez denken. Sie könnte versuchen, mit dem Chefinspektor zu telefonieren. Sicher hielt er sich im Polizeigebäude auf und konnte die Lage besser einschätzen als Miguel.

»Valeria hat mir gesagt, dass die Polizei erwägt, das Militär zu alarmieren, wenn die Fischer sich nicht zurückziehen sollten«, erklärte Estraga in diesem Moment. »Damit dürfte der Spuk dann wohl ein Ende haben. Wenn sie noch bei Verstand sind, werden sie die Waffen niederlegen und wieder in ihre Häuser zurückkehren.«

Richtig, dachte Anne, das wäre die Lösung. Auf der kleinen Nachbarinsel Baltra, wo sich der Flughafen befand, gab es eine

Militärgarnison. Sie erinnerte sich, Soldaten und Militärfahrzeuge gesehen zu haben. Ihr Blick fiel zufällig auf David. Während Isabelle und die anderen um sie herum das weitere Vorgehen diskutierten, stand der bisher so temperamentvolle junge Mann nur blass und schweigend daneben. Anne hätte nicht gedacht, dass ihm der Misserfolg der Flugblattaktion derart zu schaffen machen würde. Er wirkte unbeteiligt, regelrecht abwesend, ganz anders, als sie ihn in den Tagen zuvor erlebt hatte.

»Ich werde jedenfalls dafür sorgen, dass wir mit der Polizeistation in Kontakt bleiben«, erklärte Estraga. »Die müssen uns sofort informieren, wenn doch noch eintreten sollte, was Gonzalo befürchtet. Und Miguel hat angeboten, in den Ort zu fahren und die Entwicklung weiter im Auge zu behalten. Er sagt, für ihn bestünde keine Gefahr, niemand habe ihn beachtet. Wenn sich etwas tut, würde er uns anrufen oder so schnell wie möglich zurückkommen. Ich finde, das ist eine gute Idee. Wir ziehen uns derweil ins Sammlungshaus zurück und warten dort die weitere Entwicklung ab. Wenn es hier etwas zu schützen gibt, dann die botanische Sammlung. Sie ist unersetzlich. Wer will, kann sich drinnen ja mit mir zusammensetzen und überlegen, was wir darüber hinaus noch tun könnten. Gibt es Fragen? Also dann: vamos.«

Unter leisem Gemurmel drehten sich die Leute um und orientierten sich wieder in Richtung Sammlungshaus. Vor dem Eingang formierte sich eine Schlange, an deren Ende sich auch Anne und die Forschergruppe einreihten. Ein paar Meter entfernt hörte sich Miguel nickend die mahnenden Worte des Direktors an, unter keinen Umständen ein Risiko einzugehen, dann stülpte er sich den Helm über, startete sein Mofa und brauste auf der leeren Straße davon. Daniel Estraga sah ihm mit sorgenvoller Miene hinterher.

Langsam, Schritt für Schritt, bewegten sie sich auf das Gebäude zu. Anne konnte nicht anders, als die merkwürdige

Wolke anzustarren, die nun genau hinter dem Haus in den Himmel ragte. Hatte sie sich in der ganzen Zeit nicht von der Stelle bewegt?

»Komisch«, sagte sie leise zu sich selbst, doch Isabelle, die unmittelbar vor ihr ging, drehte sich sofort um. »Was hast du gesagt?«

»Ach, nichts. Ich wundere mich nur über diese Wolke.«

Isabelle wusste sofort, wovon sie sprach. »Imposant, nicht wahr? Sie muss mehrere Tausend Meter hoch sein. Es ist wohl ein ungewöhnlich heftiger Ausbruch.«

»Ein Ausbruch?«

»Ja, hast du es nicht gehört?«

»Was?«

»Das Beben gestern war sozusagen der begleitende Trommelwirbel. Die eigentliche Musik«, mit einer Kopfbewegung deutete Isabelle auf die Wolke, »die spielt da vorne. Der La Cumbre ist ausgebrochen. Und zwar heftig.«

»Der La Cumbre? Das ist ein Vulkan, ja? Ach so. Dann ist das gar keine …« Sie suchte nach dem Wort.

»Keine gewöhnliche Wolke, meinst du? Nein. Der La Cumbre ist einer der größten aktiven Vulkane hier, ganz im Westen des Archipels, auf Fernandina. Sein letzter Ausbruch liegt erst ein paar Jahre zurück. Geologisch gesehen scheint's da permanent zu rumoren. Schon in den Sechzigern ist der Krater um hundert Meter abgesackt. Wir haben ihn auf unserer Fahrt gesehen, erinnerst du dich? Und das Irrste ist: Neben der Insel soll das Meer kochen, habe ich gehört. Ich weiß nicht, woher diese Information stammt, wenn sie aber stimmt, dann bekommt Galápagos vielleicht Zuwachs. Wir wären Zeugen eines historischen Moments.«

Anne zuckte die Achseln. »Ich weiß nicht, wovon du sprichst.«

»Von einer neuen Insel. Da wird Erdgeschichte geschrieben,

Anne. Galápagos wächst. Alle Inseln haben sich hier irgendwann aus dem Meer erhoben. Und wenn sie alt sind, verschwinden sie wieder darin.«

Anne betrachtete das Wolkengebirge nun mit anderen Augen. Kein Gewitter, sondern Rauch und Asche. Es sah aus wie ein Geschwür, das aus der Erde hoch in den Himmel gewachsen war. Sogar aus vielen Kilometern Entfernung war es riesig. Wie gewaltig musste es erst aus der Nähe wirken …

»Hermann ist da irgendwo«, sagte sie. »Mit der *Queen Mabel.*«

»Echt? Das war mir gar nicht klar.« Isabelle zeigte keinerlei Anzeichen von Besorgnis. Im Gegenteil, ihr schmales Gesicht nahm einen schwärmerischen Ausdruck an. Ihre Augen leuchteten. »Wow, ich würde sonst was dafür geben, wenn ich mir so einen Ausbruch mal aus der Nähe ansehen könnte. Hermann ist wirklich zu beneiden.«

Anne zog die Augenbrauen hoch. Ein merkwürdiger Menschenschlag, diese Wissenschaftler, dachte sie nicht zum ersten Mal. Zweifellos waren Vulkane faszinierend, aber wenn sie ausbrachen, sollte man sich da nicht am besten möglichst weit entfernt aufhalten? Vielleicht war ja der La Cumbre der Grund für Hermanns Abwesenheit, und seine Kollegen und er beobachteten seit gestern den Ausbruch, gebannt und kaum ansprechbar, wie Kinder vor dem Fernseher.

Was ihr noch wenige Tage zuvor liebenswert erschienen war, machte sie nun wütend: Hermanns Hingabe an seine Arbeit, seine fast kindliche Neugierde. Natürlich hatte niemand vorhersehen können, dass es hier auf Santa Cruz bald derart drunter und drüber gehen würde, aber es war nun mal unbestreitbar, dass er sie mit alldem allein gelassen hatte, und es fiel ihr zunehmend schwerer, dafür Verständnis aufzubringen. Sie hatte immer akzeptiert, wie wichtig für Hermann die Arbeit war. Ihr ging es ja nicht anders. Aber wo in seiner Prioritätenliste rangierte eigentlich sie, wenn er selbst in ihrem ersten gemeinsamen Urlaub der Arbeit den Vorrang gab? Anne merkte, dass sie keine Lust mehr hatte, nach Erklärungen für seine Abwesenheit zu suchen. Hinter ihrem Zorn lauerte schon die Gleichgültigkeit.

Die Schlange rückte weiter vor, und bald standen sie nur noch wenige Meter vor dem Hauseingang. Mit gemischten Gefühlen sah Anne durch die Glastür die vielen Menschen, die mittlerweile das Foyer füllten. Es schien nicht so, als gebe es da drin Platz für sie. Vor ihr legte Isabelle den Kopf in den Nacken. Als Anne nach oben blickte, war die Aschewolke hinter dem Hausdach verschwunden.

11

Isla Isabela, Canal Bolívar, *Queen Mabel*

Das Schiff lag ruhig im Wasser, und Hermann stand schon seit einer gefühlten Ewigkeit an der Reling, den Blick starr nach Westen auf den aus jahrelangem Schlaf erwachten La Cumbre gerichtet. Er konnte sich nicht losreißen, war wie hypnotisiert von der Erhabenheit dieses Anblicks, den gewaltigen Dimensionen, die alles in den Schatten stellten, was er je erlebt hatte. Eigentlich gab es dafür keine Worte, nicht für das, was er sah, und nicht für das, was er dabei empfand. Es war atemberaubend. Um dieses Schauspiel still genießen zu können, war er nicht mit den anderen ins Wasser gegangen, obwohl sich auch dort Spektakuläres abzuspielen schien. Die beiden Taucher befanden sich direkt unter dem Schiff. Ihre Luftblasen zerplatzten nur Zentimeter neben der Bordwand, aber Hermann hatte in diesen Minuten nur Augen für den Himmel.

Lange war es ungewöhnlich windstill gewesen, sogar in höheren Luftschichten, sodass die Aschewolke, begleitet von einem gelegentlichen tiefen Rumpeln des Berges, das er in seinem Zwerchfell spürte, sich immer weiter ausdehnen und fast senkrecht in die Höhe wachsen konnte, ein gewaltiges Massiv aus verwirbelter Asche und Rauch, höher als die Alpen.

Seit dem frühen Morgen schien der Wolkengipfel aber mehr und mehr abgelenkt zu werden. Wind war aufgekommen und blies die Wolke auf den Pazifik hinaus. Sie neigte sich gen Westen wie der Hals eines gigantischen Lebewesens, wurde in die Länge gezogen und begann, an den Rändern auszufransen. Dieter hatte vom letzten Ausbruch des La Cumbre erzählt, der nur ein paar Jahre zurücklag. Auf Satellitenfotos habe man erkennen können, dass die Aschewolke sich über 150 Kilometer erstreckte. Diesmal war der Ausbruch heftiger, und die Aschewolke stieg höher hinauf. Ein geologischer Paukenschlag. Dabei geriet die biologische Sensation zu seinen Füßen, die still und im Verborgenen ablief, beinahe zur Nebensache. Manchmal hatte Hermann das Gefühl, sich die Augen reiben zu müssen – all das konnte unmöglich wahr sein …

Nachts waren die unteren Schichten der Wolke von einem manchmal flackernden rötlichen Licht beleuchtet worden, als brenne darunter ein Höllenfeuer. Entlang des westlichen Berghanges hatte sich offenbar ein Spalt aufgetan, durch den große Mengen Lava an die Oberfläche gelangten. Wo das flüssige Gestein ins Meer floss und ob es das Wasser überhaupt erreichte, wussten sie nicht.

Hermann bedauerte, dass er diese unvergesslichen Eindrücke nicht mit Anne teilen konnte. Sie musste den Ausbruch gespürt haben, denn die begleitenden Erdstöße hatten auch Puerto Ayora durchgeschüttelt, glücklicherweise, ohne größeren Schaden anzurichten. Dieter hatte es am Morgen bei seinem letzten Funkkontakt mit der Charles-Darwin-Station erfahren.

»Ein Erdbeben? In Puerto Ayora?« Hermann war aufgesprungen und hatte dabei seine Kaffeetasse umgestoßen, als Dieter ihnen die Nachricht überbracht hatte.

»Pass doch auf!«, protestierte Dieter, dem die heiße Flüssigkeit auf die Shorts tropfte. »Ja, ein Beben. Das ist doch normal bei einem Ausbruch.«

»Du hast ja recht«, gab Hermann zu. Aber was war in diesen Tagen und an diesem Ort schon normal? Normal war, dass er sich große Sorgen um Anne machte, zumal seitdem Funkstille herrschte. Niemand antwortete. Seit Stunden gelang es ihnen nicht, Kontakt zur Station herzustellen. Dieter versicherte ihm, dass das Beben nicht der Grund sein konnte.

»Keine Ahnung, warum wir keine Verbindung mehr zustande bringen. Vielleicht hat das Funkgerät eine Macke«, hatte er gesagt, nachdem Hermann keine Ruhe gab. »Das Beben war nicht schlimm, hat Lucia gesagt. Ein paar zerplatzte Fensterscheiben, das ist alles. Daran kann es nicht liegen. Und deiner Anne ist bestimmt nichts passiert.«

»Wie kannst du da so sicher sein? Vielleicht hat es noch ein zweites Beben gegeben, nachdem du mit der Station gesprochen hast«, mutmaßte Hermann.

Dieter antwortete nicht, schüttelte nur den Kopf. Was sollte er sagen? Für ihn war das Leben auf dem Vulkan Alltag, und als Wissenschaftsnomade ohne Familie hatte er hier niemanden, um den er sich sorgen musste.

Es war am späten Nachmittag geschehen, also hatte Anne sich wahrscheinlich in Puerto Ayora aufgehalten, vielleicht auch an einem der Strände. Allein der Gedanke an Anne, daran, wie es ihr in diesen Minuten wohl ergangen war, versetzte Hermann in Unruhe. Auch Brigitte, seine verstorbene Frau, hatte oft auf ihn warten müssen. Er hatte immer schon viel gearbeitet und war oft erst spät aus dem Institut nach Hause gekommen. An ein derart quälend schlechtes Gewissen, wie er es jetzt hatte, konnte er sich jedoch nicht erinnern. Er marterte sich mit Vorwürfen, hatte Angst, dass diese Tage und Stunden auf dem Schiff nicht wiedergutzumachenden Schaden zwischen ihnen anrichten könnten. Dass es keine Möglichkeit gab, mit ihr zu sprechen, fühlte sich an wie ein Rückfall ins Mittelalter. Es gab Minuten, da war er sich sicher, dass sie die Trennung schon vollzogen hatte, dass sie einfach abgereist war, nachdem er heute nicht wie geplant zurückgekehrt war. Hoffentlich hatte sie wenigstens seine Nachricht erhalten. Schon im nächsten Moment schalt er sich selbst einen Idioten. Für wie schwach und schlicht hielt er Anne eigentlich? Sie würde böse sein, natürlich, mit Recht. Aber letztlich würde sie verstehen, dass er und seine Kollegen keine Wahl gehabt hatten. Wenn ihre Vermutungen zutrafen, dann brach hier die alte Ordnung zusammen. Ein Wissenschaftler, der Zeuge solcher Vorgänge wurde und nicht augenblicklich alles andere stehen und liegen ließ, hätte seinen Beruf verfehlt.

Trotzdem nahm er sich vor, gegenüber den Kollegen noch nachdrücklicher auf eine rasche Rückfahrt zu drängen. Und falls sie ein weiteres Mal auf die Idee kommen sollten, länger bleiben zu wollen, würde er sich stur stellen, wenn auch schweren Herzens. Nicht nur er, auch die Mannschaft der *Queen Mabel* würde murren. Die Turbulenzen unter dem Kiel ihres Schiffes waren ihnen herzlich egal, sie hatten schon gestern nach der ersten Verlängerung lange Gesichter gezogen. Sie wollten zurück, zu ihren Familien. Die *Queen Mabel* war eigentlich das falsche Schiff für die jetzt nötigen Untersuchungen. Um weiterzukommen, wäre ein ganz anderer Aufwand erforderlich, ein Forschungsschiff mit Laboren, Tauchrobotern, Computern und Spezialisten an Bord. Die wenigen Schiffe auf der Welt, die das bieten konnten, waren auf Jahre hinaus verplant und ausgebucht. Gerade deshalb war es aber wichtig, jetzt so viel Material zu sammeln wie möglich, damit die Proben in Sicherheit gebracht und fachmännisch konserviert werden konnten.

Mit ihrem Ansinnen, einen Tag länger bleiben zu wollen, um mehr Zeit für die Probennahme und die Untersuchungen vor Ort zu haben, hatten Alberto und Dieter ihn am gestrigen Abend überrascht. Sie mussten sich abgesprochen haben, denn nach dem Essen bedrängten sie ihn, redeten zu zweit auf ihn ein und ließen ihn kaum zu Wort kommen. Fast wäre das Ganze in einen handfesten Streit ausgeartet. Für Dieter und Alberto war es ein großes Privileg, hier sein zu dürfen, jetzt, in diesem Moment, und natürlich konnte Hermann ihre Begeisterung nachempfinden. Wäre er allein gewesen, hätte er sich nicht anders verhalten. Ihnen war ein Himmelsgeschenk in den Schoß gefallen. Möglicherweise machte die marine Lebensgemeinschaft hier eine Art Phasenübergang durch. Die Entwicklung befand sich in einem frühen Stadium, war aber auf dem Weg zu neuen Ufern, davon war vor allem Alberto fest überzeugt. Die dramatischen Veränderungen infolge eines sich langsam aufheizenden Planeten, von denen alle redeten, hier hatten sie möglicherweise bereits begonnen.

Hin und her gerissen zwischen dem Wunsch, mehr über diese Vorgänge zu erfahren, nichts von dem Vulkanausbruch zu verpassen, und der Angst, seine Partnerin zu verärgern, hatte er sich in seine Kabine zurückgezogen, um eine halbe Stunde später mit fliegenden Fahnen auf die Seite seiner Kollegen überzulaufen, deren Enthusiasmus ihn einfach mitriss. Immer wieder unterbrochen von einem gefährlich klingenden Grollen des La Cumbre, genehmigten sie sich, zur Feier dieses Tages, die letzten noch übrig gebliebenen Bierflaschen, durchforsteten die Fachliteratur, die ihnen zur Verfügung stand, diskutierten stundenlang und steigerten sich in eine Art Rauschzustand. Keiner von ihnen hatte in dieser Nacht mehr als drei oder vier Stunden geschlafen.

Auch ihre kleine Expedition hatte einen Phasenübergang durchgemacht. Aus der Suche nach einem exotisch aussehenden Hai war eine geradezu fieberhafte Momentaufnahme einer ganzen Lebensgemeinschaft geworden. Unter dem Kiel der *Queen Mabel* war einiges in Bewegung geraten.

Begonnen hatte dieser Umschwung, als Alberto gestern endlich wiederaufgetaucht war. Er trug immer noch die Badehose, in den Händen hielt er seinen aufgeklappten Laptop, der ihm fast aus der Hand fiel, als er die gewaltige Aschesäule entdeckte, die nun den Blick nach Westen versperrte.

»Wow!«

»Da bist du ja endlich«, sagte Dieter. »Du hast echt was verpasst. Hast du es nicht gehört?«

»Was?«

»Die Explosion natürlich, den Ausbruch. Unsere Rufe.«

»Ich hatte Kopfhörer auf«, brummte er, stellte den Computer auf den Tisch, baggerte sich eine Handvoll Nüsse aus einer Schale, die mitten auf dem runden Tisch stand, und stellte sich knabbernd an die Schiffsreling. »Sieht irre aus. Sehr imposant.«

»Sehr imposant«, äffte ihn Dieter nach. »Alberto! Aufwachen! Was ist mit dir los?«

»Nichts, was soll mit mir los sein?«, sagte er und grinste. »Ich glaube nur, dass ich die Antwort auf unsere Fragen gefunden habe.«

»Die Antwort? Worauf denn? Mach mal die Augen auf. Wir werden Zeugen eines der spektakulärsten Vulkanausbrüche, die es in den letzten Jahrzehnten auf Galápagos gegeben hat.«

»Oh, vielleicht, ja. Das ist auch nicht schlecht, stimmt. Aber ich spreche nicht vom La Cumbre.« Er lachte kurz und räusperte sich. »Ich spreche von unseren Haien. Schon vergessen? Macht euch auf was gefasst. Gleich platzt eine zweite Bombe.«

Seine Kollegen sahen ihn verwundert an.

»Es war nicht leicht. Ich hatte den Titel der Arbeit vergessen und wusste nicht, wonach ich genau suchen sollte. Mein Rechner ist so voll mit Literatur, da verschwindet alles auf Nimmerwiedersehen, wenn ich nicht aufpasse.« Seine Stimme nahm einen feierlichen Ton an. »Aber dann habe ich es doch gefunden, und mir ist ein Licht aufgegangen. Kommt, setzen wir uns an den Tisch. Ich muss euch etwas zeigen. Es ist wirklich sensationell.«

»Da bin ich aber gespannt«, sagte Hermann, als er sich neben seine Kollegen auf die Sitzbank schob. Dieter schien genervt von Albertos rätselhaften Ankündigungen.

»Kein Wunder, dass unsere Freunde nicht zu bestimmen sind«, erklärte der Ecuadorianer. »An denen können wir uns die Zähne ausbeißen. Die passen in keine Schublade.«

»Das wissen wir bereits, Alberto. Ich dachte, du hättest was Neues in petto.« Dieter war nun auch auf die Nüsse aufmerksam geworden. Er hatte eine Handvoll vor sich aufgehäuft, begann, eine nach der anderen zu knacken, und schaute dabei aus dem Fenster.

»Spann uns nicht auf die Folter«, sagte Hermann.

»Also gut. Es sind Hybriden.«

»Hybriden?«, antworteten Hermann und Dieter wie aus einem Munde.

»Genau, ihr habt's erfasst.«

»Bei Haien?« Dieter schaute skeptisch. »Ziemlich gewagte Theorie, die du da aufstellst. Ist so etwas überhaupt schon mal beschrieben worden?«

»Und ob. Das ist es ja. Erst vor wenigen Wochen. Es geschieht nicht nur bei uns.« Alberto zeigte auf den Bildschirm seines Computers. »Hier: Australien. Ich hatte mir die Arbeit runtergeladen, bevor ich nach Galápagos geflogen bin, dann aber vergessen, sie zu lesen. Es geht um den Kleinen und den Australischen Schwarzspitzenhai. Entlang der gesamten australischen Westküste werden neuerdings Hybriden der beiden gefangen, und zwar nicht nur ein oder zwei, sondern eine ganze Menge. Dass sie sich kreuzen, ist demnach nicht gerade selten. Man findet auch Rückkreuzungen der Hybriden mit beiden Elternarten.«

»Das muss ich erst mal lesen, bevor ich es glaube«, sagte Dieter mit vollem Mund und beugte sich vor, um die kleine Schrift auf Albertos Bildschirm entziffern zu können.

Alberto sah ihn verwundert an. »Traust du mir nicht?«

»Wenn du es genau wissen willst: nein.«

»Hast du das gehört, Hermann?«

»Hab ich und finde es unerhört.« Hermann grinste. »In unserem Fall geht es aber nicht um Schwarzspitzenhaie.«

»Nein, bei uns sind es andere Arten, und das macht es meiner Meinung nach besonders aufregend. Es geschieht gleichzeitig an verschiedenen Orten. Es ist ein globales Phänomen.«

»Hast du eine Idee, welche Elternarten hier beteiligt sein könnten?«

»Einer ist der Weißspitzen-Hochseehai«, antwortete Alberto, ohne Dieter aus den Augen zu lassen. »Dafür würde ich meinen Schnurrbart verwetten. Die Form der Flossen ist uns doch von Anfang an aufgefallen, und sie ist für Hochseehaie ziemlich charakteristisch. Bei der zweiten Art wird es schwierig. Vielleicht der Galápagoshai. Keine Ahnung. Endgültig wird das erst die DNA-Analyse klären.«

Hermann nickte nachdenklich, versorgte sich ebenfalls mit einem Erdnussvorrat, bevor die Schüssel leer war, und schaute dann auf den Computermonitor. Für einige Minuten herrschte Stille um den großen Tisch der *Queen Mabel*, nur das Knacken der Nussschalen war zu hören. Und das Grollen des La Cumbre. Hermann und Dieter lasen, Alberto wartete.

»Erstaunlich«, sagte Dieter schließlich und lehnte sich zurück gegen das Rückenpolster der Sitzbank. »Wirklich, das ist für mich eine echte Überraschung. Haie geben ihre Keimzellen ja nicht einfach ins Wasser ab wie viele andere Fische, sie haben eine interne Befruchtung. Die Geschlechter müssen sich erkennen und akzeptieren. Es gibt ein Paarungsspiel, für meinen Geschmack etwas rau, aber die Partner müssen sich aufeinander einlassen, sonst klappt es nicht. Deshalb hätte ich solche Kreuzungen bei Haien für unmöglich gehalten oder wenigstens für sehr selten. Es sollte eigentlich Verhaltensbarrieren geben, die Hybridisierungen ausschließen.«

»Offenbar nicht.«

»Langsam, Alberto. Noch ist es nur eine Theorie.«

»Aber es liegt doch auf der Hand. Entweder diese Barrieren sind generell nicht besonders effektiv, oder sie können unter bestimmten Umständen zusammenbrechen.«

»Und was sind das für Umstände?«

Alberto zuckte die Achseln. »Ich will jetzt nicht mit Global Change antworten. Das wäre zu einfach. Was genau dazu führt, gilt es wohl noch herauszufinden.«

»Ich finde die Theorie ziemlich überzeugend«, sagte Hermann. »Und sie würde einiges erklären. Wir vermuten doch seit Langem, dass im Zuge des globalen Wandels Tier- und Pflanzenarten miteinander in Kontakt kommen werden, die sich vorher nie oder nur selten begegnet sind. Es werden neue Hybridzonen entstehen, überall. Vielleicht haben wir die Barrieren zwischen den Arten überschätzt. Mir fallen da die Buntbarsche im Viktoriasee ein. Was mit denen passiert ist, hatte auch niemand erwartet.«

»Ach ja, gab es dazu nicht auch eine Studie?« Dieter schien sich nicht mehr recht zu erinnern. »Was hatte es mit denen noch mal auf sich?«

»Na ja, hübsche kleine Fische waren das, aber man hatte sie schon fast abgeschrieben. Es gab einmal über fünfhundert Arten im Viktoriasee, ein spektakulärer Artenschwarm. Wissenschaftler aus Leiden waren dabei, ihn zu untersuchen, als die Bestände vor ihren Augen innerhalb weniger Jahre zusammenbrachen. Schuld war der Nilbarsch, ein Riesenbursche, den die Kenianer in den 1960er-Jahren ausgesetzt hatten und der den See leer zu fressen drohte.«

»Ach, immer wieder die alte Geschichte«, stöhnte Alberto. »Das kennen wir auf Galápagos zur Genüge.«

»Noch vor einigen Jahren hätte wahrscheinlich niemand auch nur einen Cent auf die Buntbarsche gewettet«, fuhr Hermann fort. »Aber dann haben sich die Bestände plötzlich wieder erholt. Plötzlich tauchten Tiere auf, die keiner der bekannten Arten anzugehören schienen. Es waren Hybriden. Der ganze Restbestand an Buntbarschen schien sich zu einer Art Hybridschwarm vereinigt zu haben, in dem es jeder mit jedem trieb. Und heraus kamen lauter neue Formen, die noch niemand zuvor gesehen hatte. So ähnlich muss es einmal zugegangen sein, als die Tiere den See besiedelt und sich in verschiedener Weise spezialisiert haben.«

»Spannend«, murmelte Dieter und nickte.

»Finde ich auch.«

»Es gibt aber einen Haken an der Sache, Hermann, einen sehr entscheidenden Unterschied zwischen diesen Buntbarschen und unseren Haien, wenn du mich fragst.«

Hermann legte die Stirn in Falten. »Und der wäre?«

»Haie sind stammesgeschichtlich betrachtet uralt, während die Barsche vermutlich junge Arten sind, oder? Liege ich falsch? Wann sind sie entstanden? Lass mich raten: vor fünfzigtausend Jahren, oder hunderttausend?«

Hermann schmunzelte. »Du hast recht. Der Viktoriasee ist vor etwa fünfzehntausend Jahren vollständig ausgetrocknet. Erst als er sich dann wieder gefüllt hat, wanderten die Buntbarsche ein.«

»Wusst ich's doch. Fünfzehntausend Jahre – das sind Babys, extrem junge Arten. Sie sind sich genetisch noch sehr ähnlich und können deshalb leicht hybridisieren.«

»Genau wie auf Galápagos die Finken«, schaltete sich Alberto ein. »Auch bei denen gibt es Hybriden, und nicht zu knapp. Könnt ihr bei Carolyn und Mark Little nachlesen. Die Vögel sind natürlich auch viel jünger als die Haie, aber älter als die Barsche. Man weiß ziemlich genau, seit wann es sie gibt, denn die Finkengenome sind kürzlich vollständig entziffert worden.«

Sie schwiegen einen Moment. Jeder hing seinen Gedanken nach.

»Sag mal, Dieter ...« Hermann knackte die letzte Schale

und warf sich die freigelegten Nüsse in den Mund. »Was ist mit all den anderen Tieren, die du gefunden hast?«

»Was soll mit ihnen sein?«

»Du hast doch gesagt, etliche davon seien neu für diese Gewässer. Du hättest sie noch nie hier gesehen.«

»Ja, bei vielen Tiergruppen bin ich mir nicht sicher, da bin ich kein Experte, aber für einige Fischarten gilt das bestimmt. Und?«

»Mir kommt das sehr unwahrscheinlich vor. Ich meine ... warum hat sie bisher noch niemand gefunden? Und wenn sie sich hier erst vor Kurzem angesiedelt haben, woher kommen sie? Wenn sie von der südamerikanischen Küste kämen, hättet ihr sie doch erkannt. Ich musste gerade denken ... vielleicht handelt es sich auch um Hybriden. Vielleicht betrifft das Phänomen nicht nur die Haie.«

Alberto lachte, als Dieter buchstäblich der Unterkiefer herunterklappte. Offenbar hatte er diese Möglichkeit bisher nicht in Erwägung gezogen. In dem kleinen Biologen arbeitete es. Dann sprang er auf und drängte sich in den Gang hinaus.

»Ich muss sofort wieder ins Wasser, Männer. Und ihr müsst mir helfen, allein schaffe ich das nicht. Wir müssen alles dokumentieren, jeden Quadratzentimeter des Riffs. Und von den Fischen brauchen wir Fotos, je mehr, desto besser. Los, kommt, hängt hier nicht so träge herum. Träumen könnt ihr, wenn wir wieder zurück sind.«

Als sie anderthalb Stunden später wieder am Tisch saßen und die Fotos und Filmsequenzen betrachteten, die sie aufgenommen hatten, begannen Dieter und Alberto, auf Hermann einzureden. Er habe ja gesehen, wie es da unten aussehe, wie groß die Vielfalt sei. Um diese Lebensgemeinschaft einigermaßen vollständig zu erfassen, brauchten sie mindestens einen Tag mehr Zeit, das müsse er doch einsehen. Und diesen Tag bekamen sie dann auch.

12

Isla Santa Cruz, Charles Darwin Research Station

Bis zur Mittagszeit hatten sich die Reihen im Sammlungsgebäude merklich gelichtet. Das Haus war überfüllt gewesen, auf dem Fußboden oder den Treppenstufen sitzend, hatten die Menschen mehrere Stunden ausgeharrt, ohne dass irgendetwas geschehen war. Die Kinder quengelten. Es war eng und stickig, und die aus allen möglichen Quellen zusammengesuchten Trinkwasservorräte gingen zur Neige. In einer Ecke des Foyers türmten sich leere Plastikflaschen.

Etwa alle halbe Stunde, wenn ein Anruf von Miguel oder der Polizei aus dem Ort kam, wurde es still im Haus, weil alle die Ohren spitzten und gespannt darauf warteten, was Estraga oder eine der Frauen aus dem Sekretariat sagen würden. Bislang hatte es jedes Mal geheißen, es gebe keine Neuigkeiten, die Lage sei unverändert, die Fischer stünden weiterhin vor der Polizeistation und warteten. Worauf? Und wie lange würde das noch so weitergehen? Die Minuten zogen sich quälend dahin.

Anne hatte inzwischen durch Nachfragen herausbekommen, dass es sich bei Francisco Viero, dem Mann, der von der Polizei festgehalten wurde, um den Hünen handelte, der ihr inmitten des Treibens am Fischmarkt schon mehrfach aufgefallen war. Alle, die hier lebten und arbeiteten, schienen Francisco zu kennen, und es überraschte sie nicht, dass gerade dieser Mann als Rädelsführer der Fischer galt. Sie hatte seine bemerkenswerte Ausstrahlung von Anfang an gespürt. Mit seinen ruhigen, bedächtigen Bewegungen hatte er stets wie ein Fels in der Brandung gewirkt.

Enge und Ungewissheit zerrten bei allen, die sich im Haus aufhielten, an den Nerven, und irgendwann erklärte eine Schweizer Touristenfamilie, sie halte es nicht mehr aus und werde sich jetzt unverzüglich auf den Rückweg in ihr Hotel machen. Es dauerte nicht lange, bis Gonzalo auf der Bildfläche erschien, auf seine schlimmen Erfahrungen verwies und sich aufs Neue in eindringlichen Warnungen vor der angeblichen Brutalität der Fischer erging. Doch jetzt wandten die Menschen sich ab, kaum jemand hörte noch auf ihn. Die stundenlange ereignislose Wartezeit hatte seine düsteren Vorhersagen nicht gerade glaubwürdiger gemacht, und es waren auch keine weiteren Schüsse gefallen. »Die werden uns schon nicht angreifen«, erklärte der Schweizer, während er sich den Schweiß von der Stirn wischte und seine Frau mit einem kleinen Mädchen an der Hand danebenstand und alles andere als glücklich aussah.

Weitere Familien schlossen sich an, die Kinder waren müde und brauchten dringend etwas zu essen. Estraga zeigte sich in höchstem Maße alarmiert, ihm blieb jedoch nichts anderes übrig, als sie ziehen zu lassen. Allerdings nicht allein, darauf bestand er. Zwei einheimische Männer in Ranger-Uniformen boten sich an, die Urlauber zu begleiten, und der Direktor schärfte ihnen ein, sie bis zu ihren Hotels zu bringen. Es dauerte noch einige Minuten, dann machten sich etwa fünfzehn Männer, Frauen und Kinder auf den Weg, flankiert von den beiden ihre Fahrräder schiebenden Park-Rangern. Estraga eilte ans Telefon, um der Polizei in Puerto Ayora die Ankunft der Touristengruppe anzukündigen. Die Lage sei weiterhin ruhig, erhielt er zur Antwort. Man werde ein Auge auf die Ankömmlinge haben.

Durch die Glasfront verfolgten die Menschen, wie die Gruppe sich langsam entfernte und schließlich hinter einer Biegung der Straße verschwand. Anne, die wie alle im Haus schweißgebadet war, fragte sich bei dieser Gelegenheit, warum schon lange niemand mehr den umgekehrten Weg eingeschlagen hatte. Sie hatte jedenfalls niemanden kommen sehen. Wo blieben die Touristen, die an normalen Tagen scharenweise in die Station pilgerten, um auf dem Rundweg durch den Nationalpark zu laufen und sich die Schildkröten und Leguane anzusehen? Hatte die Polizei die Straße abgeriegelt oder gar eine Art Ausgangssperre verhängt? Was war mit den Bootstouren in die nähere Umgebung und den Kreuzfahrtschiffen, die draußen in der Bucht auf ihre Passagiere warteten?

Mit einem Schlag wurde ihr klar, dass die Auseinandersetzungen auch für die Inselökonomie eine Katastrophe waren, genau das Szenario, das Nuñez unbedingt hatte verhindern wollen. Die belagerte Polizeistation lag am Hafen, mitten im Herzen von Puerto Ayora. Sicher hatte man die Urlauber gewarnt, und sie blieben freiwillig in ihren Hotels. Wer die Schüsse gehört hatte, verspürte vermutlich wenig Lust, sich draußen einer unkalkulierbaren Gefahr auszusetzen. Andererseits hatten die Leute viel Geld bezahlt, um die berühmte Natur der Inseln und ihre arglosen Bewohner zu erleben, und den meisten blieb dafür nur wenig Zeit. Galápagos war nicht der Ort, um tagelang am Hotelpool abzuhängen und dicke Bücher zu lesen. Lange würden sich die Gäste die erzwungene Untätigkeit nicht bieten lassen.

Nach dem Auszug der Touristen gab es im Foyer des Sammlungsgebäudes etwas mehr Platz, und doch verging keine Viertelstunde, bis sich die Nächsten verabschiedeten, diesmal eine Gruppe ecuadorianischer Praktikanten. Sie wollten nur den Hang hinauf in ihre Quartiere und versicherten, bis auf Weiteres würden sie sich nicht von dort entfernen.

Als auch einige Wissenschaftler in ihren Büros verschwanden, sah Daniel Estraga ein, dass er die Menschen nicht länger im Haus zusammenpferchen konnte. Warum auch? Hatte nicht er selbst mehrfach wiederholt, für wie unwahrscheinlich er einen Angriff der Fischer hielt?

Der Direktor vermied es, daran zu denken, was geschehen könnte, wenn Francisco weiterhin in Haft blieb, wenn er tatsächlich schuldig war. Dann hatten sie ein riesengroßes Problem, sie alle, die sie auf diesen Inseln lebten und arbeiteten. Für die Fischer war Francisco fast ein Heiliger, der sich für sie einsetzte, was immer geschah, einer, der den Heißspornen unter ihnen auch mal gehörig den Kopf waschen konnte, wenn es nötig war. Schon sein Vater war ein Aktivist gewesen, einer der Anführer der Fischer während des *Pepino*-Kriegs. Die Rolle lag Francisco also im Blut. Auf ihn hörten sie, und ohne ihn fühlten sie sich vermutlich verloren, wurden unberechenbar und damit gefährlich. Um den Inselfrieden war es wohl besser bestellt, wenn Francisco sich als unschuldig erwies.

Estraga gab sich einen Ruck, nahm vor der Eingangstür Aufstellung und räusperte sich. »Hallo, Leute. Alle mal herhören, bitte!«

Mit fester Stimme erklärte er, dass er keine Notwendigkeit mehr sehe, sich weiter zu verschanzen. Jeder noch im Foyer verbliebene Mitarbeiter solle wieder seiner Arbeit nachgehen, er bitte allerdings darum, das Stationsgelände nicht zu verlassen. Falls wider Erwarten schlechte Nachrichten aus Puerto Ayora eintreffen würden, werde er sofort den Feueralarm auslösen. Alle sollten sich in diesem Fall so schnell wie möglich wieder im Sammlungsgebäude einfinden.

Er erntete zustimmendes Gemurmel. Die meisten hielten diese Entscheidung für überfällig, auch die Bremer Wissenschaftler, die sich als Gastforscher aber nicht in der Position gesehen hatten, dem Direktor vor seinen Mitarbeitern zu widersprechen.

Anne fragte sich, was die ganze Zeit über in David vorging. Vielleicht war er einfach nur müde und übernächtigt. Mit gesenktem Kopf vor sich hin brütend und ohne mit jemandem zu reden, hatte er auf einer Treppenstufe gesessen, doch zumindest sein Gehör schien noch zu funktionieren. Kaum hatte Estraga seine Erklärung beendet, sprang er auf und stürzte sich mit Salvatore, Reinhardt und Isabelle in das Gedränge vor der Eingangstür und schließlich hinaus in die mittägliche Gluthitze. Carol und Lieke hatten sich ja schon vor Stunden ins marine Labor abgesetzt. Die anderen schlugen jetzt den gleichen Weg ein.

Anne hatte es dagegen nicht eilig. Sie war noch unschlüssig, was sie mit dem Rest dieses Tages anfangen sollte, wartete ab, bis sich das Menschenknäuel an der Tür aufgelöst hatte, und verließ das Gebäude dann als eine der Letzten. Endlich wieder unter freiem Himmel, atmete sie ein paarmal tief durch, sah David und Isabelle hinterher, die gerade hinter dem Verwaltungsgebäude verschwanden, und entschied sich dann, in ihrem Bungalow etwas Obst und den Joghurt aus dem Kühlschrank zu essen und danach ans Meer zu gehen, um an ihrem Lieblingsplatz ein wenig zu lesen. Wenn die Lage es zuließ, konnte sie später zum Abendessen noch in die Stadt laufen. Vielleicht schloss sie sich auch den anderen an. Mit Hermann war ja wohl nicht zu rechnen. Wie die meisten Menschen, die froh waren, der Enge und schlechten Luft des Hauses entkommen zu sein, war Anne zu diesem Zeitpunkt eher optimistisch gestimmt und rechnete nicht mehr mit einer Zuspitzung der Lage.

Doch sie täuschte sich. Gut eine Stunde nachdem sich das Foyer des Hauses geleert hatte, brach das Chaos aus. Innerhalb weniger Minuten herrschten am Hafen von Puerto Ayora bürgerkriegsartige Zustände. Schreiende Menschen rannten umher und suchten Schutz in Restaurants und Geschäften, deren Angestellte hinter ihnen hastig die Türen schlossen. Um 14 Uhr war das Ultimatum abgelaufen, und ohne lange zu zögern, waren die Fischer unter lautem Gebrüll auf die Kette der vor dem Gebäude postierten Polizisten losgegangen, unter denen sich viele junge und unerfahrene Männer befanden. Nach Stunden der Untätigkeit sahen sie sich mit mindestens drei Dutzend primitive Waffen schwingenden Männern konfrontiert, die plötzlich wie wild gewordene Eingeborene auf sie zurannten. Starr vor Angst, wussten sie sich nicht anders zu helfen, als mehrere Gewehrsalven in den Tropenhimmel zu feuern, was die Fischer nur noch wütender machte und in der Charles-Darwin-Station, die gerade wieder zur Normalität zurückgekehrt war, für hektische Aktivität sorgte. Es war gar nicht nötig gewesen, den Feueralarm auszulösen. Die Schüsse schreckten die Menschen auf und trieben sie aus allen Richtungen auf den Eingang des Sammlungsgebäudes zu.

Vor dem Polizeirevier kam es zu einer Schlägerei, und schon nach wenigen Minuten war abzusehen, dass die Vorteile aufseiten der Fischer lagen. Aus dem Revier stürzten sich daraufhin weitere Polizeikräfte in den Kampf, und die Auseinandersetzung wurde erst beendet, als jemand aus einem Fenster im oberen Stockwerk der Polizeistation einen gezielten Schuss abgab und einer der Fischer mit durchschossenem Oberschenkel auf dem Straßenpflaster zusammenbrach. Seine Schmerzensschreie und die Blutlache, die sich auf dem Pflaster ausbreitete, bewirkten, dass seine Mitstreiter innehielten und sich zögernd aus dem Hafengelände zurückzogen. Ein weiß bekittelter Arzt stürzte winkend aus dem Polizeigebäude, kniete neben dem Verwundeten nieder und signalisierte mit heftigen Armbewegungen, dass Eile geboten war. Offenbar war die Beinschlagader getroffen, der Mann verlor viel Blut. Zwei Polizisten kamen mit einer Trage angerannt. Jemand schrie den Fischern mithilfe eines übersteuerten Megafons hinterher, sie sollten endlich die Waffen niederlegen und zu ihren Familien zurückkehren, sonst werde man sie mithilfe des Militärs einen nach dem anderen verhaften und auf dem Festland wegen Landfriedensbruchs ins Gefängnis stecken. Danach kam es zu keinen weiteren Zusammenstößen mehr, doch den ganzen Nachmittag über sah man Posten der Fischer rauchend an den Ecken der Straßen stehen, die in die höher gelegenen Stadtviertel führten. Sie verfolgten genau, was sich am Hafen tat.

Dort, unter den Bootsführern und den Menschen, die in den umliegenden Restaurants und Geschäften arbeiteten, hatte man nicht das geringste Verständnis für die Gewaltexzesse der Landsleute. Gerüchte machten die Runde, die Fischer hätten sich nur zurückgezogen, um einen neuen Angriffsplan auszuhecken, und sie seien nach wie vor zum Äußersten entschlossen. Einige Gewerbetreibende des Ortes, die sich im Hinterzimmer eines Restaurants zusammengefunden hatten, um die Lage zu besprechen, erwogen sogar, aus ihren Reihen eine Art Bürgerwehr zu bilden, die sich den Fischern entgegenstellen sollte.

Von der Polizei erwartete man wenig Unterstützung. Wie hatte sie nur so dumm sein können, ausgerechnet Francisco Viero zu inhaftieren? Man musste wahrlich kein Prophet sein, um vorherzusagen, wie seine Kollegen darauf reagieren würden. Blinder Aktionismus war das und absolut kontraproduktiv. Bei dem Brandstifter konnte es sich doch nur um einen Verrückten handeln, und Francisco war alles andere als verrückt.

Was in Gottes Namen bezweckte der Täter? Wollte er einfach Angst und Schrecken verbreiten? Wozu? Und wo sollte das hinführen? Zuletzt hatte sogar ein Touristenboot gebrannt. Ein Mensch war gestorben. Wenn die Gäste zu Hause blieben, würde das ihnen allen den Boden unter den Füßen wegziehen, ob sie nun Pizza oder T-Shirts, Luxuskreuzfahrten oder Tauchexkursionen verkauften. Ohne Touristen kein Geschäft, kein Geld, keine Arbeit, keine Zukunft. Die Erosion hatte schon eingesetzt. In Windeseile hatten sich die Nachrichten und Bilder des gestrigen Tages im Netz verbreitet. Erdbeben, Tsunamiwarnungen, Vulkanausbrüche und jetzt auch noch Straßenschlachten. In der Hinterzimmerrunde berichtete ein Tourveranstalter von ersten Stornierungen, die ausdrücklich mit den Ereignissen von heute Morgen begründet wurden. Andere erzählten von besorgten Anrufen und Mailanfragen, die sich nach den Zuständen auf der Insel erkundigten. Die Katastrophe war bereits im Gange, und wenn es so weiterging, konnten sie ihre Läden dichtmachen. Im Internetzeitalter bekam man die Quittung sofort serviert, selbst auf Inseln mitten im Pazifik.

Dass die Fischer sich mit Franciscos Verhaftung abfinden könnten, hielten die Menschen in Puerto Ayora für ausgeschlossen. Also herrschte die Ruhe vor einem Sturm, von dem niemand wusste, wann er kommen und wie stark er sein würde. Der örtliche Polizeichef griff schließlich höchstselbst zum Telefon, um die Menschen in der Charles-Darwin-Station zu warnen. Er wolle keine Ängste schüren, aber die Lage sei unklar, und er könne nicht ausschließen, dass die Fischer in ihrer Wut und Enttäuschung einen Angriff auf die Forschungsstation in Erwägung ziehen könnten. Man solle dort also weiter vorbereitet sein. Natürlich werde die Polizei alles tun, um eine solche Entwicklung zu verhindern und die Station zu schützen.

Wenige Kilometer entfernt ließ Estraga langsam den Hörer sinken. Die Station schützen, dachte er und schluckte. Die können sich doch kaum selbst schützen.

Das Foyer war wieder fast so voll wie am Vormittag, und Gonzalo und die, die seine Ansichten teilten, hatten sichtbar Oberwasser bekommen. Einige Männer hatten begonnen, Stühle aus den Büros zu tragen und rechts und links neben der Eingangstür zu stapeln, um daraus, falls erforderlich, schnell

Barrikaden errichten zu können. Als Nächstes waren die Tische aus den Sammlungsräumen an der Reihe. Angesichts der Enge im Foyer und einer Hausfront, die hauptsächlich aus Glas bestand, machte der Barrikadenbau in Estragas Augen zwar wenig Sinn, aber die Leute hatten so wenigstens etwas zu tun und kamen nicht auf noch dümmere Gedanken. Deshalb ließ er sie gewähren. Als er das Sekretariat verließ, um hinüber ins Sammlungsgebäude zu gehen, beschloss er aber, den Anruf des Polizeichefs für sich zu behalten. Er wollte nicht noch Öl ins Feuer gießen.

Anne gehörte nicht zu denen, die nach dem Wiederaufflammen der Unruhen erneut Schutz suchten. Wie geplant, hatte sie im Bungalow eine Kleinigkeit gegessen und war gleich, lange bevor die Schüsse gefallen waren, wieder aufgebrochen, um den Rest des Nachmittags am Meer zu verbringen. Die stationsnahe Küste war für sie zu einem wichtigen Rückzugsort geworden.

Als sie das Sammlungsgebäude passierte, beschlich sie ein seltsam beklemmendes Gefühl. Den ganzen Vormittag hatte sie darin zugebracht, nicht unbedingt in Angst, aber doch in banger Erwartung der Dinge, die möglicherweise noch auf sie zukommen könnten, und vor nicht einmal einer Stunde war das Haus noch voller Menschen gewesen. Jetzt schaute sie im Vorbeigehen durch die gläserne Hausfront ins Foyer und sah keinen einzigen mehr. Nur der große Haufen Plastikwasserflaschen in einer Ecke des Foyers und die Snackverpackungen und Getränkebüchsen, die überall auf dem Fußboden herumlagen, erinnerten an das, was sich hier zugetragen hatte. Niemand hatte sich die Mühe gemacht, aufzuräumen. Alle hatten nur weggewollt, raus. Wenn sie daran dachte, was Nuñez über die Geldnöte der Station erzählt hatte, überkam sie das Gefühl, in eine mögliche Zukunft dieser Forschungseinrichtung zu blicken: trostlos, verlassen, verwahrlost, aufgegeben.

Sie sah zum Verwaltungsgebäude hinüber und stellte fest, dass sogar Valeria und Lucia ausgeflogen waren, denen man sonst von früh bis spät durch die große Glasscheibe bei der Sekretariatsarbeit zusehen konnte. Die Stationsmitarbeiter schienen sich aus dem Weg gehen zu wollen, wenigstens für eine Weile. Und Besucher gab es immer noch nicht. In der flirrenden Mittagshitze lag das Gelände wie ausgestorben. Was jetzt wohl in Puerto Ayora los war? Belauerten sie sich immer noch gegenseitig? Wahrscheinlich wagte sich auch dort niemand auf die Straße.

Normalerweise suchte Anne auf dem Weg zum Strand Deckung durch Sträucher und Opuntienbäume, damit sie niemand entdecken und aufhalten konnte. Weil kein Mensch in der Nähe zu sein schien, ließ sie diesmal aber alle Vorsicht fahren und schlenderte knapp oberhalb der Wasserlinie über das schwarze Vulkangestein, sodass sie auf den ersten zweihundert Metern von der Terrasse der Station aus gut zu sehen war. Einmal blickte sie sich um und dachte daran, wie sie mit Hermann dort oben gesessen hatte, um sich ihre Tauchvideos anzusehen. War das wirklich erst drei Tage her?

Anne wich einem Meeresleguan aus, der sich vor ihr in aller Ruhe ins Wasser gleiten ließ, und setzte dann ihren Weg fort. Kleine Wellen schlugen gegen das felsige Ufer, Seevögel schrien heiser. Grellbunte Krabben huschten in Deckung, manche so groß wie die Hand eines erwachsenen Menschen. Genau in ihrer Laufrichtung ragte die Aschewolke des La Cumbre in den Himmel, viele Kilometer entfernt. Wie weit genau, wusste sie nicht. Mit dem Schiff hatten sie für den Rückweg von Fernandina eine ganze Nacht gebraucht. Mittlerweile hatte sich die Rauchsäule verändert, und Anne blieb stehen, um sich das Schauspiel genauer anzusehen. Zerzaust sah die Wolke jetzt aus und oben wie abgeschnitten, als sei sie gegen eine unsichtbare Barriere gestoßen und krieche jetzt an deren Unterseite entlang.

Anne lief weiter und konzentrierte sich darauf, wohin sie ihre Füße setzte. Sie hatte nur Sandalen an, und auf dem scharfkantigen Gestein musste man auf jeden Schritt achtgeben. Vorsichtig stieg sie über kleine Seewassertümpel, die sich in Gesteinsspalten auftaten und in denen kleine Fische herumflitzten und Einsiedlerkrebse lebten.

Um den Platz, den sie so liebte, nicht zu verpassen, musste sie sich nach einigen Hundert Metern vom Wasser entfernen und über löchriges und blasiges Gestein auf das Buschland zu- und dann eine Weile daran entlanglaufen. Sobald sie das Gebüsch erreicht hatte, war der weitere Weg unproblematisch. Er führte über Sand und glatt geschliffenes Gestein, und bald war sie so in Gedanken an diesen denkwürdigen Vormittag und den Irrsinn der letzten Tage vertieft, dass sie die leisen Stimmen, die der Wind hin und wieder in ihre Richtung wehte, völlig überhörte. Zum Glück entdeckte sie das Paar langer, blond behaarter und damit im hellen Sand gut getarnter Männerbeine, das aus dem Schatten herausragte, noch rechtzeitig, um nicht darüber zu stolpern. Sie blieb abrupt stehen und duckte sich unwillkürlich unter das Gebüsch. Sie war verwirrt und auch ein wenig verärgert. Zum ersten Mal war der Platz besetzt. Ihr Platz.

Dann hörte sie die Stimmen und merkte, dass sie Deutsch sprachen. Sie erkannte David, und danach war es nicht schwer zu erraten, wem die weibliche Stimme mit dem herrlichen holländischen Akzent gehörte. Ihr erster Impuls war, aus der Deckung herauszutreten und Lieke und David zu begrüßen, doch dann zögerte sie. Die beiden hatten sich nach dem Trubel des Vormittags hierher zurückgezogen, genau so, wie sie das vorgehabt hatte, und es wäre nicht sehr nett gewesen, sie zu stören. Also würde sie sich schweren Herzens einen anderen Platz suchen müssen. Sie konnte aber nicht ungesehen an dem Paar vorbei. Auch wenn sie unten am Wasser weiterliefe, würden die beiden sie sehen, und um ihre Zweisamkeit wäre es geschehen. Plötzlich schnappte Anne Worte auf, die so drängend waren, dass sie sie augenblicklich gefangen nahmen und in eine heimliche Zuhörerin verwandelten. Es gab kein Zurück mehr. »David, rede mit mir! Bitte! Du bist so anders in den letzten Tagen. Ich hab das Gefühl, ich kenne dich kaum noch.«

Zunächst hatte es nicht den Anschein, als wollte David überhaupt auf Liekes Bitte reagieren, denn es folgte ein langes Schweigen. Doch dann setzte er mehrmals zu sprechen an, und schließlich brach es aus ihm heraus: »Ich ... ich ... Mann, Lieke, ich weiß einfach nicht, wie ich das ertragen soll. Ich habe richtig Schei...«

David versagte die Stimme, und Anne wagte kaum, Luft zu holen.

»Ist was mit deiner Arbeit? Oder geht es um unsere Flugblattaktion?«

»Nein, ich hab z...« Wieder brach David ab, und seine Stimme zitterte verdächtig. Weinte er etwa?

»Sag mir doch bitte, was dich so fertigmacht. Wie soll ich dir sonst helfen? Geht es um diese Bootstypen? Um die Schlägerei?«

»Ich ... ich muss nur die Augen zumachen, dann sehe ich ihre Gesichter vor mir, hassverzerrt. Ich habe so etwas noch nie erlebt. Ich hatte wirklich Angst gestern, ich dachte, die bringen uns um.«

»Ach, David, Liebling, es tut mir so leid. Du brauchst einfach ein bisschen mehr Zeit. Du musst Abstand gewinnen. Dass die so reagieren, konnte doch echt niemand wissen. Aber Reinhardt hatte wohl recht, wir haben nur an die Touristen gedacht, nicht an die Einheimischen. Für die geht es um die Existenz, nicht nur um ein paar Ferientage. Die haben gleich gedacht, wir wollen ihnen an den Kragen, wollen ihre Lebensgrundlage zerstören.«

Von David war nur ein Schniefen zu hören, während Lieke noch immer sanft auf ihn einredete. »Wir dürfen uns dadurch nicht von unserem Weg abbringen lassen, David. Wir müssen uns einfach weiter engagieren und weiter forschen. Was denn sonst? Einen anderen Weg gibt es nicht.«

»Vielleicht schon.«

»Welchen denn?«

»Ich weiß nicht. Irgendwie muss man die Leute doch aufrütteln. Oder sollen wir etwa weiter still unsere Daten sammeln und die Welt mit unseren Ergebnissen verschonen? Weil uns eh niemand zuhört oder wir im schlechtesten Fall noch für unsere Wahrheiten zusammengeschlagen werden?«

»Das klingt furchtbar, ich weiß. Aber ein bisschen ist es doch so. Sonst würden wir diesen Kampf schon jetzt verloren geben. Wir müssen versuchen zu verstehen, was genau vor sich geht, wie die Natur auf die globalen Entwicklungen reagiert. Damit wir vielleicht Gegenmaßnahmen treffen können. Und vielleicht stellen wir in manchen Fällen sogar fest, dass es gar nicht so schlimm kommt, wie wir befürchten. Denk an die Korallenriffe. Wenn wir Glück haben, können sie mehr verkraften als gedacht.«

»Wenn *sie* Glück haben«, korrigierte David. »Es geht nicht um uns.«

»Ja, natürlich. Du verstehst doch, was ich meine. Außerdem muss das Sterben belegt werden, Art für Art. Und das können nur wir. Ein schrecklicher Job, aber wichtig. So wird später wenigstens niemand behaupten können, wir hätten nichts gewusst.«

»Ob du's glaubst oder nicht, aber das ist das erste gute Argument, das ich höre. Wir brauchen nämlich wirklich eine neue Wissenschaft, eine Wissenschaft vom Aussterben. Wenn uns in Zukunft jemand fragt, was wir gemacht haben, können wir sagen, wir waren Defaunationsbiologen, wir haben den Niedergang der Tiere für die Nachwelt protokolliert. Wirklich ein beschissener Job, aber jemand muss ihn ja übernehmen. Dann wären wir so was wie die biologische Entsprechung der Gerichtsmediziner, wir ermitteln Todesursachen und führen Aussterbelisten. Boah, das ist doch alles zum Kotzen.«

»Hätte ich's nur nicht gesagt.«

»Nein, du hast ja recht. Genauso sieht es aus.«

Davids Sarkasmus schien Lieke die Sprache verschlagen zu haben. Für ein, zwei Minuten schwiegen sie.

»Ist dir eigentlich klar, dass ich morgen auf dieses Scheißschiff muss?«, fragte David plötzlich.

»Echt? Nee, das hatte ich ganz vergessen. Wirklich, morgen schon?« Das schien ihr gar nicht zu schmecken, und niemand verstand das besser als Anne. Aber Lieke fiel etwas ein, das ihre Stimmung merklich aufhellte. »Wenn ich es mir recht überlege … gutes Essen, frische Seeluft, tolle Landschaften. Kommt das für dich nicht genau zur richtigen Zeit? Erklär den Leuten, was du weißt, halte deine Vorträge. Das wird dich auf andere Gedanken bringen.«

»Das Letzte, worauf ich grad Lust habe, sind diese Idioten …«

»Ach, komm. Wieso Idioten? Da sind immer auch nette Leute dabei. Du musst es so sehen: Du machst im Kleinen, was wir am Hafen im Großen versucht haben. Überzeuge sie, einen nach dem anderen. Ich weiß, du kannst das.«

David brummte missmutig.

»Ich mein's ernst. Das ist genau das, was du jetzt brauchst, David. Du magst es doch, wenn die Leute dir zuhören, oder? Du stehst gerne im Mittelpunkt.«

»Was soll denn das jetzt heißen?«

Lieke lachte. »Ich sag nur, wie's ist. Du wirst bestens gelaunt sein, weil alle an deinen Lippen hängen, von morgens bis abends, besonders die Frauen natürlich. Aber pass auf, du darfst es mit den Aussterbeszenarien nicht übertreiben. Sonst verschreckst du sie. Frauen sind mehr dem Leben zugewandt, weißt du? Fährst du eigentlich allein?«

»Nein.«

»Wer fährt denn mit?«

»Isabelle.«

»Was? Das sagst du mir jetzt? Wie ist es denn dazu gekommen?«

»Zufall. Du hättest dich ja auch bewerben können.«

»Zufall.« Lieke äffte ihn nach. »Das glaubst du doch selbst nicht. Sie hat das eingefädelt. Die kann doch kaum an was anderes denken als an dich. Und erzähl mir nicht, dass du das nicht weißt. Du ... pass ja auf, mein Lieber. Ich habe meine Augen und Ohren überall ...«

Plötzlich kicherte sie. Anne konnte nicht sehen, was die beiden trieben, das Gesträuch, das zwischen ihnen wuchs, war zu dicht. Aber es hörte sich an, als ob Lieke ihn irgendwie piesackte. Von welchem Schiff hatten sie wohl gesprochen? Dass die kleine Französin ein Auge auf David geworfen hatte, war Anne nicht entgangen, und sie war süß und sexy und wusste genau, was sie wollte. Verständlich, dass Lieke sich Sorgen machte.

»Komm, küss mich.«

Auch das noch. Anne verdrehte die Augen und hielt die Luft an. Ein junges Liebespaar zu belauschen ... wie hatte sie sich nur in eine derart peinliche Situation bringen können? Sie wünschte sich irgendwohin, in weite Ferne. Was sollte sie machen? Sich die Ohren zuhalten? Um zu verschwinden, war es zu spät. Wenn sie jetzt ging und die beiden sie bemerkten ... Sie durfte gar nicht daran denken. Vor Scham würde sie im Boden versinken.

»Nicht, Lieke, lass mich mal.«

»Warum denn?«

»Mir ist einfach nicht danach.«

»Vielleicht würde dich das aber ein bisschen auf andere Gedanken bringen, du …«

»Warum soll ich dauernd auf andere Gedanken gebracht werden?«

»Weil du das bitter nötig hättest. Du musst dir mal zuhören. David, mein Liebling. Entspann dich.«

»Lass mich.« Seine Stimme klang jetzt ungehalten. »Ich will nicht, okay? Ist das so schwer zu begreifen? Ich. Will. Nicht.«

Es dauerte einen Moment, bis Lieke antwortete. »Du willst dir nicht helfen lassen, oder? Du möchtest gern leiden und deinen Sarkasmus verbreiten.«

»Akzeptiere doch einfach, dass ich jetzt keine Lust habe, mit dir …«

»Ich akzeptiere es ja. Siehst du, ich höre sofort auf. Kein Problem.«

»Danke.«

Lieke sagte nichts, aber sie war sauer, das war nicht schwer zu erraten, sauer und verletzt. Wahrscheinlich standen sie jetzt auf. Anne versuchte, noch tiefer in den Schatten der Sträucher zu kriechen. Sie schickte Stoßgebete zum Himmel, dass keiner der beiden sie hier entdeckte. Bitte, bitte …

Es knallte ein paarmal, dann noch einmal. Anne zog die Stirn kraus und blickte ungläubig in Richtung Puerto Ayora. Ging es wieder los, oder hatte sie sich das Knallen nur eingebildet? Nein, gleich mehrere Salven gaben die Antwort, unmissverständlich.

»Scheiße.« David war aufgesprungen und lief ein paar Meter hinunter zum Wasser. Er deutete zum Ende der Bucht. »Hör dir das an. Es wird wieder geschossen. Die spielen völlig verrückt. Womöglich gibt es hier bald noch mehr Tote.«

Wenn er jetzt in die richtige Richtung blickte, nur ein paar Meter nach links, dann wäre es passiert. Anne sah ihn in ganzer Größe und konnte nur noch hoffen. Er bewegte sich wieder auf Lieke zu, die für Anne unsichtbar im Schatten des Dickichts sitzen geblieben war.

»Ich gehe zurück. Kommst du auch?«, fragte er.

»Nein, ich bleibe noch.«

»Jetzt sei nicht sauer.«

»Bin ich aber. Geh nur. Mach, was du willst. Das tust du ja sowieso immer.«

Er blickte Richtung Puerto Ayora und kurz zu der Stelle, wo Lieke saß. Dann drehte er sich um und ging, lief immer schneller. Bald sprang er in weiten Sätzen über die Spalten, Risse und Tümpel, die sich im Vulkangestein auftaten. Er lief davon, ohne Anne gesehen zu haben.

Anne überlegte. Es war grotesk, aber die Tatsache, dass Lieke dort im Sand lag, beunruhigte sie im Augenblick mehr als die ferne Schießerei. Sie konnte immer noch entdeckt und als alternde Spannerin entlarvt werden. Und aus der Stadt war nichts mehr zu hören.

Sie gab sich einen Ruck. Jetzt oder nie. So geräuschlos und schnell, wie sie konnte, robbte sie ein paar Meter durch den weichen Sand, erhob sich dann und lief rasch auf Zehenspitzen weiter. Es war einfacher, als sie gedacht hatte. Im Nu hatte sie sich zehn, zwanzig, dreißig Meter entfernt. Schließlich blieb sie stehen und blickte zurück. Sie war in Sicherheit, endlich. Und Lieke hatte ihren Platz noch immer nicht verlassen.

Warum sie wieder näher zum Wasser ging und sich dann nach links wandte und nicht nach rechts, in die Richtung, die zum marinen Labor und damit zum Stationsgelände zurückführte, hätte sie in diesem Moment nicht begründen können. Irgendetwas trieb sie an, und erst als sie an Liekes Platz vorbei- und dann deutlich darüber hinausgegangen war, ohne sich umzudrehen und ohne dass Lieke auf sich aufmerksam gemacht hätte, wusste sie, was es war. Sie mochte die junge Frau und wollte sich als Gesprächspartnerin anbieten. Gleichzeitig sollte es aber Lieke überlassen bleiben, ob sie jetzt, in dieser Situation, davon Gebrauch machte.

Sie ging noch etwa dreihundert Meter weiter und lief dabei nicht schnell, das schroffe Vulkangestein, auf dem sie von einem rauen Brocken zum nächsten hüpfte, ließ das ohnehin nicht zu. Ein letzter Blick auf die Rauchfahne des La Cumbre und auf einen Trupp Pelikane, der weiter draußen über die Wellenkämme glitt, dann machte sie kehrt und lief zurück auf die Dächer der Station zu. Es war vielleicht eine halbe Stunde vergangen, und Anne wusste nicht, ob sie Lieke überhaupt noch antreffen würde. Aber sie saß tatsächlich an der gleichen Stelle, das Kinn auf die Knie gestützt. Mit der rechten Hand schien sie gedankenverloren Figuren in den feinen Sand zu malen.

Als Anne noch dreißig Meter entfernt war, hob Lieke plötzlich den Kopf, sah sie und winkte ihr zu. Sie winkte zurück.

»Hallo«, sagte sie, als sie näher kam.

»Hallo, Anne.«

»Weißt du, dass du auf meinem Platz sitzt?«

»Dein Platz?« Lieke guckte so verständnislos, dass Anne lachen musste.

»Entschuldige, war nur ein dummer Scherz. Ich habe den Platz vor ein paar Tagen entdeckt, vielleicht erinnerst du dich, ich habe euch beim Mittagessen davon erzählt. Seitdem komme ich jeden Tag hierher.«

»Ach so.« Lieke lächelte ein wenig. Sie sah Anne kurz an und senkte dann schnell wieder den Blick. Ihre Augen waren gerötet. »Es ist ein schöner Platz, ja. Ich kann mich auch nicht losreißen. Dabei müssten wir eigentlich schon seit einer Weile wieder im Sammlungsgebäude sein. Hast du die Sirene gehört? In der Stadt wird wieder geschossen.«

»Hab ich, na klar. Ein paar Salven, vor einer halben Stunde ungefähr. Glaub einer erfahrenen Polizistin, Lieke. Schusswechsel klingen anders. Das waren Warnschüsse, wie vorhin. Alle vom gleichen Waffentyp abgegeben.«

Lieke nickte. »So habe ich es auch interpretiert. Und ich hatte überhaupt keine Lust, noch einmal Stunden in diesem Haus zu verbringen. Da stinkt es schlimmer als in einer Turnhalle, von der Enge gar nicht zu reden.«

»Es war wirklich kein Vergnügen, das stimmt.«

»Komm, setz dich doch zu mir. Ist ja schließlich dein Platz.«

Nun lachten sie beide. Anne nahm die Einladung an, streckte neben der Holländerin seufzend die Beine aus und stützte sich dabei auf ihre Hände. Eine Weile sahen die beiden Frauen schweigend hinaus aufs Meer.

Anne überlegte, wie sie Lieke auf David ansprechen könnte, ohne dass es allzu plump wirkte, doch dann war es die Holländerin, die als Erste das Wort ergriff. Was sie sagte, traf Anne völlig unvorbereitet: »Wann kommt eigentlich Hermann zurück? Ich habe ihn schon seit Tagen nicht gesehen.«

»Hermann?«, fragte Anne und räusperte sich. »Ich glaube, morgen. Ja, morgen kommt er. Wegen irgendwelcher wichtiger Entdeckungen haben sie die Fahrt um einen Tag verlängert.«

»Und was sind das für Entdeckungen?«

»Keine Ahnung. Da musst du ihn selbst fragen.«

»Sie haben doch diesen merkwürdigen Hai gesucht, oder? Hat es damit was zu tun?«

»Ich weiß es wirklich nicht, Lieke. Es interessiert mich auch nicht besonders, muss ich sagen.«

Anne blinzelte in die Sonne und spürte, dass Lieke sie ansah.

»Du bist sauer auf ihn«, stellte sie fest.

»Ach, na ja, sauer …«

Warum gibst du es nicht zu?, dachte Anne. Du willst dieses Mädchen trösten, weil sie gerade eine ziemlich rüde Zurückweisung erfahren hat, und was passiert? Sie dreht den Spieß um.

»Natürlich bist du sauer. Das wäre ich auch, wenn man mich hier tagelang sitzen ließe. Hättest du denn nicht mitfahren können? Du bist doch eine gute Taucherin.«

»Ich wollte nicht.«

»Ach so … dann kannst du dich auch nicht beschweren, oder?«

Das war das Problem. Sie hatte nichts gesagt, weder, dass er bleiben sollte, noch, dass sie mitwollte. Sie hatte darauf gewartet, dass er selbst eine dieser Möglichkeiten in Betracht zog. Stattdessen hatte er die dritte Alternative gewählt und war allein gefahren. Und sie hatte ihn sogar dazu ermuntert.

Lieke seufzte. »Na, da haben wir etwas gemeinsam. Ich habe mich nämlich auch gerade mit David gestritten.«

»Wirklich? Ich habe ihn gesehen. Er kam mir unten am Wasser entgegen und hat mich kaum wahrgenommen«, log Anne. »Er wirkt in den letzten Tagen ziemlich bedrückt, finde ich.«

»Bedrückt? Er ist nicht mehr wiederzuerkennen, würde ich sagen. Er sagt, es sei wegen der Schlägerei gestern und weil wir mit unserer Aktion so gar nichts erreicht haben. Aber ehrlich gesagt …«, Anne blickte zur Seite und sah, dass Lieke wieder mit den Tränen kämpfte, »ich bin ziemlich ratlos. Ich mache mir richtig Sorgen um ihn.«

»Warum denn? Ich meine, wovor hast du Angst? Was könnte denn passieren?«

Liekes breite Schultern zuckten. Sie hatte den athletischen Körper einer Leistungsschwimmerin, wirkte in diesem Moment aber, als sei ihr alle Kraft abhandengekommen. »Ich weiß nicht«, sagte sie leise. »Mir kam er schon in den Tagen davor ziemlich seltsam vor.«

»Hast du Angst, dass er sich etwas antut?«

»Nein, das glaube ich nicht. Eher, dass er ausrastet und irgendetwas Verrücktes tut. Aus Wut und Frust.«

»Ich habe gehört, wie er über seine Kollegen herzieht, wie er mit Reinhardt gestritten hat. Er stellt hohe Ansprüche an sich und die anderen.«

»Ja, man kann es ihm kaum recht machen. Er fordert vollen Einsatz, und vielleicht stimmt es ja auch, vielleicht geht es gar nicht mehr anders.«

»Was?«

»Na ja, niemand kann das mit Sicherheit sagen, aber vielleicht ist die Situation schon so dramatisch, dass dieses Hin-und-her-Lavieren, das die ganze Welt praktiziert, nichts mehr nützt, dass nur noch drastische Maßnahmen helfen. Ein kleines Schutzgebiet hier, eine halbherzige Vereinbarung da, das führt zu nichts. Du hast unser Flugblatt gelesen, oder? Du kennst die Zahlen. Die Vielfalt dieser Welt schmilzt dahin, rapide. Mit jedem Tag, jeder Stunde gibt es weniger Leben auf diesem Planeten, und nichts geschieht. Ich habe David immer bewundert für seinen Einsatz, für seine Energie, dafür, dass er nie den Mut verloren hat. Natürlich war er manchmal deprimiert und wusste nicht weiter, aber meistens war er derjenige, der die anderen mitgerissen hat. Hier ja auch. Wir haben alle mitgemacht und unseren Beitrag geleistet, aber ohne ihn hätte es die Flugblattaktion nicht gegeben.«

»Und jetzt? Bewunderst du ihn nicht mehr?«

»Nein, das will ich nicht sagen. Aber … ich verstehe ihn nicht. Einen Tag ist er voller Selbstbewusstsein und will es mit der ganzen Welt aufnehmen, ist konstruktiv und diskutiert mit Politikern und Wissenschaftlern. Und am nächsten flüchtet er sich in bittersten Sarkasmus und ist kaum zu ertragen. Und im

Moment ist er nur noch ein ... ich weiß nicht, wie man das auf Deutsch sagt.«

»... ein Häufchen Elend?«

»Ja, genau. Ein Häufchen Elend. Und er ist wahnsinnig wütend auf diese Typen, die ihn geschlagen haben.«

»Du bist zu streng mit ihm. Er ist angegriffen worden, und er wäre nicht der Erste, den eine solche Erfahrung aus der Bahn wirft, zumindest vorübergehend. Ich bin sicher, er wird wieder zu alter Form und Stärke zurückfinden, aber das könnte dauern.«

»Ich habe ihm auch gesagt, er soll sich Zeit lassen. Aber er hat keine Geduld, mit niemandem, am wenigsten mit sich selbst.«

»Männer!«, erklärte Anne mit spöttischer Stimme. Lieke wandte sich überrascht um und sah sie an. Über ihr hübsches Gesicht liefen noch einzelne Tränen, aber in ihren hellblauen Augen blitzte schon ein befreiend wirkender Spott auf.

»Du sagst es!« Sie wischte sich mit dem Handrücken die Tränen von den Wangen und grinste. »Wenn wir Frauen das Sagen hätten, wäre es gar nicht erst so weit gekommen, oder?«

Anne war sich da nicht so sicher. Sie lachte trotzdem mit.

Gegen achtzehn Uhr, kurz vor Einbruch der Dunkelheit, wurde die Tür der Polizeistation geöffnet, und drei Personen traten aus dem Haus. Es handelte sich um einen außergewöhnlich großen, kräftig gebauten Mann, flankiert von zwei Polizisten, die er fast um einen Kopf überragte. Seine Hände steckten hinter seinem Rücken in Handschellen, und er musste sich bücken, um mit seinem wuchtigen Schädel nicht gegen den Türrahmen zu stoßen.

Alle, die die drei aus dem Haus kommen sahen, hielten inne und verfolgten gespannt ihren Weg. Sie liefen langsam die Zufahrt hinauf und erreichten die Straße. Einer der Uniformierten kramte in seiner Hosentasche, trat dann hinter den Gefangenen und nahm ihm die Handschellen ab. Sein Kollege klopfte dem Mann sogar auf die breite Schulter, bevor die Polizisten sich umdrehten und wieder im Haus verschwanden.

Francisco Viero rieb sich die Handgelenke und sah sich um. Sein Gesichtsausdruck war finster wie immer, sodass nicht zu erkennen war, ob ihm die Stunden in Polizeigewahrsam zu schaffen gemacht hatten. An der Straßenecke schräg gegenüber stand ein junger Bursche, dem vor Verblüffung der Mund offen stand. Er starrte den stadtbekannten Mann mit großen Augen an, als sei er ein Wesen von einem anderen Stern. Auf ein Zeichen Franciscos winkte der Junge zaghaft und sichtlich geschmeichelt zurück, dann erinnerte er sich an seine Aufgabe und zog hastig ein Telefon aus der Tasche. Kurz darauf hörte man aus einer der Straßen, die zum Hafen führten, entfernte Jubelrufe und Autohupen. Es dauerte nur wenige Minuten, bis ein Pick-up um die Ecke schoss und direkt vor Francisco am Straßenrand hielt. Drei Männer saßen im Innenraum, drei weitere standen auf der Ladefläche, hielten sich mit einer Hand am Fahrerhaus fest, ballten die andere zur Faust und führten wütende Drohgebärden in Richtung Polizei aus. Einer beugte sich schließlich hinab und zog den Freigelassenen zu sich hinauf. Sofort setzte sich der Wagen wieder in Bewegung.

Francisco Viero war wieder ein freier Mann. Die Menschen in Puerto Ayora reagierten erleichtert, und in der Charles-Darwin-Station brandete sogar Beifall auf, als Estraga die Nachricht verkündete. Der Albtraum war vorerst beendet.

Das Sammlungshaus leerte sich innerhalb weniger Minuten, und einige Mitarbeiter machten sich daran, das Chaos im Foyer zu beseitigen. Noch einmal erstarrten die Menschen vor Schreck, als aus Puerto Ayora plötzlich erneut lautes Geknalle zu hören war. Ein Anruf bei Miguel schaffte Klarheit. Es handelte sich nur um Feuerwerkskörper, die einige übermütige junge Fischer gezündet hatten. Für alle Mitarbeiter, die in der

Stadt wohnten und noch nicht gewagt hatten, dorthin zurückzufahren, war das eine erlösende Nachricht. Sie schwangen sich auf ihre Fahrräder und Mofas und sausten davon. Gegen halb acht lag die Station verlassen da, nur in einigen Fenstern des Sammlungsgebäudes brannte noch Licht. Wissenschaftler saßen dort an ihren Schreibtischen und versuchten, die während des Tages liegen gebliebene Arbeit nachzuholen.

Anne hatte sich einen Holzstuhl nach draußen auf die Terrasse gestellt, saß in der Dunkelheit vor ihrem Bungalow und knabberte salzige Cracker, die sie noch in ihrer Reisetasche gefunden hatte. Sie war müde und nicht besonders hungrig und hatte beschlossen, nicht mehr in die Stadt zu laufen. Der Weg war ihr einfach zu weit. Sie würde stattdessen morgen früh gehen. Auf ihrem Schoß lag der Zettel, den sie bei ihrer Rückkehr vorgefunden hatte.

Hermann hatte sich nachmittags noch einmal per Funk gemeldet und sich nach ihr erkundigt. Das hatte sie von Valeria erfahren, kurz bevor die nach Puerto Ayora zurückgefahren war. Man habe versucht, sie zu benachrichtigen, sie sei aber nicht auffindbar gewesen. Kein Wunder, Anne behielt es für sich, aber zu diesem Zeitpunkt hatte sie noch ein paar Hundert Meter entfernt im Ufersand gehockt und war mit Lieke über ihre Männer hergezogen. Mit unüberhörbarem Tadel in der Stimme hatte Valeria auch eine zweite Nachricht erwähnt, die sie unter Annes Tür durchgesteckt habe, obwohl es in einer wissenschaftlichen Forschungsstation genug anderes zu tun gebe. Man sei kein Nachrichtenübermittlungsdienst, schon gar nicht an einem Tag wie diesem. Dafür gebe es Mobiltelefone und das Internet. Anne nickte schuldbewusst.

Wie sich herausstellte, stammte die zweite Nachricht von Inspektor Nuñez, der Anne um eine Unterredung bat und sie zum Frühstück einlud. Gegen acht Uhr dreißig werde ein Wagen sie in der Station abholen. Er brauche ihren fachlichen Rat.

Anne maß dem nicht allzu viel Bedeutung bei, es waren die üblichen Schmeicheleien. Aber sie hatte vor, die Einladung anzunehmen, ganz egal, ob Hermann sich blicken lassen würde oder nicht.

13

Isla Santa Cruz, Puerto Ayora

Annes Morgentoilette dauerte an diesem Tag länger als sonst, und sie ließ sich auch mit der Auswahl ihrer Garderobe Zeit. Shorts und T-Shirts, die Stationsuniform der letzten Tage, blieben auf Hermanns noch immer unberührtem Bett liegen, denn endlich bot sich eine Gelegenheit, die Kleidungsstücke anzuziehen, die sie darüber hinaus eingepackt hatte, für besondere Tage und Erlebnisse, für ein schönes Abendessen, einen Bummel durch die koloniale Altstadt Quitos, einen Museums- oder Konzertbesuch. In Kiel kam sie höchstens an den Wochenenden dazu, sich etwas ungewöhnlicher zu kleiden. Ihre Figur und ihre Beine konnten sich sehen lassen, das wusste sie. Aber alles zu seiner Zeit. Als Chefin der Abteilung Tötungsdelikte in der Bezirkskriminalinspektion Kiel erschien sie bei einer Tatortbegehung oder einem Termin beim Staatsanwalt natürlich nicht in kurzen Röcken oder hochhackigen Schuhen.

Als sie endlich die Tür ihres Bungalows abschloss, war sie spät dran und lief eilig den Schotterweg hinunter. Doch die aus Lederbändern geflochtenen, in Hamburg extra für diese Reise gekauften Sandalen, für die sie sich entschieden hatte, waren für diesen Untergrund völlig ungeeignet. Mehrmals musste sie anhalten, um scharfkantige Steinchen loszuwerden, die unter ihre Fußsohlen gerutscht waren. Schon nach wenigen Metern verfluchte sie ihre Wahl und den Vulkandreck, in dem sie hier seit Tagen zu leben gezwungen war.

Wieder passierte sie das Haus mit der botanischen Sammlung, schenkte ihm diesmal aber keine Beachtung, denn unten vor dem Verwaltungsgebäude parkte schon ein weißer Pick-up mit der blauen Aufschrift *Policía*. Sie sah den Fahrer rauchend neben dem geöffneten Fenster des Sekretariats stehen, wo er angeregt mit Valeria und Lucia plauderte.

Idiot, dachte Anne, während sie, auf einem Bein balancierend, ihre Schuhe ein weiteres Mal nach spitzen Steinen absuchte. Einen auffälligeren Parkplatz hättest du nicht finden können, was? Sie mahnte sich zur Zurückhaltung, es ging aber, verdammt noch mal, niemanden etwas an, mit wem sie sich zum Frühstück traf. Die Hoffnung, dass ihre heutige Verabredung privat bleiben würde, konnte sie wohl begraben. Wahrscheinlich redeten die drei über sie, diese seltsame Deutsche, die, zurückgelassen von ihrem Professor, in der Forschungsstation wohnte, obwohl sie selbst keine Wissenschaftlerin war, und die sich von einem Polizisten chauffieren ließ, als sei sie die Polizeipräsidentin persönlich.

Als sie näher kam, fühlte sie sich von allen dreien taxiert, und an den Fenstern der umliegenden Gebäude vermutete sie weitere Menschen. Nach den Ereignissen des gestrigen Tages hätte sie an deren Stelle auch wissen wollen, was das Polizeifahrzeug in der Station zu suchen hatte. Da sie nicht die geringste Lust auf Small Talk oder Erklärungen hatte, beließ sie es bei einem flüchtigen Gruß aus der Entfernung und postierte sich direkt neben der Beifahrertür des Wagens, auf der in großen Ziffern 007 stand. Sollte das ein Scherz sein?

Der Polizist verabschiedete sich rasch von den beiden Frauen und eilte herbei, um ihr die Tür aufzumachen. »Buenos días, Señora Comisaria. El Señor inspector jefe Nuñez ya le espera.«

Señora Comisaria – auch das dürfte sich also bald herumgesprochen haben. Egal, ihre Tage auf diesen Inseln waren ohnehin gezählt.

Erst als sie mit dem Auto den hässlichen Triumphbogen mit der Darwin-Büste passierten, dachte sie wieder an Hermann, doch sie versuchte, den Gedanken gleich wieder aus ihrem Kopf zu verbannen. Sie wollte sich jetzt nicht auch noch damit beschäftigen. Er war nicht da. Basta. Und eine neue Nachricht hatte sie auch nicht erhalten. Sie spürte, wie sie innerlich verkrampfte.

Glücklicherweise war die Fahrt nur kurz. Sie fuhren nicht bis zum Hafen, sondern hielten schon ein paar Schritte vom Fischmarkt entfernt, vor einem Restaurant, das sie bereits kannte. So blieb ihr kaum Zeit, sich mit Hermann und dem Groll zu beschäftigen, der tief in ihr brodelte wie ein giftiges Hexengebräu.

Der Fahrer stieg aus, lief um die Motorhaube herum und öffnete die Beifahrertür. Oben auf der Terrasse mit der hölzernen Balustrade sah sie Jorge Nuñez aufspringen. Er winkte ihr zu, und sie freute sich aufrichtig, dass sie auf Galápagos nicht nur mit Drusenköpfen und Blaufußtölpeln zusammentraf, sondern gelegentlich auch mit Menschen. Der Inspektor hatte ein strahlendes Begrüßungslächeln aufgesetzt, und Anne stieg nun ebenfalls lächelnd die Stufen hinauf.

»Sie sehen fantastisch aus, liebe Frau Detlefsen. Professor Pauli ist wirklich zu beneiden. Bitte, nehmen Sie Platz.« Er ergriff die Lehne ihres Stuhls und schob ihn so zurecht, dass sie sich bequem setzen konnte. Der Mann hatte vollendete Manieren, das musste man ihm lassen.

»Danke«, sagte sie.

Nuñez lief um den Tisch herum zu seinem Platz. »Ich freue mich wirklich sehr, dass wir noch einmal Gelegenheit haben, uns zu unterhalten.«

»Eine schöne Idee, sich zum Frühstück zu treffen, Inspektor. Bisher ist mein Frühstück hier meistens ausgefallen, weil es schlicht nichts gab, was ich hätte essen können. In der Station muss man sich ja selbst versorgen.«

Ein Ausdruck des Bedauerns huschte über sein Gesicht.

»Bitte, tun Sie mir den Gefallen und nennen Sie mich Jorge, ja? Wenn das für Sie nicht zu schwer auszusprechen ist.«

»Ich werde es schon schaffen«, erwiderte sie. »Jorge also. Das ist die spanische Entsprechung zu Georg, nicht wahr? Ich heiße Anne.«

Sein Lächeln wurde breiter. »Wie haben Sie das nur ausgehalten? In Deutschland frühstückt man doch sehr ausgiebig, oder? Ich erinnere mich an all diese verschiedenen Wurstsorten und das dunkle Brot.«

»Um Gottes willen, so etwas bekomme ich am frühen Morgen nicht hinunter. Meistens trinke ich nur einen Milchkaffee. Wenn ich Hunger bekomme, hole ich mir später ein belegtes Brötchen aus der Cafeteria. Meistens bleibt aber gar keine Zeit dafür.« Was plapperst du nur für ein banales Zeug, dachte sie. Wen interessiert, was und wann du frühstückst? Aber der Chefinspektor schien ihre Bemerkungen keineswegs banal zu finden.

»Oh, ich weiß nur zu gut, was Sie meinen«, erklärte er. »Wir haben uns einen aufreibenden Beruf ausgesucht. Jede Menge Überstunden, nie genug Schlaf. Da kommen viele schöne Dinge zwangsläufig zu kurz.«

Er hatte recht, auf den schmachtenden Blick, den er ihr bei diesen Worten zuwarf, hätte sie aber lieber verzichtet. Oder hatte sie sich getäuscht? Saß ihr Frust schon so tief? Auch wenn sie heute durchaus zu Abenteuern aufgelegt war, hatte der Mann doch bestimmt nicht vor, sie in eine Affäre zu verwickeln. Oder doch? Zu behaupten, dass ihr dieser Gedanke nicht schmeichelte, wäre eine Lüge gewesen. Er sah blendend aus und war mindestens zehn Jahre jünger als sie. Doch er wusste, dass sie nicht allein hier war. Und wahrscheinlich wusste er auch, dass Hermann und die *Queen Mabel* heute zurückerwartet wurden. Was also steckte hinter diesem Treffen? Nur ein freundliches Gespräch unter Kollegen?

Er räusperte sich. »Leider haben die Dinge ja gestern eine Entwicklung genommen, die ich unter allen Umständen vermeiden wollte. Sie erinnern sich sicher an unser Gespräch. Ich habe mir Sorgen gemacht um Sie. Nehmen Sie Kaffee oder Tee?«

»Kaffee bitte, morgens immer Kaffee. Der ist ja hier sehr gut.«

»Sie kennen das Il Giardino?«

»Natürlich, ehrlich gesagt bin ich bisher fast jeden Tag hier gewesen, um einen Kaffee zu trinken. Man sitzt hier sehr nett, finde ich. Und der Fischmarkt ist ganz in der Nähe.«

»Dann habe ich ja die richtige Wahl getroffen.« Er bestellte am Tresen zwei Kaffee und reichte ihr die Frühstückskarte. Anne sah sich flüchtig um. Abends war hier ohne Reservierung kaum ein Platz zu bekommen. Um diese Zeit waren sie jedoch fast die einzigen Gäste. Der Laden hatte gerade erst aufgemacht. Eine junge Frau war damit beschäftigt, Salz- und Pfefferstreuer und Serviettenspender auf die Tische zu stellen. Auch auf der Straße war es noch ruhig. Sie hörte einige schrille Vogelrufe. Beim Vorbeifahren hatte sie gesehen, dass am Fischmarkt schon einige Möwen und Pelikane auf den Tischen und Leitungen hockten und warteten.

»Haben sich die Gemüter denn beruhigt?«, fragte sie, während sie durch die Speisekarte blätterte. »Ich war übrigens zu keinem Zeitpunkt in Gefahr, Sie hätten sich also keine Sorgen machen müssen. Ich finde, dass sich Direktor Estraga sehr umsichtig verhalten hat. Kennen Sie ihn?« Nuñez blickte kurz von der Karte auf und schüttelte den Kopf. Sie erzählte, dass sich alle Mitarbeiter und Gäste der Station für Stunden in das größte Gebäude zurückgezogen hatten. »Einige der älteren Mitarbeiter waren ziemlich beunruhigt. Vor ein paar Jahren müssen sich in der Station ja tatsächlich sehr unangenehme Situationen abgespielt haben.«

»Eben«, sagte der Inspektor ernst. »Glücklicherweise ist es nicht zum Äußersten gekommen, aber Sie sehen, wie schnell die Lage hier eskalieren kann. Es tut mir wahnsinnig leid, dass Sie alle da stundenlang in diesem Haus zusammengepfercht waren. Das Ganze war eine übereilte Aktion des hiesigen Polizeichefs, die ich leider nicht verhindern konnte.«

Stimmte das? Anne konnte fast nicht glauben, dass ein extra vom Festland eingeflogener Chefinspektor hier so wenig zu melden hatte. War er vielleicht gar nicht im Haus gewesen? Andererseits kannte sie hier die Hierarchien nicht. Vielleicht gab es Kompetenzstreitigkeiten. Sie kannte das zur Genüge. Vielleicht wollten die örtlichen Polizeikräfte sich von jemandem wie Nuñez nicht bevormunden lassen. Außenstehende, die sich anmaßten, alles besser zu wissen, waren nirgendwo beliebt, weder in der norddeutschen Provinz noch in Südamerika.

Die Bedienung kam an ihren Tisch und lenkte sie ab. Anne bestellte Toast und ein Omelett. Da ihr Abendessen nur aus ein paar trockenen Crackern bestanden hatte, war sie hungrig. Nuñez entschied sich für eine Encebollado. Als sie verwundert nachfragte, erklärte er, dass man die Fischsuppe in Ecuador gern zum Frühstück aß. Nach anstrengenden Tagen bringe sie einen wieder zu Kräften.

»Und der gestrige Tag war anstrengend. Das glaube ich Ihnen aufs Wort. Sie haben einen der Fischer verhaftet, nicht wahr? Wie hieß er noch?«

»Francisco ...«

»Ach ja, Francisco Viero, stimmt. Ein Baum von einem Mann. Er ist mir schon die ganzen Tage aufgefallen, durch seine Statur, seine unglaubliche Physiognomie. Ein solches Gesicht habe ich vorher noch nie gesehen. Inzwischen habe ich mitbekommen, dass ihn hier fast jeder kennt.«

»So ist es, und deshalb war es falsch, ihn festzunehmen. Die

Beweislage war äußerst dürftig. Es war mein Fehler, dass ich nicht früher eingeschritten bin. Wir haben den Mann dann gestern Abend noch freigelassen.«

Offenbar hatte es intern Auseinandersetzungen über das richtige Vorgehen gegeben. Und Nuñez hatte sich durchgesetzt, jedenfalls wollte er, dass sie diesen Eindruck gewann. Sie beschloss, seine Bemerkungen nicht zu kommentieren. Letztlich führte ihr all das nur vor Augen, wie wenig sie von den hiesigen Verhältnissen verstand. Sie wusste nichts über dieses Land. Über Brasilien erfuhr sie hin und wieder etwas aus den Nachrichten. Es hatte eine Fußballweltmeisterschaft und Olympische Spiele gegeben und Proteste wegen der immensen Kosten. In Venezuela hatte die Bevölkerung vor einiger Zeit der konservativen Opposition an die Macht verholfen. In Mexiko herrschte ein albtraumhafter Drogenkrieg, in dem es nur Verlierer gab. Aber Ecuador? Bis vor Kurzem hätte sie nicht einmal genau gewusst, wo auf der Weltkarte sie danach suchen sollte. Wer regierte hier eigentlich und wie? War dieses Land ein Rechtsstaat?

»Er hat die Schiffe also nicht angesteckt«, stellte sie fest.

»Nein. Er hat zwar kein überzeugendes Alibi, aber eigentlich bin ich sicher, dass er nichts damit zu tun hat.«

Sie hob die Augenbrauen. »Eigentlich?« Anne lehnte sich zurück, damit die Kellnerin Besteck, einen Brotkorb und die beiden Kaffeetassen auf den Tisch stellen konnte.

»Hundertprozentig sicher sind wir nicht. Deshalb werden wir ihn weiter im Auge behalten. Ihn und seine Kollegen. Sie reden nicht gern mit uns, auch Francisco nicht. Sie sind stolz und glauben, die Polizei sei voreingenommen und würde es grundsätzlich ihnen in die Schuhe schieben, wenn auf den Inseln etwas schiefläuft.«

»Und«, fragte Anne, »sind Sie voreingenommen?« Sie sah den Ecuadorianer über den Rand ihrer Tasse hinweg an.

»Was meine Kollegen angeht, kann ich das nicht ausschließen. Leider. Aber da wurde auf beiden Seiten viel Porzellan zerschlagen. Die Fischer haben sich ihren miserablen Ruf als Radaubrüder über die Jahre hart erarbeitet. Und sie sind ihm aufs Neue gerecht geworden. Früher hatten sie die Inseln mehr oder weniger für sich. Außer dem Meer und seinen Ressourcen gab es hier lange Zeit nichts, womit man Geld verdienen konnte. Aber das hat sich geändert. Jetzt sind sie in der Minderzahl, die Bestände sind überfischt, und ihr Rückhalt bei den Menschen schwindet. Das merken sie natürlich. Sie stehen mit dem Rücken an der Wand, und vielleicht reagieren sie deshalb ein wenig panisch, wenn man sie wegen irgendetwas beschuldigt. Die große Mehrzahl der Leute, die hier leben, will keinen Ärger mit den Behörden, und der ewige Zoff mit den Fischern nervt sie. Sie möchten in Ruhe ihrer Arbeit nachgehen und gutes Geld verdienen. Wenn die Touristen abgeschreckt würden, wäre Schluss damit.«

Der Inspektor hob seine Tasse und trank. »Francisco ist eigentlich ein ernster, besonnener Mann«, sagte er. »Ich habe mit ihm gesprochen. Eine echte Führungspersönlichkeit. Wir können froh sein, dass jemand wie er hier so großen Einfluss hat. Die Leute hören auf ihn.« Er leckte den Milchschaum von seiner Oberlippe. »Ich fürchte, meine Kollegen haben die Gelegenheit genutzt, um ein paar alte Rechnungen zu begleichen. Sie wollten die Fischer unter Druck setzen, haben gehofft, dass der oder die Täter oder ihr Umfeld die Nerven verlieren. Franciscos Festnahme war nur Mittel zum Zweck. Das sind Methoden, die wir natürlich nicht gutheißen können.«

»Natürlich nicht.« Anne zeigte ein kleines Lächeln, behielt ihre Gedanken aber für sich. Die hiesige Polizei neigte also dazu, etwas über die Stränge zu schlagen. Und Jorges Job war es eigentlich, das zu verhindern. So gesehen hatte er eine empfindliche Niederlage einstecken müssen.

Sie schwiegen einen Moment, bis Nuñez nach seinem Besteck griff. »Da kommt unser Essen.«

Anne nickte. »Sehr gut. Mir knurrt schon der Magen.«

»In Ihrer Nachricht gestern hieß es, Sie bräuchten meinen Rat«, sagte Anne, nachdem die Kellnerin den Tisch abgeräumt und frischen Kaffee gebracht hatte.

»Das stimmt.« Jorge Nuñez lehnte sich zurück, schlug die Beine übereinander und machte ein ernstes Gesicht. »Ich bin hergeschickt worden, um den Brandstifter dingfest zu machen und weitere Unruhen zu verhindern, und die Kollegen von der Insel waren mir dabei bisher, ehrlich gesagt, keine große Hilfe. Vielleicht sind sie blind für die örtlichen Strukturen oder haben ein Problem mit meiner Anwesenheit, was weiß ich. Aber ich will um jeden Preis verhindern, dass es hier noch mehr Tote gibt, und dabei kann es bestimmt nicht schaden, sich mit einem kriminalistischen Experten auszutauschen. Am besten mit einem, der kein Problem damit hat, dass ich mich gerade in seinem Kompetenzbereich bewege. Also: Sie schickt mir der Himmel.«

»Oh«, sie lachte, »zu viel der Ehre. Aber schießen Sie los. Ich habe nichts anderes vor. Ich höre Ihnen gern zu.«

»Gut, wunderbar. Ich bin Ihnen sehr dankbar.« Er rutschte auf seinem Stuhl hin und her und schien nach einem Anfang zu suchen. »Es ist mir unangenehm, das einzugestehen, aber wir haben so gut wie nichts vorzuweisen. Wir sind bisher nicht einen Schritt vorangekommen.«

»Ach, Jorge, manchmal ist das so. Manchmal stochert man wochenlang im Dunkeln, ohne etwas zu finden. Erzählen Sie mir nicht, dass Sie das nicht kennen.«

»Doch, doch, natürlich. Trotzdem …« Er verzog das Gesicht. »Wir wissen bisher nur, dass hier jemand nachts mit primitiven Mitteln, wahrscheinlich mit benzingetränkten Lumpen, Feuer auf Schiffen legt, und da es in der Regel lange dauert, bis das jemand mitbekommt, breitet sich das Feuer ungehindert aus und richtet großen Schaden an. Es gab Verletzte und jetzt sogar einen Toten. Und ich fürchte, dass das noch nicht alles war.«

Anne sah ihn verwirrt an. »Nicht alles? Tut mir leid, Jorge. Ich verstehe nicht, worauf Sie hinauswollen.«

»Nun, wenn das hier eine Serie ist, wenn der Täter so weitermacht, dann will er sich vielleicht steigern. Womöglich hat er es auf noch größere Schiffe abgesehen.«

Anne beugte sich vor und sah den Chefinspektor gespannt an.

»Wir sind unsicher, ob der erste Brand überhaupt in diese Reihe gehört. Unsere Experten haben keinen Brandbeschleuniger gefunden. Aber falls es nicht der gleiche Täter war, dann scheint es zumindest eine Art Initialzündung für ihn gewesen zu sein. Danach ging es los, und ich sehe eine kontinuierliche Steigerung. Die Schiffe wurden größer, und auf Menschenleben wurde auch keine Rücksicht mehr genommen. Das dritte Boot, das angesteckt wurde, beförderte Touristen. Keines der ganz großen Schiffe, Gott sei Dank, es hat Tagesausflügler in die Tortuga Bay gebracht. Aber was kommt als Nächstes? Was wäre, wenn sich die Täter eines der großen Kreuzfahrtschiffe vornehmen würden?«

»Um Gottes willen.«

»Sehen Sie, davor habe ich Angst. Ich kann nachts nicht schlafen, wenn ich daran denke. Für die Inseln, für mein Land wäre das eine Katastrophe.«

Anne sah ihn mitfühlend an. »Das würde mir nicht anders gehen, Jorge. Entscheidend ist aus meiner Sicht, was die Täter eigentlich bezwecken. Die Motive sind für mich bisher ziemlich rätselhaft. Haben wir es mit Versicherungsbetrug zu tun? Dann wären Ihre Befürchtungen unbegründet. Andererseits …

Bei drei Schiffen, die bereits gebrannt haben, ist das wohl kein sehr wahrscheinliches Szenario.«

Er nickte. »Natürlich haben wir anfangs auch in diese Richtung gedacht. Aber jetzt habe ich doch große Zweifel. Die Schiffe hatten unterschiedliche Besitzer, das Touristenschiff war, wie wir heute erfahren haben, gar nicht versichert. Sein Besitzer ist bei dem Brandanschlag umgekommen. Der Mann hatte an Land gar keine Bleibe. Er lebte praktisch auf seinem Kahn.« Nuñez trank einen Schluck aus seiner Tasse und fuhr dann fort. »Ich habe mich gefragt, wer hier eigentlich geschädigt werden soll.«

»Sie nennen es Brandanschläge? Das klingt für mich nach Terrorismus, nach politischen Motiven.«

»Sie haben recht. Aber lassen Sie mich meinen Gedankengang weiterführen. Natürlich werden zunächst die Bootsbesitzer geschädigt, von den Verletzten einmal abgesehen. Aber ihre Auswahl erscheint völlig willkürlich, zwei der Schiffseigner leben hier auf der Insel, ein Schiff gehörte einem Arzt aus Guayaquil. Zwei dienten rein privaten Zwecken, eines transportierte Touristen. Ich kann kein Muster erkennen.«

Er schwieg und schien auf Einwände oder Kommentare zu warten. Aber noch hatte Anne nichts zu sagen. »Sprechen Sie weiter, Jorge. Ich höre Ihnen zu.«

»Nehmen wir einmal an, es würden weitere Schiffe abbrennen. Wer wäre der Leidtragende, abgesehen von den Eigentümern?«

»Das scheint mir ziemlich offensichtlich. Auf lange, wahrscheinlich schon auf mittlere Sicht wäre das der Tourismus, die Hotel- und Restaurantbesitzer, die Tourveranstalter. Wer will schon an einem Ort Ferien machen, an dem ein Schiff nach dem anderen in Flammen aufgeht?«

Nuñez deutete mit dem Zeigefinger auf ihre Brust.

»Sehen Sie, genau zu dem gleichen Ergebnis bin ich auch gekommen. Falls es sich nicht um irgendwelche dummen Späße halbwüchsiger Pyromanen handelt, zielt das Ganze früher oder später auf den Tourismus. Und das spräche in meinen Augen dagegen, dass die Täter aus den Reihen der Fischer kommen. Denen ist der Tourismus zwar auch ein Dorn im Auge, vor allen Dingen, weil sie in ihm den Hauptgrund für den rigiden Naturschutz sehen, aber ...«

»Oh, sagen Sie das nicht zu laut. Die Wissenschaftler, mit denen ich gesprochen habe, würden an die Decke gehen, wenn man ihnen erklärte, der hiesige Naturschutz diene dem Tourismus und erst in zweiter Linie dem Erhalt von Flora und Fauna.«

»Mag sein, aber das ist eine andere Diskussion. Einigen wir uns darauf, dass es einen Zusammenhang zwischen Tourismus und Naturschutz gibt. Gäbe es hier nicht diese außergewöhnliche Tierwelt, würde sich kein Mensch hierher verirren.«

»Einverstanden.«

»Die Touristen sollen eine heile Welt zu sehen bekommen, und dabei sind die Fischer ein potenzieller Störfaktor. Die Fischer sehen aber sehr wohl, dass sie selbst auch von den Inselgästen profitieren. Ihre Frauen und Kinder arbeiten in den Hotels und Restaurants, und sie selbst fahren die Touristen herum, lassen sich zu Guides und Tauchlehrern ausbilden, bieten Hochseefischen an. Das mag nicht ihrem Selbstverständnis entsprechen, es bringt aber gutes Geld.«

»Okay, auch das leuchtet mir ein.« Mittlerweile machte es Anne Spaß, hier an diesem exotischen Ort in diesem gemütlichen Café zu sitzen, unter den Fregattvögeln, die hoch über ihnen ihre Kreise zogen, und über einen Fall zu diskutieren, der nicht der ihre war. Es hatte etwas von Denksport in einem Bereich, in dem sie über gewisse Erfahrungen verfügte. Ihre Zweifel an Jorge Nuñez, so sie denn welche gehegt hatte, waren verflogen. Alles, was er sagte, sprach dafür, dass sie hier einen kompetenten Kollegen vor sich hatte, der ernsthafte Überlegungen anstellte und der sich Mühe gab, ihr die komplexen Zusammenhänge auf diesen Inseln näherzubringen. Nichts unterschied dieses Gespräch von Unterhaltungen, die sie in Kiel mit ihren Kollegen führte. Das Ganze wäre allerdings nicht halb so schön gewesen, wenn der Fall irgendetwas mit ihr zu tun gehabt hätte. »Ich bin ganz bei Ihnen, Jorge. Aber bisher höre ich nur, wer nicht als Täter infrage kommt.«

»Ich glaube, hier geht es um etwas ganz anderes, etwas viel Größeres, das letztlich über einzelne Personen und sogar über Galápagos hinausreicht. Deswegen befürchte ich auch, dass die Sache noch nicht ausgestanden ist, dass uns der eigentliche, der große Anschlag erst noch bevorsteht.«

»Und das ist nur so ein Gefühl von Ihnen? Oder gibt es irgendwelche konkreten Hinweise in dieser Richtung?«

»Möglicherweise gibt es die.« Nuñez bückte sich, stellte eine Aktentasche auf seinen Schoß und zog ein Blatt Papier hervor. »Ich habe Ihnen gesagt, dass wir Francisco wieder freigelassen haben. Aber ich habe Ihnen nicht erzählt, warum.«

»Weil die Beweise nicht ausreichten, dachte ich.«

»Auch. Aber dann haben wir das hier gefunden. Ein Bootsführer hat es uns gebracht. Wir haben nachgesehen und es auf verschiedenen Schiffen in der Nähe des Tatorts gefunden. Dem Ton nach stammt es mit Sicherheit nicht von den Fischern.«

»Ein Bekennerschreiben?«

»Etwas in der Art, ja.«

»Warten Sie, ich setze mich neben Sie.« Anne stand auf, ging um den kleinen Tisch herum und zog sich einen Stuhl vom Nachbartisch heran. »Das ist ja ein Ding«, sagte sie, als sie einen ersten Blick auf das Papier geworfen hatte. »Es ist englisch.«

»Es ist sogar dreisprachig. Sehen Sie, da unten beginnt die

spanische Fassung, und auf der anderen Seite steht die deutsche.«

Beide saßen nun dicht nebeneinander und lasen Kopf an Kopf. Eine Weile war nur die Musik zu hören, die aus kleinen, unter dem Dach hängenden Lautsprechern schallte. Am Nachbartisch hatte mittlerweile eine junge Familie Platz genommen und unterhielt sich.

»Anne?«

Sie hob den Kopf und blickte sich um. Nuñez hatte nichts gesagt, und sonst gab es hier niemanden, der sie mit Vornamen anreden würde.

»Anne!«

Jorge tippte mit der Hand auf ihren Arm und deutete nach unten auf die Straße. Sie musste sich erheben, um einen großen, schlanken Mann erkennen zu können, der direkt unterhalb ihres Tisches an der Balustrade stand. Die Tischplatte hatte ihn verdeckt, aber sie hatte seine Stimme ohnehin schon erkannt.

»Hermann … du bist's … hallo«, stammelte sie, »… ich … du bist also zurück …« Sie hatte gewusst, dass dieser Moment unmittelbar bevorstand, und doch schien er sie nun völlig unvorbereitet zu treffen. Aus dem Augenwinkel musterte sie Nuñez, der mit einem steifen Lächeln neben ihr saß.

»Hast du meine Nachricht nicht erhalten?«, fragte Hermann.

»Welche? Die zwei Sätze gestern?«

»Wir waren viel im Wasser und … ähm, ja, wir hatten Schwierigkeiten, in der Station jemanden zu erreichen.«

»Das wundert mich nicht. Hier ist ja auch die Hölle los gewesen.«

Hermanns müde Augen tanzten zwischen Jorge und Anne hin und her. Sie war ein wenig geschockt darüber, wie er aussah, übernächtigt und unrasiert. Es hatte den Anschein, als sei er noch hagerer geworden. Sie wünschte sich, er hätte erst geduscht und sich ein paar frische Sachen angezogen, bevor er hierhergekommen war. Seine Shorts und das T-Shirt sahen aus, als hätte er sie drei Tage rund um die Uhr getragen.

»Sie müssen Professor Pauli sein.« Nuñez, in Jeans und ein kurzärmeliges, blendend weißes Oberhemd gekleidet, war nun ebenfalls aufgestanden, hatte ein liebenswürdiges Lächeln aufgesetzt und streckte Hermann über die Holzbalustrade seine gepflegte Hand entgegen. Es sah aus, als begrüße ein eleganter Geschäftsmann einen Obdachlosen. Anne war unangenehm berührt. »Es freut mich außerordentlich, Ihre Bekanntschaft zu machen, Professor. Mein Name ist Nuñez, Jorge Nuñez, Chefinspektor der Kriminalpolizei Guayaquil. Anne, ich meine Frau Detlefsen, war so freundlich, mir heute Morgen Gesellschaft zu leisten.«

Hermann zögerte, bevor er seine Hand ergriff. »Guten Tag«, sagte er kühl. Die Überraschung, Anne hier in Gesellschaft eines Mannes anzutreffen, den er noch nie zuvor gesehen hatte, war ihm deutlich anzumerken.

»Wir sind Kollegen, weißt du«, sagte Anne. »Jorge hat in Deutschland studiert.«

»Möchten Sie sich nicht zu uns setzen, Professor?«, fragte Jorge. »Kommen Sie. Es wäre mir eine Ehre. Ich lade Sie zu einem Kaffee ein.«

»Danke, ich möchte nicht stören.« Hermann sprach leise. »Wir sind erst vor einer halben Stunde zurückgekommen. Ich habe noch nicht mal geduscht oder meine Sachen ausgepackt. Ich, ähm ... ich wollte nur Bescheid sagen, dass ich wieder da bin. Wir waren ja etwas länger ... Ich habe in der Station nach dir gefragt, Anne, und man sagte mir, du seiest von einem Polizeiauto abgeholt worden. Da habe ich mir natürlich Gedanken gemacht und bin los, um dich zu suchen. Ich muss dir unbedingt erzählen, was ...«

»Später, Hermann, später. Du siehst ja, es gibt keinen Grund zur Sorge. Mir geht es gut. Ich weiß, ihr habt wichtige Entdeckungen gemacht, und ich bin auch neugierig, worum es dabei geht, aber Señor Nuñez und ich waren gerade damit beschäftigt, etwas Licht in die Vorgänge zu bringen, die uns hier seit Tagen beschäftigen, und ich würde das gern fortsetzen.«

»Welche Vorgänge? Meinst du den Vulkanausbruch?«

»Ja, richtig«, sie lachte kurz, »den gab es auch. Aber da war noch mehr. Zuerst ist Lonesome George gestorben, dann gab es eine Demonstration am Hafen, eine Schlägerei, einen Vulkanausbruch, ein Erdbeben und einen Tsunamialarm, alles an einem Tag. Und das ist noch nicht alles. Wir haben hier nicht unter Langeweile gelitten, Hermann. Es sind sogar Schüsse gefallen.«

»Schüsse?« Auf seiner Stirn bildeten sich tiefe Falten. »Ich verstehe nicht.«

»Nein, das kannst du auch nicht verstehen.«

Einen Moment herrschte Schweigen. Jorge Nuñez fühlte sich sichtlich unwohl in seiner Haut. Er hatte sich wieder gesetzt, umfasste seine leere Kaffeetasse und drehte sie hin und her. Seine Unterarme verdeckten das Papier, das vor ihm auf dem Tisch lag.

»Folgender Vorschlag«, erklärte Anne nach einer Weile. Sie wollte diese peinliche Situation so schnell wie möglich beenden, andererseits war sie auch fest entschlossen, sich diesen Vormittag nicht verderben zu lassen. Hermann hatte sie drei Tage lang warten lassen. Jetzt war es an ihm, sich hinten anzustellen. »Warum gehst du nicht in unseren wunderbaren, luxuriösen Bungalow, duschst, packst deine Sachen aus, legst dich aufs Ohr oder machst, was immer du vorhast? Und dann treffen wir uns, entweder hier oder in der Station.« Sie sah auf die Uhr. »Jetzt ist es Viertel vor zehn. Sagen wir um halb zwölf, zwölf. Wäre dir das recht?«

Hermann nickte stumm. Er wirkte ziemlich verwirrt und geistesabwesend.

»Einverstanden?«, fragte Anne noch einmal.

»Ja, ja.« Hermann warf ihr einen verunsicherten Blick zu. »Natürlich, klar. So machen wir's, Anne. Lass dir ruhig Zeit. Komm einfach, wenn du hier fertig bist.«

»Das wollte ich auch gerade sagen. Lass dir Zeit. Also bis später.«

»Ja, bis später.« Er hob grüßend die Hand und machte sich auf den Rückweg. Den Inspektor bedachte er mit einem flüchtigen Nicken.

»Auf Wiedersehen, Professor«, rief Nuñez ihm hinterher. »Hat mich gefreut, Sie kennenzulernen. Vielleicht ...« Anne legte ihre Hand auf seinen Arm. Er sah sie fragend an.

»Lassen Sie ihn. Versuchen wir da weiterzumachen, wo wir aufgehört haben, okay?«

Sie setzten sich wieder. Der Kaffee war mittlerweile kalt geworden. Anne trank ihn trotzdem in kleinen Schlucken und überlegte dabei, was sie noch sagen könnte. »Es tut mir leid, dass Sie das mit anhören mussten, Jorge. Können wir vielleicht einfach unser Gespräch von vorhin fortsetzen?«

»Unbedingt«, sagte er und fuhr mit der Hand und gespreizten Fingern durch die Luft. »Aber Sie müssen sagen, wenn Sie gehen möchten. Ich lasse Sie dann zurück in die Station bringen.«

»Das werde ich, versprochen.«

Sie versuchte ein Lächeln, aber es fiel ihr schwer. In der Ferne konnte sie Hermann noch immer sehen. Er war jetzt etwa auf Höhe des Fischmarktes. Bisher war zwischen ihnen immer alles so einfach und unproblematisch gewesen, nahezu ohne Misstöne, fast zu schön und harmonisch, um wahr zu sein. Und nun, ausgerechnet auf ihrer ersten gemeinsamen Reise, die doch nichts anderes als ein einziges Fest hätte werden sollen, würden sie um eine ernste Aussprache nicht herumkommen, die erste in ihrer noch jungen Beziehung. Auch Hermann war sich darüber im Klaren, sonst wäre er anders aufgetreten. Im Grunde ihres Herzens war sie zuversichtlich, dass sie diese Herausforderung meistern würden, sie hatte aber auch Angst davor, wollte keinen Streit, keine Vorwürfe, hoffte, dass sie irgendwie um all das herumkommen würde. Zu oft hatte sie die zerstörerische Kraft solcher Auseinandersetzungen erlebt, die eigentlich keiner der Partner entfesseln wollte. Plötzlich stellte man fest, wie sehr man den Zusammenhalt und die gemeinsame Basis überschätzt hatte, erlebte ohnmächtig, wie die Gefühle, die man investiert hatte, sich gegen einen wendeten. Das Eis entpuppte sich als zu dünn und trug einen nicht. Und dann geschah es einfach, als Resultat einer nicht mehr zu kontrollierenden Eigendynamik, und markierte den Anfang vom Ende. Es wurden Sätze gesagt und Blicke getauscht, die nie wieder aus der Welt zu schaffen waren. Sie würde alles geben, um das zu verhindern.

Sie sah, wie Hermann stehen blieb, vielleicht, um eine junge Robbe oder die Pelikane zu betrachten, die an ihrem üblichen Posten auf ihr Frühstück aus Fischabfällen warteten. Am Fischmarkt konnte er ebenso wenig vorbeigehen wie sie. Sie musste an den Tumult denken, in den sie vorgestern Abend an genau dieser Stelle mit den jungen Wissenschaftlern geraten war. Das alles deprimierte sie. Eine bessere Baracke als Unterkunft, Beziehungsprobleme und Beinaheprügeleien – als Urlaub konnte man ihren Aufenthalt auf den Inseln inzwischen wahrlich nicht mehr bezeichnen.

Nuñez hatte sein Smartphone aus der Tasche gezogen und sah offenbar seine Mails durch. Unter anderen Umständen hätte sie das gestört. Sie wäre vielleicht aufgestanden und hätte ihn in seiner Zweisamkeit mit der kleinen Maschine allein gelassen. Aber jetzt war sie dankbar, dass er sich zurückhielt und ihr eine Atempause gönnte. Sie beschloss, sich ein wenig frisch zu machen, und erhob sich. »Entschuldigen Sie mich einen Moment, Jorge. Bestellen Sie uns noch einen Kaffee? Und dann«, sie tippte auf das Blatt Papier, das auf dem Tisch lag, »muss ich das hier noch einmal lesen.«

Zwei Stunden später saß Anne am Rand der gefliesten Fläche vor ihrem Stationsbungalow. Ihre Zehen krallten sich in den schwarzen Vulkanstaub, die Sandalen hatte sie ausgezogen. Drinnen standen zwei Stühle, aber sie hatte nicht gewagt, sie auf die Terrasse zu tragen.

Hinter ihr, durch die geschlossene Tür, war leise Hermanns Schnarchen zu hören. Als sie vor zehn Minuten von ihrem Treffen mit Jorge Nuñez zurückgekommen war, hatte er tief und fest geschlafen. Sie hatte ihm schon in Puerto Ayora angesehen, wie müde er war. Hatten die drei Männer auf der *Queen Mabel* tauchend und vor allen Dingen trinkend über die Stränge geschlagen? Sie bezweifelte das. Hermann pflegte zu Hause in Kiel einen überaus soliden Lebenswandel und trank nur in Maßen. Sie war in diesem Punkt sehr empfindlich. Wer sich mit Alkoholproblemen herumschlug, war bei ihr chancenlos. Hauptkommissar Becker, ihr langjähriger Kollege und Verehrer, hatte das am eigenen Leibe erfahren. Sie kannte Hermann allerdings nicht gut genug, um einschätzen zu können, ob er sich auch in einer reinen Männerrunde im Griff hatte. Wenn drei von seiner Sorte, noch dazu alte Bekannte, zusammen eine Tauch- und Bootstour unternahmen, versagten möglicherweise die inneren Kontrollinstanzen.

Und wennschon. Es ging sie nichts an. Hermann war nun wirklich alt genug, um selbst zu entscheiden, wann er wie viel trank. Und vielleicht gab es ja auch ganz andere Gründe für seine Müdigkeit. Im Augenblick interessierte sie das alles ohnehin nur am Rande, denn von ihrer Frühstücksverabredung war sie verwirrt und voll innerer Anspannung zurückgekehrt. Der Kopf schwirrte ihr von all den ungeklärten Fragen. Und ein Verdacht beschäftigte sie, eine Ahnung, der sie unbedingt nachgehen musste. Eben hatte sie mit Jorge noch über einen Fall geredet, der sie nicht betraf, der sich weit entfernt abspielte, wie durch ein Fernglas betrachtet, das sie falsch herum vor die Augen hielt. Und plötzlich war alles zum Greifen nah, und sie steckte mittendrin im Geschehen.

Um Hermann nicht zu wecken, war sie auf Zehenspitzen ins Haus geschlichen und hatte vorsichtig das Flugblatt unter einem Bücherstapel hervorgezogen, dass Lieke und ihre Kollegen am Hafen verteilt hatten. Sie wollte nicht warten, bis Hermann ausgeschlafen hatte. Sie musste es jetzt wissen, sofort. Normalerweise konnte sie sich auf ihre innere Stimme verlassen, aber sie hatte turbulente Tage hinter sich, da war nicht auszuschließen, dass ihre Erinnerung sie täuschte.

Jetzt lag das Flugblatt auf ihrem Schoß, und daneben, in ihrer Hand, hielt sie das Papier, das rund um die letzte Brandstelle aufgetaucht war. Nuñez hatte es ihr überlassen. Eine Kopie, hatte er erklärt. Das Original sei grün.

Sie versuchte sich an ihr Gespräch zu erinnern. Wo genau hatte man die Papiere gefunden?

»Auf acht oder neun Schiffen, die in der Nähe des Tatorts an Bojen lagen«, hatte der Ecuadorianer gesagt. »Ich vermute allerdings, dass wir nicht alle entdeckt haben. Wir hätten dazu im Umkreis jedes einzelne Schiff untersuchen müssen, und wir hatten andere Sorgen. Die Fischer belagerten uns, und wir brauchten jeden Mann. Nachdem der Bootsführer uns das Papier gebracht hatte, haben wir trotzdem zwei Leute abgestellt, um raus in die Bucht zu fahren und nachzusehen. Aber auf ein Blatt mehr oder weniger kommt es ja gar nicht an, oder? Der oder die Brandstifter müssen sie unmittelbar vor oder nach der Tat auf den umliegenden Schiffen deponiert haben. Sie waren sicher nicht so verrückt, später an den Tatort zurückzukehren. Das wäre zu gefährlich gewesen.«

»Man könnte es«, hatte sie geantwortet, »als eine Drohung verstehen, nicht wahr? Im Sinne von: Ihr kommt auch noch dran, wenn … Tja, man weiß es nicht. Im Text werden keine Forderungen gestellt.«

»Finden Sie? Vielleicht nicht explizit, aber es wird schon deutlich, was gemeint ist: eine drastische Reduktion aller CO_2 erzeugenden Aktivitäten, also Einschränkungen des Flug- und Schiffsverkehrs von und nach Galápagos. Mit anderen Worten: Gefordert wird das Ende des hiesigen Tourismus.«

Das Quietschen der Bungalowtür riss Anne aus ihren Gedanken. Sie drehte sich um. Schlagartig war sie in Alarmbereitschaft.

»Na? Ausgeschlafen?«

»Hm. Tut mir leid. Ich wollte gar nicht so lange schlafen. Aber ich war müde. Wir sind die ganze Nacht gefahren, weißt du, von gestern Nachmittag sechs Uhr an, und um fünf bin ich aufgestanden. Und in der Nacht davor …« Er gähnte und streckte sich. Die Haare standen ihm in alle Richtungen vom Kopf, seine Augen waren klein und verquollen. »Bist du schon lange zurück?«

Sie schuttelte den Kopf und lachelte, besänftigt von dem, was sie sah und hörte. Sie mochte es, wenn er so verschlafen war. Meist war er dann sehr anhänglich. Vielleicht hatte sie sich zu viele Sorgen gemacht, und alles war im Grunde ganz einfach. »Nein, nicht lange. Eine Viertelstunde vielleicht.« Sie klopfte mit der Rechten neben sich auf die Bodenfliesen. »Komm her. Setz dich zu mir.«

»Wollen wir uns nicht die Stühle rausstellen?«

»Komm einfach her.«

Er setzte seine knochigen Füße neben die ihren in den Staub, ließ sich nieder und lehnte dann mit einem Seufzer seinen Kopf gegen ihre Schulter. Sie spürte die Wärme seines Körpers, sagte nichts und hielt die Augen geschlossen, wartete.

»Es tut mir so leid, Anne«, sagte er nach einer Weile. »Unsere Fahrt hat sich gelohnt, mehr als das, wir sind vielleicht auf eine echte Sensation gestoßen. Aber ich hätte dich nicht zurücklassen dürfen. Niemals. Schon gar nicht hier in dieser Station. Wir hätten dir wenigstens ein schönes Hotel suchen müssen, wo du dich nicht um jede Kleinigkeit selbst kümmern musst. Aber wir sind so überstürzt aufgebrochen, da habe ich einfach nicht daran gedacht. Und du auch nicht.« Er rieb sich über das Gesicht. »Das hat mir schlaflose Nächte beschert.«

»Nur schlaflose Nächte? Geschieht dir recht.«

»Na ja, und du? Hast dir mit attraktiven südamerikanischen Männern die Zeit vertrieben.«

»Du darfst mich eben nicht so lange allein lassen. Ich kann sonst für nichts garantieren.«

Er richtete sich abrupt auf, aber als er sah, dass sie lächelte, entspannte er sich und lächelte ebenfalls. »Wird nie wieder vorkommen.« Er hielt Mittel- und Zeigefinger in die Höhe. »Ich verspreche es. Nie wieder.«

»Vorsicht, man soll nie nie sagen.«

Er legte die Arme um ihren Hals und küsste sie. »Es ist schön, wieder bei dir zu sein«, flüsterte er ihr ins Ohr. »Ich hab dich vermisst.«

»Ja.« Noch spürte Anne einen inneren Widerstand. Es war, als hätten sie für Wochen auf zwei verschiedenen Planeten gelebt. So viel war geschehen. Sie würde Stunden brauchen, um ihm das alles zu erzählen.

»Du hättest es sehen müssen, Anne. Den Ausbruch, meine ich. Ich war auf Deck und habe alles hautnah miterlebt. Die Eruption war unglaublich. Ein Knall, dass uns die Ohren klangen. Wir waren nur wenige Kilometer entfernt, und es sah aus, als ob neben uns ein Viertausender in den Himmel wächst, in Zeitraffer. Ich hätte stundenlang zuschauen können. Ehrfurcht gebietend war das. Man hat sogar die Druckwelle gespürt. Ich habe sie auf dem Wasser kommen sehen.«

»Um Gottes willen.«

»Ich lebe ja noch. Es bestand keine Gefahr.« Er legte seine Hand auf ihren Arm. »Und hier? Erzähl mal. War es sehr schlimm?«

»Was? Das Beben?«

»Hm.«

»Im ersten Moment schon. Es ist ein seltsames, unheimliches Gefühl, schwer zu beschreiben. Du verstehst nicht, was mit dir geschieht. Aber dann ... es war ja kein sehr starkes Beben und nur kurz. Im Nachhinein fühlt es sich ... wie soll ich sagen, wie ein Abenteuer an. Die Aschewolke habe ich erst am Tag danach gesehen.«

»Wir haben uns für unsere Reise einen besonderen Zeitpunkt ausgesucht, Anne, geradezu historisch.« Seine Augen leuchteten vor Begeisterung. »Offenbar entsteht im Westen von Fernandina eine neue Insel, ein neuer Außenposten. Galápagos wird größer. Und ich sag dir, unter Wasser ...«

»Hermann, es gab nicht nur das Erdbeben«, unterbrach sie ihn. An den Vorgängen unter Wasser hatte sie momentan kein Interesse. »Hier sind noch ganz andere Dinge geschehen, von denen du wahrscheinlich noch gar nichts weißt.«

»Was denn für andere Dinge?«

»Hat man dir von den Schiffsbränden erzählt?«

»Nein.« Er schüttelte verwirrt den Kopf.

»Von den Flugblättern, die die jungen Wissenschaftler verteilt haben? Von den Tumulten, die das am Hafen ausgelöst hat? Von den Fischern, die die Polizeistation belagert haben, weil einer von ihnen verhaftet wurde? Von den Schüssen, die abgefeuert wurden? Weißt du, dass wir uns im Sammlungshaus verbarrikadiert haben, weil einige Angst vor einem Überfall hatten?«

»Willst du mich auf den Arm nehmen?«

»Du weißt nichts davon?«

»Von den Unruhen in Puerto Ayora haben wir gehört, gestern Nachmittag, als wir endlich wieder Funkkontakt hatten. Aber keine Details, und von Schiffsbränden und Flugblättern höre ich jetzt zum ersten Mal.«

»Die meisten Mitarbeiter haben sich fast den ganzen Tag im Sammlungsgebäude aufgehalten. Deswegen hattet ihr keinen Funkkontakt.« Sie erhob sich und reichte ihm das Flugblatt. Das Schreiben der Brandstifter behielt sie in der Hand. »Lies dir das mal durch. Ich gehe solange ins Küchenhäuschen und koche dir einen Kaffee, okay?«

Er hatte sich schon in den Text vertieft und nickte stumm.

»Großartig«, rief Hermann. Anne hörte ihn schon, bevor er um die Hausecke bog. Im nächsten Moment hatte er das Küchenhaus erreicht und lehnte sich außen gegen den Rahmen der offen stehenden Tür. »Ein großartiger Text, Anne. Er ist mutig und nennt die Dinge beim Namen, sagt, was gesagt werden muss. Den meisten Menschen ist der Ernst der Lage ja gar nicht klar. Es treibt mir die Tränen in die Augen, wenn ich daran denke, dass mein kleiner Enkel kein lebendes Korallenriff mehr zu sehen bekommen könnte. Wirklich, das Flugblatt gefällt mir ausgesprochen gut.«

»Hab ich mir gedacht.«

»Und wer hat das geschrieben?«

»Alle zusammen, glaube ich.« Vorsichtig hob sie den Stieltopf und schüttete das kochende Wasser in die vorbereiteten Tassen, für ihn Kaffee, für sie einen Kräutertee. »Die Truppe, die mit uns auf der *Queen Mabel* war, Isabelle, David, Carol, Lieke, Salvatore. Ein paar Ecuadorianer haben auch mitgemacht. Miguel zum Beispiel, hast du den schon kennengelernt? Bei Reinhardt bin ich mir nicht sicher. Er war gegen die ganze

Aktion und hat sich nichts davon versprochen. Ich war natürlich auch nicht dabei, als sie den Text geschrieben haben, aber ich habe sie auf der Terrasse debattieren sehen, unten am Wasser. Sie haben stundenlang daran gefeilt, und dann haben sie die Flugblätter am Hafen an die Touristen verteilt.«

»Was für eine tolle Aktion.« Hermann nickte anerkennend.

Es war klar gewesen, dass ihm das gefallen würde. Sie reichte ihm seine Tasse hinaus, warf einen letzten Blick auf den Herd und trat dann mit ihrem Tee ins Freie. »Lonesome Georges Tod hat den Anstoß geliefert. An dem Tag herrschte hier Trauerstimmung. David hat sogar geweint und geschimpft wie ein Rohrspatz. Ich glaube, sie hatten alle das Gefühl, etwas tun zu müssen.«

»Ich finde es wirklich klasse, dass sie sich so engagieren. Ob sie damit die Leute hier erreichen, steht natürlich auf einem ganz anderen Blatt.«

»Reinhardt war von Anfang an skeptisch und hat sie gewarnt, und es ist dann ja auch kolossal nach hinten losgegangen.« Sie erzählte vom Verlauf der Demonstration, von den Angriffen auf David und Miguel, von der Beinaheauseinandersetzung am Fischmarkt. »Dort hat Nuñez mit seinen Leuten auf uns gewartet. Er wusste, dass wir da durchmüssen. Die Polizisten sind sofort eingeschritten, als David und die anderen wieder bedrängt wurden. Danach haben sie die Gruppe bis in die Station eskortiert.«

Hermann schüttelte verständnislos den Kopf. »Wissenschaftler, die sich nur noch unter Polizeischutz bewegen können. So weit ist es gekommen.«

Sie standen wieder vor ihrem Bungalow. Hermann stellte seine Tasse ab, lief schnell hinein und trug die beiden Stühle hinaus. »Hier, ist doch bequemer, oder?« Sie setzten sich dicht an die Hauswand, um der intensiven Sonne zu entkommen.

»Was ist denn das für einer, dieser Jorge Nuñez? Er sieht aus wie ...«

»Pass auf, was du sagst, Hermann. Es kann ja nicht jeder so einen Charakterkopf haben wie du. Jorge sieht blendend aus, er ist ein schöner Mann, ganz einfach. Das muss man ihm nicht zum Vorwurf machen.«

Hermann hob abwehrend beide Hände und grinste. »Oh ja, ja, natürlich. Entschuldigung. Nichts liegt mir ferner. Ich wollte ja auch nur wissen, was er hier macht.«

»Er ist wegen der Schiffsbrände hergeschickt worden. Sagt er jedenfalls. Die Leute haben außerdem eine Heidenangst vor den Fischern, und es sah für eine Weile so aus, als hätten sie damit zu tun. Man versucht, möglichst jedem Konflikt mit ihnen aus dem Weg zu gehen, habe ich den Eindruck. Damit hier auf Galápagos alles ruhig und friedlich bleibt.«

»Über die Fischer haben wir auch geredet. Alberto ist ganz schlecht auf sie zu sprechen. Sie wollen Fische fangen, und Seegurken und Hummer, sogar Haie, und zwar so viele wie möglich, ohne irgendwelche Einschränkungen. Das geht auf Galápagos natürlich nicht. Da geraten sie irgendwann fast automatisch in Konflikt mit der Nationalparkverwaltung. Und die hat hier nun einmal das Sagen, Gott sei Dank.«

»Die und der Tourismus. Den sollte man nicht vergessen, Hermann. Tourismus bringt Geld, Naturschutz kostet nur. Hier«, sie reichte ihm das Schreiben, das Jorge ihr gegeben hatte, »jetzt lies das mal und sag mir, was du davon hältst. Wusstest du eigentlich, dass die Charles-Darwin-Station in großen finanziellen Schwierigkeiten steckt?«

»Klar, das ist chronisch. Klamme Kassen, solange ich denken kann. Aber jetzt ist es wohl richtig schlimm geworden. Sie haben alle Warnungen in den Wind geschlagen.«

»Sie wird vielleicht dichtmachen müssen.«

»Schlimmstenfalls könnte es darauf hinauslaufen, ja. Und

weißt du, was?« Er sah sie an und zuckte die Achseln. »Dann ist es eben so. Dieter und Daniel Estraga haben mir schon ihr Leid geklagt. Für eine Einrichtung wie diese gibt es keine Existenzgarantie, auch nicht, wenn man sich nach einem der größten Naturforscher aller Zeiten benannt hat. Eine Forschungsstation muss qualitativ hochwertige Wissenschaft betreiben und auf die Leute aus aller Welt hören, die es gut mit ihr meinen. Genau das scheint hier nicht mehr zu geschehen. Wenn sich das nicht ändert, werden die Spendengelder woanders hinfließen, und die Leute werden ihre Projekte auf anderen Inseln realisieren. Auf San Cristóbal, weiter im Südosten, wird schon etwas Neues aufgebaut.«

So läuft das also, dachte Anne. Unter diesen Umständen wäre ein Angriff der Fischer auf die Station gar nicht unbedingt das schlimmste Szenario gewesen. Ein dramatischer Hilferuf der Wissenschaftler hätte es vielleicht in die internationale Presse geschafft und eine Spendenflut ausgelöst.

Sie sah zu, wie Hermann sich in den zweiten Text vertiefte. Seine Augen rasten über die Zeilen. Hatte Nuñez das Flugblatt der Wissenschaftler überhaupt gelesen? Oder kannte er nur das Bekennerschreiben vom Tatort? Zum wiederholten Male fragte sie sich, warum er nichts gesagt hatte. Seltsam. War ihm die Ähnlichkeit nicht aufgefallen? Oder existierte die nur in ihrer Einbildung? Als sie sich vorhin an einen detaillierten Vergleich machen wollte, war Hermann auf der Bildfläche erschienen. Die genauen Formulierungen, die David und die anderen verwendet hatten, hatte sie natürlich nicht mehr im Kopf.

»Hm«, brummte Hermann. Er drehte das Blatt um. »Ah, da steht das Ganze noch einmal in Deutsch. Was ist das? Woher hast du das?«

»Von Jorge. Seine Leute haben es auf Schiffen in der Nähe des letzten Tatortes gefunden. Für ihn ist das nicht einfach nur

Brandstiftung. Er spricht von Brandanschlägen. Und das da scheint ihm recht zu geben.«

»Es liest sich wie eine Kurzfassung des Flugblattes. Fast die gleichen Formulierungen. Warte ... wo war das? Hier, sieh dir das an! Praktisch identische Sätze. Ein paar Worte wurden weggelassen.«

Anne nickte. »Diesen Eindruck hatte ich auch. Deswegen wollte ich mir beide Texte noch einmal genau ansehen.«

»Und was bedeutet das deiner Meinung nach?«

»Sag du's mir.«

»Glaubst du, es sind die gleichen Verfasser? Dann ... dann wären die Brandstifter ja in der Station zu suchen, unter unseren Leuten.«

»Das muss nicht sein. Die Flugblätter wurden schon nachmittags vor zwei Tagen verteilt. Das dritte Schiff brannte erst in der Nacht danach. Theoretisch könnte jemand Passagen daraus übernommen und abgewandelt haben. Es kann auch sein, dass beide aus der gleichen Quelle abgeschrieben haben.«

»Und warum sollte jemand so etwas tun?«

»Um den Verdacht von sich abzulenken.«

Sehr überzeugend klang das nicht. Hermann sah sie mit gerunzelter Stirn an. »Anne, mir fällt es zwar auch schwer zu glauben, dass die Täter hier aus der Station stammen sollen, dass es vielleicht sogar einer von den jungen Leuten sein könnte, mit denen wir tagelang zusammen auf See waren.« Er kratzte sich das noch immer unrasierte Kinn. »Mein Gott, ich wünschte, es wäre anders – aber mir will auch überhaupt nicht einleuchten, wieso ein Einheimischer so etwas tun sollte. Die sind doch daran interessiert, dass hier alles möglichst ungestört weiterläuft.«

»Sollte man denken, ja.«

»Was ist, wenn die Brände das Werk irgendeines Feuerteufels sind, eines Verrückten, der einfach nur gern herumzündelt? Solche Leute gibt es überall auf der Welt.«

»Und was soll dann dieses Schreiben auf den anderen Booten? Würde sich ein Pyromane die Mühe machen und dieses zweiseitige Flugblatt ausschlachten, noch dazu in drei Sprachen?«

Hermann schüttelte den Kopf. »Vielleicht täuschen wir uns ja, aber wenn nicht, läuft hier etwas schrecklich schief. Dann müssen wir verhindern, dass jemand großen Schaden anrichtet, und ich meine damit nicht nur die Schiffe, die da in Rauch aufgehen. Sollten ausländische Wissenschaftler irgendwie daran beteiligt sein, dann verstehen die hiesigen Behörden überhaupt keinen Spaß, das kann ich dir versichern. Das würde die Zusammenarbeit auf Jahre hinaus erschweren, wenn nicht sogar unmöglich machen, und das gerade jetzt. Internationale Kooperation ist in der Wissenschaft unerlässlich, sonst werden wir die Probleme, die auf uns zukommen, nie lösen. Wissenschaft fußt nicht zuletzt auf Vertrauen.«

Anne hatte sich abgewandt und schaute über das Buschland zu der fernen Aschewolke des La Cumbre. Sie schien kleiner geworden zu sein, aber das registrierte sie gar nicht. Sie hatte plötzlich mit dem unschönen Gefühl zu kämpfen, dass jemand sie an der Nase herumführte. Wahrscheinlich glaubte auch Inspector Jefe Jorge Nuñez, dass die Täter in der Station zu suchen waren. Er hatte sogar etwas in der Richtung angedeutet, fiel ihr jetzt ein, aber sie konnte sich nicht mehr an den Wortlaut erinnern. Nachdem Hermann in dem Café aufgetaucht war, war sie nur noch halb bei der Sache gewesen. Zur Not werde er die ganze Insel zur Vernehmung laden, hatte er sinngemäß gesagt, auch die Mitarbeiter der Charles-Darwin-Station, Männlein und Weiblein, jeden Einzelnen, ungeachtet ihrer Nationalität.

Himmelherrgott, jetzt fiel es ihr wie Schuppen von den Augen: Er hatte behauptet, er brauche sie als eine neutrale, in kriminalistischen Angelegenheiten erfahrene Person, mit der er sich über den Fall austauschen konnte. Von wegen! Nuñez hoffte, dass sie ihm die Arbeit abnahm. Hätte er sie geradeheraus um ihre Mithilfe gebeten, hätte sie Nein gesagt, das wusste er genau. Aber wenn sie selbst herausfand, wo die Täter zu suchen waren, allein, ohne dass ihr jemand das Ergebnis nahelegte, entstand eine ganz andere Situation. Sie kannte die potenziellen Täter, lebte seit Tagen mitten unter ihnen. Plötzlich wäre sie ein Teil des Ganzen und, ja, natürlich würde sie tun, was dieses Schlitzohr sich wünschte, es zumindest versuchen. Weil sie denen helfen wollte, die nicht schuldig waren. Isabelle, Carol und Lieke zum Beispiel. Die jungen Frauen in der Gruppe waren mit Sicherheit keine Brandstifterinnen. Deshalb hatte Jorge ihr das Bekennerschreiben überlassen, immerhin ein Beweisstück. Um ihr auf die Sprünge zu helfen und damit er sich nicht selbst die Hände schmutzig machen musste. Ausländer zu vernehmen und einer Straftat zu beschuldigen, war kein Vergnügen, schon gar nicht hier, wo alles von ihnen abhing, wo sie es waren, die das Geld ins Land brachten. So etwas rief die Botschaften auf den Plan, die Politiker, Anwälte, Presse, schlimmstenfalls drohten diplomatische Verwicklungen …

»Anne? Anne! Wo bist du denn mit deinen Gedanken?«

»Entschuldige.« Sie trank ihren Tee aus. »Weißt du, was? Ich werde dir jetzt erzählen, was passiert ist, alles, was ich über diese Brandstiftungen weiß. Und dann setze ich mich hin und werde die beiden Texte vergleichen. Satz für Satz, Wort für Wort. Ich muss wissen, was los ist, und irgendein Gefühl sagt mir, dass aus diesen Papieren noch mehr rauszuholen ist.«

»Warum eigentlich? Ich meine, warum musst du das tun? Das ist doch nicht deine Aufgabe.«

»Nein, ist es nicht.« Sie nickte, als hätte sie nur auf diesen Einwand gewartet. »Genauso wenig, wie es deine Aufgabe war, mit Alberto und Dieter und der *Queen Mabel* nach diesem verdammten Hai zu suchen. Ich tue es, weil ich diese Menschen kennengelernt habe, weil sie mir irgendwie nahestehen, weil ich einige von ihnen mag. Ich will ihnen Schwierigkeiten ersparen.« Stimmte das, oder machte sie sich etwas vor? Vor wenigen Tagen hatte sie sich über die gleichen Leute noch maßlos geärgert.

»Und wann kann ich dir mal erzählen, was wir erreicht haben? Wir glauben, dass wir einen Blick in die Zukunft unserer Welt geworfen haben. Und diese Haie …«

»Ich weiß es nicht, Hermann. Vielleicht später. Also, hör zu …«

Sie setzte sich an den wackligen Tisch, den Hermann ihr in den Schatten des Dachvorsprungs gestellt hatte. Er selbst war nach unten ins marine Labor gegangen, um Alberto und Dieter zu treffen. Sie wollte ihn später abholen, um mit ihm noch ein wenig am Meer spazieren zu gehen. Vielleicht würde sie sich dann anhören, wie die Welt der Zukunft beschaffen war, die Hermann und seine Kollegen entdeckt zu haben glaubten.

Sie nahm sich zuerst den englischen Text vor und fertigte eine genaue Liste an, in der sie die fraglichen Passagen einander gegenüberstellte, links die aus dem Flugblatt, rechts ihr Pendant aus dem Bekennerschreiben. Es waren viele, viel mehr, als selbst beim besten Willen dem Zufall zugeschrieben werden konnten. Sie kam sich vor wie diese Plagiatsjäger, die einen promovierten Politiker nach dem anderen aufs Korn nahmen.

Natürlich war die Möglichkeit, dass jemand den Verdacht gezielt auf die Wissenschaftler der Station lenken wollte, noch immer nicht auszuschließen. Als sie diese Variante Hermann gegenüber erwähnt hatte, glaubte sie selbst nicht daran, doch mittlerweile konnte sie ihr einiges abgewinnen. Hatte Nuñez auch darüber nachgedacht?

Sie wusste noch sehr genau, was er über das Verhältnis der Einheimischen zu den Forschern erzählt hatte. Es stand beileibe nicht zum Besten damit. Vielleicht versuchte jemand, das Nest der ungeliebten Wissenschaftler zu beschmutzen und sie auf diese Weise endlich zum Schweigen zu bringen. Es gab einen Nationalpark, der fast die gesamte Fläche der Inseln umfasste und den man nur in Begleitung eines Führers betreten durfte, es gab ein riesiges Meeresschutzgebiet, das weltweit seinesgleichen suchte, und all das reichte ihnen noch nicht. Manche Wissenschaftler riefen nach weiteren Einschränkungen und Verboten, wollten die Zahl der Touristen begrenzen, die Zahl der Flugzeuge, die auf Baltra landeten, die Zahl der Meerestiere, die gefangen werden durften. Auch Hermann hatte diesen Gedanken sehr einleuchtend gefunden. Er meinte, es gehöre bestimmt nicht viel dazu, Zwietracht und Misstrauen zwischen den hier lebenden Menschen, den Behörden und der die Station tragenden Stiftung zu säen.

Nachdem Anne ein paar der Passagen in ihrer Tabelle abgeglichen hatte, entdeckte sie, dass das Papier vom Tatort voller Fehler war. Ein paar davon steckten auch in den korrespondierenden Passagen aus dem Flugblatt der Wissenschaftler, zumeist Schreibfehler, die in der Eile auch einer Muttersprachlerin wie Carol unterlaufen konnten. Es sah ganz so aus, als seien sie auf das zweite Papier übertragen worden, und durch die Kürzungen des Textes waren dabei noch weitere, meist grobe Fehler hinzugekommen. Einige Wortendungen waren abgeschnitten, und an drei Stellen war den Kürzungen auch das Verb innerhalb eines Satzes zum Opfer gefallen. Offensichtlich hatten die Urheber unter großem Zeitdruck gearbeitet.

Als sie mit dem englischen Text fertig war, lief sie zum Küchenhaus, um sich ein wenig Wasser heiß zu machen, goss es in eine Tasse mit einem gut gehäuften Löffel Kaffeepulver und schlenderte dann, nachdenklich rührend, zu ihrem Tisch zurück. Nun kam die deutsche Übersetzung an die Reihe. Sie wusste definitiv, dass es sich um eine Übersetzung handelte, denn Isabelle hatte ihr erzählt, dass sie den Text zuerst auf Englisch verfasst und danach ins Deutsche und Spanische übertragen hatten. Für die deutsche Version war David zuständig gewesen.

Wieder schrieb sie die fraglichen Passagen in die dafür vorgesehenen Spalten, und es war nun keine große Überraschung mehr, dass sich auch die deutsche Fassung als eine stark gekürzte Kopie des Flugblattes entpuppte und zahlreiche haarsträubende Fehler enthielt. Für eine schnelle Gegenüberstellung der spanischen Passagen reichten ihre Sprachkenntnisse nicht. Sie überlegte kurz, ob sie einen der spanischen Stationsmitarbeiter um Hilfe bitten sollte, doch dann hätte sie auch gleich per Lautsprecheransage verkünden können, woran sie hier gerade arbeitete. Sie wollte nicht riskieren, dass sich ihre Recherchen herumsprachen. Und letztlich zweifelte sie nicht daran, dass sie auch in diesem Fall das gleiche Ergebnis erhalten würde.

Anne überflog die Textauszüge, die sie zusammengestellt hatte, noch ein letztes Mal, dann raffte sie alle Papiere zusammen, leerte in großen Schlucken ihre Kaffeetasse und verschloss die Bungalowtür. Es bestand kein Zweifel mehr: Der eine Text hatte definitiv als Vorlage für den anderen gedient, der zudem in größter Eile zusammengeschustert worden war. Die Frage war nur, von wem.

Sie fand Hermann unten am Wasser, auf der Terrasse des marinen Labors, wo auch das Flugblatt entstanden war. Er saß zwischen Alberto und Dieter an einem großen Holztisch, vor ihnen mehrere Stapel aufgeschlagener Bücher, chaotische Haufen ausgedruckter Fotos, drei halb gefüllte Kaffeetassen und zwei Laptops, deren Monitore Diagramme zeigten. Aus irgendeinem Grund erregte dieser Anblick augenblicklich Annes Zorn.

Sie erklomm rasch die Treppe, marschierte auf die Männer zu, begrüßte Hermanns Kollegen mit einem Kopfnicken und platzierte das Resultat ihrer Arbeit auf den Unterlagen, mit denen die drei sich gerade beschäftigten.

»He, was soll das?«, protestierte Hermann, der zusammengezuckt war, weil er ihr Kommen nicht bemerkt hatte. »Ach, du bist's, Anne. Wir versuchen hier gera…«

»Tut mir leid, wenn ich störe, aber ich habe das Gefühl, dass wir keine Zeit verlieren sollten. Sieh dir das bitte mal an«, sagte sie in einem Ton, der keinen Widerspruch duldete, und tippte dabei auf ihre Arbeit. Während Hermann und Dieter überrascht und ein wenig verärgert wirkten, bemühte sich Alberto, hinter vorgehaltener Hand ein Grinsen zu verbergen.

»Was ist das?«, fragte Dieter Grumme und sah Anne mit gerunzelter Stirn an.

»Hast du ihnen nichts erzählt, Hermann?«

»Ich? Wieso? Ich …«

»Jemand fackelt hier ein Boot nach dem anderen ab, womöglich jemand aus der Station, und ihr praktiziert business as usual?«

»Doch, doch, Dieter und ich haben darüber gesprochen. Er hat schon kurz nach unserer Rückkehr davon erfahren. Aber wir sind Wissenschaftler, Anne, Biologen. Eine Brandstiftung aufzuklären, ist Aufgabe der Polizei.«

»Vor dem Bungalow hast du eben noch behauptet, hier liefe etwas ganz schrecklich schief.«

»Jaaa …«

»Was soll denn schieflaufen?«, fragte Dieter mit geröteten Wangen. Er blickte zwischen Hermann und Anne hin und her. »Irgendein Spinner hat Boote angezündet, das ist wirklich nicht unsere Angelegenheit, sondern die der örtlichen Behörden.«

»Hättet ihr vielleicht die Güte, mich aufzuklären, worüber ihr euch gerade ereifert?«, sagte Alberto. »Ich verstehe kein Wort.«

Natürlich nicht. Sie hatten deutsch gesprochen.

Hermann seufzte und übernahm es, Alberto über die Schiffsbrände und die Flugblätter aufzuklären. »Korrekt?«, fragte er schließlich an Anne gewandt. »Oder habe ich etwas vergessen?« Sie schüttelte den Kopf.

»Seltsame Geschichte«, murmelte Alberto und führte seinen Kaffeepott an den Mund. »Dass die Fischer hier nicht alle Tassen im Schrank haben, ist ja nichts Neues. Aber wenn ich euch beide richtig verstehe, dann behauptet ihr, dass jetzt auch die Wissenschaftler durchdrehen, ja?«

»Das ist doch Unsinn«, brummte Dieter.

Alberto lachte auf. »Ich finde es gar nicht so abwegig. Du wirst sehen: Noch so ein Bericht über sterbende Riffe oder die Beschlagnahmung Hunderttausender von Haifischflossen, und selbst ich werde zum Amokläufer.«

Anne hob ihre Schultern. »Einen Beweis, dass Wissenschaftler der Station beteiligt sind, haben wir nicht, aber es gibt Hinweise. Vor allem diese Texte hier.« Sie erklärte, woher die Papiere stammten und was sie damit getan hatte.

Misstrauisch starrte Dieter auf das Blatt mit den Textauszügen, das vor Hermann auf dem Tisch lag. »Das mit dem Bekennerschreiben ist mir neu«, räumte er ein und vermied jeden Blickkontakt mit ihr. Hatte Hermann seinen Kollegen erzählt, dass sie Kriminalpolizistin war? Was Dieter Grumme durch den Kopf ging, war nicht schwer zu erraten. Er fragte sich, was sie das alles eigentlich anging, warum sie sich einmischte und die Polizei ausgerechnet ihr, einer unbeteiligten Touristin, ein Beweisstück aushändigte. Sie ließ sich davon nicht beirren.

»Ich habe es auch erst heute Morgen erfahren«, sagte sie und bemühte sich, dabei so zu klingen, als sei es normal, dass man sie hier in Details laufender Ermittlungen einweihte. »Es handelt sich eindeutig um eine gekürzte Fassung des Flugblattes, das vor zwei Tagen am Hafen verteilt wurde. Sie ist offenbar unter Zeitdruck entstanden, denn sie enthält zahlreiche Fehler. Angrenzend an die Passagen, die herausgekürzt wurden, fehlen ganze Wörter und Wortteile. Wahrscheinlich wurden sie aus Versehen gelöscht.«

»Und um uns das mitzuteilen, platzt du hier herein wie … wie …«

»Wie was?« Anne sah Hermann mit großen Augen an. Er schien selbst erschrocken über das, was da gerade über seine Lippen gekommen war. »Das interessiert mich jetzt wirklich. Was wolltest du sagen, Hermann? Ich platze herein wie was?«

Hermann war unter Annes bohrenden Blicken ein wenig kleiner geworden und wollte etwas sagen, aber Dieter kam ihm zuvor.

»Das ist doch verrückt. Mir leuchtet einfach nicht ein, was das mit uns zu tun haben soll. Überlegt doch mal. Niemand in der Station wäre so dämlich, erst ein solches Flugblatt zu verfassen und dann einen fast gleich lautenden Text am Tatort einer Brandstiftung zurückzulassen.«

»Vielleicht versucht jemand auch nur, den Wissenschaftlern und damit der Station eins auszuwischen. Ich weiß, dass es erhebliche Spannungen gibt.« Während sie sprach, ließ sie Hermann keine Sekunde aus den Augen. »Die Kürzungen wurden stümperhaft ausgeführt. Das ist nicht zu übersehen und scheint gegen hochgebildete Akademiker als Urheber zu sprechen. Aufgrund meiner langjährigen Erfahrung weiß ich aber, dass auch sehr intelligente Menschen in Stresssituationen imstande sind, sehr dumme Dinge zu tun. Wir haben es hier sicher nicht mit rationalen Erwägungen zu tun, sondern mit heftigen Emotionen. Und mit blutigen Anfängern, was die Durchführung solcher Straftaten angeht. Mindestens zwei der Schiffe wurden mit benzingetränkten Lappen angesteckt. Primitiver geht es kaum.«

Dieter war aufgesprungen. »Ich kann das nicht glauben, und ich will es auch nicht glauben«, erklärte er entschieden. Als Leiter der marinen Abteilung der Station fühlte er sich offenbar persönlich angegriffen. »Für meine Leute lege ich jedenfalls die Hand ins Feuer.«

»Anne, können wir kurz mal unter vier Augen reden?«, sagte Hermann.

»Macht das. Ich brauche ohnehin eine Pause«, verkündete Dieter, griff nach seinem Rechner und verschwand damit im Haus.

Alberto zog schmunzelnd den Kopf ein. Er war offenbar der Einzige, der dieser Situation auch komische Seiten abgewinnen konnte. Er machte mit beiden Händen eine beschwichtigende Geste, schnappte sich den zweiten Computer und folgte seinem deutschen Kollegen durch die offene Tür.

»Musste das sein, Anne? Was sollte dieser Auftritt? Überlass das doch der hiesigen Polizei. Ich verstehe dich nicht.«

»Das merke ich. Ich verstehe dich auch nicht. Du bist vor wenigen Stunden von einer Seereise zurückgekehrt, die länger gedauert hat als geplant. Gerade hast du dich noch lang und breit bei mir entschuldigt. Wird nicht noch einmal vorkommen, hast du gesagt, und ich war drauf und dran, dir zu glauben. Aber jetzt sitzt du schon wieder mit Dieter und Alberto zusammen, und was ihr tut, sieht verdammt nach Arbeit aus. Du fühlst dich sogar gestört, wenn ich auftauche. So läuft das nicht, Hermann, nicht mit mir. Wenn ich dich noch ein Mal daran erinnern muss, dass wir uns nicht auf einer Forschungsfahrt mit weiblicher Begleitung, sondern auf einer gemeinsamen Urlaubsreise befinden, bin ich weg. Hast du mich verstanden? Ich weiß gar nicht, warum ich tagelang auf dich warte, wenn du gleich bei der ersten Gelegenheit wieder abhaust. Warum bist du überhaupt mit mir in den Urlaub gefahren, wenn du eigentlich viel lieber arbeiten möchtest?«

»Wie kommst du denn darauf?« Hermann sah sie entsetzt an. »Entschuldige, ich habe es wirklich nicht so gemeint. Du störst doch nicht, Anne. Nie. Ich ... ich dachte, du bist beschäftigt, und da wollte ich die Zeit nutzen.«

»War ich ja auch.« Sie wandte sich ab und blickte aufs Meer hinaus. Sie konnte nicht glauben, was hier geschah. Nun war der über Tage aufgestaute Ärger doch noch aus ihr herausgeplatzt. Sie stritten sich wie zwei Teenager. Aber noch konnte sie nicht über ihren Schatten springen, obwohl Hermann jetzt einen bemitleidenswert hilflosen Anblick bot.

»Eigentlich wollten wir nur Ordnung in unsere Sachen bringen«, sagte er leise. »Und dann ist es doch ein wenig ausgeartet, das gebe ich zu. Weißt du, wir müssen sehr sorgfältig und wohlüberlegt vorgehen. Es geht um Hybridisierungen gleich bei mehreren Tiergruppen. So etwas ist unseres Wissens noch nie beschrieben worden und könnte sich als wissenschaftlich überaus brisant herausstellen.«

»So, könnte es das.« Sie verschränkte die Arme vor der Brust. »Wie schön für euch.«

»Anne, bitte, nimm's um Gottes willen nicht persönlich. Wir sind da draußen vielleicht auf eine große Sache gestoßen ...«

»Auf die Welt der Zukunft, ich weiß. Aber so geht das nicht weiter. Du musst dich entscheiden, ob du hier weiter mit deinen Kollegen forschen oder mit mir unsere Reise fortsetzen willst.«

Er verzog das Gesicht, als litte er unter körperlichen Qualen. »Anne, Liebling. Das ist für mich überhaupt keine Frage. Es war ... ja, es war ein Geschenk, dass ich an diesen Entdeckungen beteiligt sein durfte, aber die Arbeit werden jetzt

Dieter und Alberto und andere Kollegen weiterführen. Vielleicht kann ich in Kiel auch noch etwas tun, bestimmt kann ich das. Aber …«, er fasste sie an beiden Armen, »wir beide setzen unsere Reise natürlich fort, so wie wir das geplant haben. Das stand für mich nie zur Disposition.«

Sie sahen sich an, bis auf beide Gesichter ein zaghaftes Lächeln trat, erst auf seins, dann auch auf Annes.

»Endlich lächelst du wieder. Ich habe übrigens sehr wohl verstanden, was du mir mit deiner Gegenüberstellung sagen wolltest.« Er ließ sie los und nahm stattdessen ihr Papier in die Hand. »Ich kann nicht behaupten, dass mir diese Schlussfolgerung gefällt, aber …« Er zögerte. »Bist du wirklich sicher, dass die Verfasser aus der Station stammen?«

»Wie will man das sonst erklären? Die Originaltextdateien haben nur die Verfasser.«

»Es gibt Scanner, Anne.«

Sie griff nach einem der Kaffeepötte, schaute hinein und hielt ihn dann hoch. »Gibt es für mich auch noch einen Kaffee?«

»Wollten wir nicht am Meer spazieren gehen?«

»Eigentlich ja. Aber ich weiß nicht, ob ich dafür noch in Stimmung bin.«

»Wegen mir?«

»Nein.« Sie zeigte auf das Papier in Hermanns Händen. »Deswegen. Ich würde das gern aus der Welt schaffen. Ich finde, wir sollten etwas unternehmen.«

Hermann sah sie mit großen Augen an. »Was willst du denn unternehmen, um Gottes willen?«

»Ich habe hin und her überlegt, wem ich so etwas zutrauen würde. Natürlich kenne ich nur einen Bruchteil der Leute, die in der Station arbeiten, insofern ist das alles mit Vorsicht zu genießen. Aber von denen, die ich kennengelernt habe, kommt in meinen Augen nur einer infrage.«

»Spann mich nicht auf die Folter. Wer?«

»David.«

»David, hm ...« Hermann sah Anne forschend an. »Warum gerade er?«

»Ich halte ihn für hochintelligent, eigentlich für zu intelligent, um so einen Unsinn zu machen, aber ... auch für sehr engagiert, fast übermotiviert. Und er ist zweifellos sehr sensibel und labil. Er hat geweint, als Lonesome George gestorben ist, war regelrecht außer sich. Du hättest hören sollen, wie er die Leute angefahren hat, weil das Tier hierher in die Station gebracht wurde. In Diskussionen über die Erderwärmung und das Sterben der Tiere brennt er lichterloh, ist kaum zu bremsen. Und das mit den Flugblättern ging vor allem auf seine Initiative zurück.«

»Das heißt noch lange nicht, dass er nachts Schiffe anzündet und Leute umbringt.«

»Natürlich nicht. Aber da ist noch mehr. Lieke, seine Freundin, macht sich große Sorgen um ihn. Sie hat Angst, dass er ausrasten und irgendeinen Blödsinn anstellen könnte. Ich habe gestern länger mit ihr geredet.«

Sie sah Hermann ernst in die Augen. »Und vorhin ist mir noch etwas eingefallen. Weißt du, in der Nacht, als das zweite Schiff gebrannt hat, standen wir alle draußen vor den Bungalows. Ein paar von den jungen Ecuadorianern hatten uns geweckt. Und dann stieß David dazu.« Sie schloss kurz die Augen. »Er wohnt in dem anderen Gebäude, du weißt schon, dem Haus, in dem wir die ersten Nächte verbracht haben. Lieke fragte ihn, ob er von seinem Balkon etwas gesehen habe, und er antwortete, nein, er habe nur einen Feuerschein wahrgenommen. Dabei kann er eigentlich nicht aus seinem Zimmer gekommen sein. Es war stockfinster, ich erinnere mich aber genau: Er kam von der anderen Seite, von rechts.«

»Also von der Straße.«

»Ja, und er trug, glaube ich, eine Badehose, jedenfalls kein T-Shirt. Sein Oberkörper war nackt.«

»Als ob er im Wasser gewesen wäre?«

»Genau.«

»Dann lass uns mit ihm sprechen, Anne. Komm«, er machte Anstalten, sich zu erheben, »wir gehen gleich zu ihm und stellen ihn zur Rede. Er ist doch wahrscheinlich irgendwo hier im Haus. Wenn du recht hast, dann müssen wir ihn aufhalten. Vielleicht hat er Mist gebaut, vielleicht ist bei ihm wirklich eine Sicherung durchgebrannt, aber David ist doch kein klassischer Krimineller. Vielleicht kann man da noch etwas geraderücken. Wir müssen verhindern, dass seine ganze Karriere zum Teufel geht. Ist doch ein sympathischer Junge. Ich hab ihn immer gemocht. Wir können es uns nicht leisten, solche engagierten jungen Leute zu verlieren.«

Im Haus war er nicht. Sein Computerarbeitsplatz war verwaist. Ein wortkarger junger englischer Kollege, der mit David im gleichen Raum arbeitete und auf seinen Computer starrte, gab an, ihn heute überhaupt noch nicht gesehen zu haben. Sie beschlossen daraufhin, getrennt weiterzusuchen und sich in zwanzig Minuten wieder auf der Terrasse zu treffen. Hermann nahm sich Verwaltungs- und Sammlungsgebäude vor, während Anne oben bei den Quartieren nachsehen wollte.

Jetzt, am frühen Nachmittag, war kaum jemand in den Bungalows, nur einige der ecuadorianischen Praktikanten und Guides lungerten auf ihrer Terrasse herum. Nach den Ereignissen der letzten Tage hielt sich der Touristenandrang in Grenzen, und sie hatten ihre Aufgaben schnell erledigt. Anne fragte ein wenig herum und klopfte an die Türen der anderen Zimmer in Davids Wohngebäude, in dem hauptsächlich Wissenschaftler wohnten. Niemand hatte ihn gesehen oder wusste, wo er sich aufhielt.

Als sie unten auf der Terrasse ankam, saß Hermann schon wieder an dem großen Holztisch und stapelte die vielen Fotoausdrucke und Kopien, die noch von seiner Sitzung mit Alberto und Dieter liegen geblieben waren.

»Nichts«, sagte sie und ließ sich erschöpft auf einen der Stühle fallen.

»Bei mir auch nicht. Alle wussten, wen ich meinte, aber keiner hat ihn heute gesehen.«

»Wahrscheinlich ist er in Puerto Ayora, einkaufen oder was weiß ich.« Sie wischte mit der Hand über die schweißnasse Stirn. Das stand ihnen auch noch bevor, der obligatorische Ausflug in die Stadt. Sie hatte seit ihrem Frühstück mit Jorge Nuñez nichts mehr gegessen.

»Er wird schon wiederauftauchen«, sagte Hermann. »Wir können ihm ja einen Zettel hinterlassen. Ob wir zusammen zu Abend essen wollen, zum Beispiel.«

»Ach nee, Hermann. Für heute Abend schwebt mir wirklich etwas anderes vor, ein schönes Dinner zu zweit. Nur wir beide.«

»Du hast recht. Keine Problemgespräche heute Abend. Das heben wir uns für morgen auf.«

»Die Idee mit dem Zettel finde ich aber nicht schlecht. Da drüben liegt einer. Gibst du ihn mir mal rüber? Und den Stift, bitte.«

Anne nahm beides von Hermann in Empfang. Sie überlegte kurz und tippte sich dabei mit dem Kugelschreiber gegen die Lippen. »Hallo, David«, schrieb sie, »hast Du morgen nach dem Frühstück kurz Zeit? Wir müssten dringend etwas mit Dir besprechen. Gruß Anne + Hermann«.

Sie faltete das Blatt zusammen und sah Hermann dabei zu, wie er die letzten Papiere auf dem Tisch ordnete.

»Was hältst du davon?«, fragte sie. »Du machst hier klar Schiff, ich gehe noch einmal nach oben, schiebe David die

Nachricht unter der Tür durch, und dann nehmen wir endlich unseren Spaziergang in Angriff? Ich muss dir unbedingt meine Lieblingsstelle zeigen. Ich bin jeden Tag dort gewesen.«

»So machen wir es«, erwiderte er.

Anne stand auf, aber statt zur Treppe zu gehen, stellte sie sich hinter Hermann, fuhr ihm kurz durch die Haare und legte ihm ihre Hände auf die Brust. Er ergriff sie, schmiegte sein Gesicht an ihren Unterarm und küsste dann ihre Handflächen.

»Bist du mir noch böse?« Er hatte seinen Kopf in den Nacken gelegt und lächelte sie an.

Sie tat so, als ob sie scharf nachdenken müsste. Dann schüttelte sie den Kopf.

»Mach schnell«, sagte Hermann grinsend. »Ich warte hier.«

Auf dem Weg nach oben sah sie Lieke, die an einer Hauswand vor einer kleinen geöffneten Holztür hockte und Einträge in einer langen Tabelle vornahm.

»Ach, Lieke, gut, dass ich dich treffe. Ich bin auf der Suche nach David. Weißt du zufällig, wo er steckt?«

»Moment.« Die Holländerin überprüfte den Inhalt eines Plastikbeutels mit feinem Sand, wahrscheinlich eine der vielen Sedimentproben, die während ihrer gemeinsamen Fahrt mit der *Queen Mabel* vor irgendeiner der Inseln aus der Tiefe geholt worden waren. Sie verglich die Beschriftung mit ihrer Tabelle, machte ein Häkchen und deponierte die Probe sorgfältig wieder unter den Lampen des kleinen Trocknungsraumes, in dem Dutzende derartiger Säckchen zu sehen waren. »Entschuldige. Ich muss höllisch aufpassen, dass ich nichts durcheinanderbringe.«

»Sind die alle von unserer Fahrt?«

»Hier trocknen mehrere Leute ihre Proben, aber die meisten gehören Reinhardt und mir. Einige davon hast du nach oben geholt. Du erinnerst dich sicher.«

»Natürlich.« Anne rieb unwillkürlich die Handflächen aneinander. »Meine Hände tun mir jetzt noch weh.«

Lieke lachte. »Tja, das kommt dabei heraus, wenn sechzig Meter nasses, raues Tauwerk auf aufgeweichte Hände treffen.« Sie richtete sich auf, zupfte ihren kurzen Rock zurecht und sah dann Anne an. »Du suchst David? Da wirst du kein Glück haben, fürchte ich. Ich habe ihn nämlich schon vor einer guten Stunde verabschiedet.«

»Verabschiedet? Wieso? Wo ist er denn hin?«

Lieke deutete hinaus auf die Academy Bay. »Er ist da draußen.« Sie stellte sich auf die Zehenspitzen und suchte. »Da! Da ist er!«

Anne verlängerte Liekes Finger gedanklich hinaus aufs Wasser und landete bei einem großen blauen Schiff, das gerade die Bucht verließ und Kurs auf das offene Meer nahm.

»Meinst du das Schiff? Er ist auf einem Kreuzfahrer?«

»Ja, habe ich es gestern nicht erwähnt? Er fährt als Guide mit, er und Isabelle. Sie führen die Touris durchs Gestrüpp, passen auf, dass sie nichts anfassen, was beißt oder pikt, und lassen sich von morgens bis abends Löcher in den Bauch fragen.« Lieke grinste. »Viele von uns machen das. Bringt ein paar Dollar ein, es gibt hervorragendes Essen, und man kommt ein bisschen rum im Archipel.«

Jetzt erinnerte sich Anne. Während sie gestern am Strand hinter dem Busch gelegen und gelauscht hatte, hatten die beiden darüber gesprochen. Verflucht!

»Wie lange dauert denn diese Fahrt?«

»Eine Woche, soviel ich weiß. Die *Galapagos Sea Explorer* ist eines der modernsten und schnellsten Schiffe, die hier herumfahren. Sie legt in dieser Zeit eine ziemliche Strecke zurück, viel mehr, als wir geschafft haben. David wird ein paar entlegene Korallenriffe zu sehen bekommen, die für die *Queen Mabel* zu weit entfernt liegen. Er will dort tauchen, Transekte aufnehmen, fotografieren und vielleicht ein paar Proben sammeln, je nachdem, was er vorfindet. Einige dieser Riffe waren vor Jahren schon so gut wie tot, es gibt aber Berichte von Tauchern, dass sie sich wieder erholt haben.«

Anne fragte nicht, was »Transekte aufnehmen« bedeutete. Doch ihre biologische Unwissenheit war im Augenblick das geringste Problem. David auf einem Kreuzfahrtschiff – das gefiel ihr gar nicht. Sie musste an Nuñez und seine Vermutung denken, der Brandstifter habe es vielleicht auf noch größere Schiffe abgesehen. *Ich kann nachts nicht schlafen, wenn ich daran denke.* Lieke zog die Stirn in Falten. »Was ist mit dir, Anne? Du guckst so komisch.«

»Tu ich das?« Anne fuhr sich mit der Hand über das Gesicht und rang sich ein Lächeln ab. »Es ist nichts. Gar nichts.«

Sie schaute dem blauen Kreuzfahrtschiff hinterher und kämpfte gegen das ungute Gefühl an, das sich in ihrer Magengrube breitmachte.

Die Arme um ihre Knie gelegt, saßen Hermann und Anne eine Stunde später nebeneinander auf dem Küstenstreifen nahe der Station im weißen Sand und starrten auf das bewegte Wasser hinaus. In der Ferne war noch immer die Aschewolke des La Cumbre zu erkennen. Hermann hatte noch einmal vom Ausbruch erzählt, aber sie hatte ihm nur mit halbem Ohr zugehört.

Anstatt sich zu entspannen und die spektakuläre Aussicht zu genießen, wie an den Tagen zuvor, konnte Anne ihren Blick nicht von der Stelle abwenden, wo vor ein paar Minuten die *Galapagos Sea Explorer* außer Sichtweite verschwunden war. Sie schien auf dem Weg nach Norden zu sein, vielleicht zur kleinen Insel Pinzón oder zur Isla San Salvador, die früher James Island geheißen hatte und zu den Inseln gehörte, auf denen auch Charles Darwin seine Fußstapfen hinterlassen hatte.

Hermann legte sich in den Sand und streckte seufzend die Beine aus. Kurz darauf spürte sie seine warme Hand auf dem Rücken. »Indem du ihm permanent hinterherstarrst, hältst du ihn auch nicht auf, Anne.«

Sie seufzte und legte die Stirn auf ihre Knie. »Ich weiß. Ich habe keine Ahnung, warum mich diese Geschichte so mitnimmt. Ich werde wohl heute Nacht kein Auge zumachen.«

»Und was könnten wir dagegen unternehmen?«

Sie zuckte die Achseln. »Nichts. Ich mache mir einfach Sorgen.«

»Wovor hast du denn Angst? Dass er das ganze Schiff in die Luft jagt? Er ist doch selbst an Bord. Und Isabelle auch. Außerdem wissen wir gar nicht, ob er wirklich der Brandstifter ist. Das sind doch alles nur Vermutungen.«

»Aber stell dir nur einmal vor, er wäre es und würde das Schiff kidnappen oder Leute als Geiseln nehmen.«

»Um was zu erreichen?«

»Aufmerksamkeit. Ich weiß auch nicht. Vielleicht hat er irgendetwas vorbereitet. Eine Erklärung.«

»Wenn er so etwas tatsächlich vorhätte, wäre das natürlich eine Katastrophe. Was immer dabei herauskäme, ein Leben als Wissenschaftler könnte er sich danach abschminken. Aber ich glaub da einfach nicht dran. Der lässt es sich auf einem Luxusdampfer ein paar Tage gut gehen. Das ist alles. Entspann dich, Anne.«

Doch daran war nicht zu denken. Sie drehte sich abrupt um und sah Hermann an. »Man müsste sein Zimmer durchsuchen. Vielleicht bekämen wir dann Gewissheit.«

»Und wie willst du das anstellen? Den Schlüssel hat er sicher mitgenommen. Oder im Sekretariat abgegeben.«

»Na ja.« Sie schmunzelte vielsagend. »Das wäre nicht unbedingt ein Hindernis.«

»Wie bitte?« Hermann stützte sich auf die Ellenbogen. »Versteh ich dich richtig: Du willst in seinen Bungalow einbrechen? Lernt ihr so etwas auf der Polizeischule?«

»Die Schlösser hier musst du nur einmal scharf angucken.«

»Ah, okay. Wenn du das sagst.«

Plötzlich richtete sich Anne kerzengerade auf. »Vielleicht hat er Lieke seinen Schlüssel gegeben. Wäre doch möglich.«

»Frag sie. Und leg dir eine gute Erklärung zurecht, warum du unbedingt in Davids Zimmer möchtest.«

»Ich glaube, sie hätte Verständnis. Ich werde ihr einfach die Wahrheit sagen, das, wovor ich Angst habe. Sie macht sich ja auch Sorgen.«

Hermann richtete sich auf. »Na, dann los. Worauf warten wir? Du gibst ja doch keine Ruhe.«

Die junge Holländerin suchte in ihrem Zimmer gerade Schmutzwäsche zusammen, um sie später in Puerto Ayora zu waschen. Ihr Begrüßungslächeln verschwand, als sie die ernsten Gesichter ihrer Besucher sah.

»Was ist los? Ist etwas mit David?«

Anne und Hermann tauschten kurz einen Blick. »Nein«, sagte Anne. »Können wir uns einen Moment setzen?«

Sie nahmen auf den Bettkanten Platz, die beiden Frauen nebeneinander, Hermann gegenüber. Lieke war durch ihren Besuch sichtlich alarmiert und reagierte zunächst erleichtert, als sie erfuhr, dass David gar nichts passiert war. Dann erzählte Anne ihr, was sie von Nuñez gehört und was sie selbst herausgefunden hatte. Sie zeigte ihr das Papier, das die Polizisten auf den Schiffen gefunden hatten, erklärte ihr, dass sie es mit dem Flugblatt verglichen habe, und war bei alldem froh, dass die junge Holländerin ausgezeichnet Deutsch sprach, sodass sie sich nicht auf Englisch abmühen musste. Lieke erkannte die Ähnlichkeit mit dem Flugblatt sofort. Sie hatte ja selbst daran mitgearbeitet.

»Deshalb wolltest du mit David sprechen«, sagte sie.

»Ja. Ich dachte, ich frage ihn einfach. Wenn er etwas mit den Bränden zu tun hat, dann muss ihn jemand aufhalten. Bevor die Polizei es tut oder noch Schlimmeres geschieht.«

»Zum Beispiel auf einem Kreuzfahrtschiff.«

»Zum Beispiel auf einem Kreuzfahrtschiff. Genau.«

Lieke wedelte mit dem Papier durch die Luft. »Und du glaubst, dass das hier von ihm stammt, ja?« Ihre Augen funkelten angriffslustig. »Never ever. Man kann ihm ja eine Menge nachsagen, aber sicher nicht, dass er sich so bescheuert verhalten würde.«

»Ich gebe zu, das ist schwer zu begreifen«, erwiderte Anne. »Aber glaub mir, Lieke, ich habe schon ganz andere Fälle erlebt, hochintelligente Menschen, denen die dümmsten Fehler unterlaufen sind. Manchmal ist man einfach blockiert. Leute, die so etwas tun, befinden sich in einer Ausnahmesituation. Du kannst da nicht die normalen Maßstäbe anlegen. Stell dir vor, David hätte tatsächlich beschlossen, hier mit spektakulären Aktionen gegen den Massentourismus und die Klimakatastrophe zu demonstrieren, ganz allein, ohne mit jemandem darüber zu sprechen. Er wüsste natürlich ganz genau, was ihm danach bevorstünde: Man würde ihn ausweisen oder gleich ins Gefängnis stecken, und seine wissenschaftliche Karriere wäre beendet, bevor sie richtig begonnen hat. Sein ganzes Leben läge in Trümmern. Das ist Stress, enormer, ungewohnter Stress. Angesichts solcher Aussichten verändert man sich und neigt vielleicht zu seltsamen Entscheidungen. Darüber hinaus gibt es auch so etwas wie den unbewussten Wunsch, erwischt zu werden, besonders bei Ersttätern. Vielleicht hofft er insgeheim, dass ihn jemand oder etwas daran hindert. Eine solche Aktion ist auch ein Hilferuf.«

Lieke schwieg, hielt den Kopf gesenkt und spielte mit den Händen am Saum ihres T-Shirts herum. »Ich habe selbst mal daran gedacht, dass David etwas mit den Bränden zu tun haben könnte«, sagte sie nach einer Weile.

»Wirklich?«

»Na ja, er war die ganze Zeit so seltsam. Einerseits aufbrausend und aggressiv, andererseits neigte er zu Depressionen. Manchmal war er gar nicht ansprechbar. Als wir uns gestern am Strand gestritten haben, hatte ich erst das Gefühl, als wollte er mir irgendetwas sagen, aber dann hat er doch nur wieder abgeblockt ... Ich habe dir ja erzählt, dass ich mir Sorgen um ihn mache. Das war nicht nur so dahergeredet. Ich habe gute Gründe dafür.«

Anne nickte. »Genau das meine ich. Er steht unter Stress, unter extremer Belastung, verhält sich irrational.«

»Er war schwierig, ja. Trotzdem ...«, sie hielt das vermeintliche Bekennerschreiben hoch, »ich bleibe dabei, das hier ist nicht von ihm. Daran glaube ich einfach nicht. Das hat niemand von uns verbrochen. Vielleicht will uns jemand etwas anhängen, uns Wissenschaftlern, meine ich.«

»Daran haben wir auch schon gedacht«, meldete sich Hermann zu Wort. »Aber wer? Und warum?«

»Du warst nicht dabei, Hermann. Du hast nicht erlebt, was unten am Hafen los war, nur weil wir ein paar Flugblätter verteilt haben. Einige Leute sind derart auf uns losgegangen, dass ich inzwischen fast alles für möglich halte. Könnte das nicht auch eine Retourkutsche der Bootsführer sein?«

»Auf die Idee sind wir noch gar nicht gekommen«, sagte Hermann und warf Anne einen fragenden Blick zu. Sie war die Expertin. Er und die junge Holländerin waren nur Amateure.

»Wie dem auch sei ...« Anne nahm Lieke das Papier aus der Hand. »Es gibt vielleicht eine Möglichkeit, unseren Verdacht zu überprüfen, und deswegen sind wir eigentlich zu dir gekommen.«

»Und die wäre?«

»Sein Zimmer zu durchsuchen. Vielleicht finden wir etwas, das uns weiterhilft. Vielleicht auch nicht. Einen Versuch wäre es aber wert. Hast du vielleicht einen Schlüssel?«

Lieke schüttelte bedauernd den Kopf. »Nein. Ich würde ihn euch geben, ehrlich. Wenn es hier für irgendwen wichtig ist, ob David damit zu tun hat, dann bin das ja wohl ich. Aber ich habe ihn nicht, nicht mehr. David hat ihn mir gegeben, als er ins Wassertaxi gestiegen ist. Und ich habe ihn dann ins Sekretariat gebracht.«

»Mist.«

»Aber warte mal …« Lieke überlegte. »Ich kann ihn mir doch noch mal zurückholen. Die wissen doch, dass wir ein Paar sind. Das ist kein Geheimnis. Ich sage einfach, ich hätte etwas in seinem Zimmer vergessen.«

Anne schöpfte wieder Hoffnung. »Würdest du das tun?«

»Ja, klar, warum nicht.«

»Dann los, schnell. Es ist schon fast fünf. Aber vielleicht haben wir Glück, und Valeria oder Lucia sind noch da.«

Lieke sprang auf. »Okay, ich laufe eben runter. Wartet ihr hier?«

Es dauerte keine zehn Minuten, bis Lieke über den Schotterweg zurückkam. In einer Hand hielt sie den Schlüssel hoch. Anne und Hermann, die vor ihrem Zimmer ungeduldig gewartet hatten, sprangen sofort auf und liefen zu ihr. Gemeinsam folgten sie dem Weg etwa fünfzig Meter durch das Buschland, bis er nach rechts abbog und auf ein lang gestrecktes Holzhaus zulief. Erst an der Treppe, die zu den Zimmereingängen hinaufführte, zögerten sie.

Wenn sie nun jemand sah? Lieke versicherte, dass die meisten Zimmer bewohnt seien, auch wenn sie nur selten jemanden getroffen habe. Abends habe aber meist Licht gebrannt.

»Jetzt sind wir hier, jetzt will ich die Sache auch hinter mich bringen«, flüsterte Hermann. »Es ist niemand zu sehen.

Außerdem brechen wir doch gar nicht ein. Wir haben einen Schlüssel, und Lieke kann immer noch sagen, dass sie etwas aus dem Zimmer braucht. Wenn wir hier herumstehen, machen wir uns erst recht verdächtig.«

Sie schlichen hintereinander die Treppe hinauf, und zwei Minuten später war es geschehen. Sie waren drin, und Hermann schloss leise die Tür. Zu seinen Füßen, auf dem dunklen Holzboden, lag der Zettel, den Anne durchgesteckt hatte.

Einen Moment lang standen sie unschlüssig im Halbdunkel und blickten in den hohen Raum, der bis auf einige Bücher und Papierstapel auf dem Schreibtisch nahezu unbewohnt wirkte. Bei Anne schwand die Hoffnung, auf irgendetwas zu stoßen, das ihnen weiterhalf. Zwei mit weißem Tuch abgedeckte Betten, ein Kühlschrank, der vor sich hin summte, daneben der obligatorische Trinkwasserkanister, an der Wand ein Ventilator. Hinter den beiden Betten gab ein großes dreigeteiltes Fenster den Blick auf Buschwerk und einige trockene Opuntienbäume frei. Daneben führte eine Tür hinaus auf die Terrasse.

»Er muss vor seiner Abreise aufgeräumt haben«, flüsterte Lieke. »Sonst sieht es hier ganz anders aus.«

»Wo ist sein Computer?«

»Den hat er natürlich mit aufs Schiff genommen.«

Jetzt war es Hermann, der Angst vor der eigenen Courage zu bekommen schien. »Kann mir jemand sagen, wonach wir eigentlich suchen?«, fragte er und sah sich nervös um.

Anne taxierte ihn und stellte fest: Die Frage war ernst gemeint. Hermann standen Schweißperlen auf der Stirn. »Na, Kopien des Bekennerschreibens zum Beispiel, einschlägige Notizen, Lumpen. Ein Benzinkanister wird hier wohl kaum herumstehen.«

Hermann erwachte aus seiner Erstarrung. »Okay, ihr übernehmt den Tisch und die Nachttische. Ich sehe mir die Regale und den Schrank an. Und dann nichts wie weg hier.«

Als hätten sie nur auf diese Aufforderung gewartet, kam Bewegung in die Gruppe. Man hörte das Rascheln von Papier, als Anne den Stapel auf dem Tisch durchblätterte. Lieke öffnete leise die Tür, die nach draußen führte, und warf einen Blick auf den Balkon. Dann nahm sie sich den Papierstapel auf dem Nachttisch vor.

Hermann widmete sich dem Küchenschrank, in dem außer Geschirr, Töpfen und Gläsern nichts zu finden war. Als Nächstes steuerte er den in die Wand eingelassenen Kleiderschrank an. Die Tür quietschte. Ein Schmutzwäschestapel auf dem Schrankboden, ein paar T-Shirts und Socken in einem der ansonsten leeren Fächer. Die meisten Kleidungsstücke hatte David offenbar mitgenommen, klar, Kreuzfahrtschiffe waren berühmt-berüchtigt für den an Bord herrschenden Dresscode. Lieke inspizierte inzwischen das Bad, und Anne arbeitete sich noch immer durch die Papiere auf dem Tisch.

Alle drei hatten die Hoffnung, auf irgendetwas Nützliches zu stoßen, schon aufgegeben, als Hermann plötzlich überrascht ausrief: »Was ist denn das?«

Er war zur Hälfte im Schrank verschwunden, trat nun aber einen Schritt zurück, richtete sich auf und hielt mit beiden Händen eine braune Glasflasche umklammert, als fürchte er, sie könne irgendein Eigenleben entwickeln und ihm entgleiten. Lieke und Anne waren sofort bei ihm.

»Eine Chemikalie«, sagte Lieke.

»Picric acid«, entzifferte Anne auf dem schmutzigen Etikett. »2,4,6-Trinitrophenol (TNP). Das klingt irgendwie nicht gut. Sagt euch das was?«

»Scheiße.« Hermann war blass geworden.

»Wieso? Sag schon. Was ist das für ein Zeug? Etwa Gift?«

»Sprengstoff.« Hermanns Stimme klang, als könne er es selbst nicht glauben. »Wenn ich mich nicht täusche, ist Pikrinsäure hochexplosiv. Und giftig ist das Zeug auch, klar.«

»Mist«, fluchte Anne.

»Moment mal.« Lieke hatte die Stirn in Falten gezogen. »Glaubt ihr etwa, er will das ganze Schiff in die Luft jagen? Hiermit? Ihr spinnt ja. David ist doch kein Massenmörder. Und die Flasche ist schon ziemlich alt. Wer weiß, wie lange die hier schon rumliegt. Darf ich mal?« Sie nahm Hermann die Flasche aus den Händen.

»Hör mal, Lieke«, begann der. »Ich kann ja verstehen, dass du …«

»Guckt doch mal. Sie ist leer. Da ist gar nichts drin.«

»Vielleicht hat er das Zeug umgefüllt«, überlegte Anne. »In irgendetwas, das weniger gefährlich aussieht.«

»Also«, Lieke schnappte nach Luft und funkelte Anne böse an, »jetzt bleib mal auf dem Teppich, ja? Das ist eine normale Chemikalienflasche. Die sieht kein bisschen gefährlich aus. Von der Art stehen unten Dutzende herum. Die ganze Laborausstattung stammt aus dem vorigen Jahrhundert. Außerdem … ich bin ziemlich sicher, dass Pikrinsäure noch für andere Zwecke verwendet wird. Warte mal …« Sie versuchte, das Etikett zu entziffern. »Seht ihr, hier steht's sogar: zur Gewebefixierung, für histologische Untersuchungen.«

Anne verstand kein Wort. »Was heißt das?«

»Pikrinsäure wird auch zur Färbung von Gewebeschnitten verwendet«, erklärte Hermann. »Ohne solche Farbstoffe würde man unter dem Mikroskop kaum etwas erkennen. Und sie ist auch Bestandteil von Fixierlösungen, das stimmt. Damit wird der Zerfall toten Gewebes verhindert. Gut möglich, dass die Flasche aus irgendeinem der hiesigen Labors stammt.«

Lieke nickte aufgeregt. »Sag ich doch. Keine Ahnung, warum, aber irgendjemand muss sie hier hochgeschafft und dann vergessen haben.«

»Aber dieser Jemand könnte eben auch David sein« sagte Hermann. »Und das alles ändert leider auch nichts daran, dass

Pikrinsäure ein Explosivstoff ist. Man hat ihn früher sogar für Granaten verwendet, glaube ich.«

»Wann? Im Ersten Weltkrieg vielleicht.«

»Toll.« Anne schüttelte den Kopf. »Und so etwas steht hier im Kleiderschrank herum. Ich nehme an, diese Art der Aufbewahrung entspricht nicht den Vorschriften, oder kann hier jeder so etwas mit nach Hause und unter die Bettdecke nehmen, wenn ihm danach ist? Komm, Hermann, stell es zurück, und dann lass uns von hier verschwinden.«

»Du willst die Flasche nicht mitnehmen?«

»Wozu?«

»Als Beweismittel. Danach hast du doch gesucht, oder?«

»Beweis wofür?«

»Dass ... dass ...«

»Sie beweist gar nichts, Hermann. Lieke hat recht. Sie ist leer und könnte hier schon seit Jahren stehen. Wir wissen nicht einmal, ob da überhaupt noch drin war, was draufsteht. Verdammt, ich hatte mir Klarheit erhofft, in die eine oder die andere Richtung, stattdessen ist die Verwirrung noch größer geworden. Ruhiger schlafen werde ich jetzt bestimmt nicht.«

»Was ist, wenn die Polizei die Flasche findet?«, fragte Lieke.

»Ich kann dir nicht sagen, was die hiesige Polizei tun wird, über welche Möglichkeiten sie verfügt. Ich und meine Kollegen in Kiel würden natürlich eine Untersuchung des Inhalts und möglicher Fingerabdrücke veranlassen. Danach wären wir definitiv schlauer.«

»Ich würde sie aus dem Verkehr ziehen«, erklärte Hermann. »Ob David von ihrer Existenz wusste oder nicht, wenn man sie findet, wird sie ihm Probleme bereiten.«

»Lass sie, wo sie ist«, sagte Anne streng. »Wir sollten hier nicht dazwischenfunken. Wenn daran etwas faul ist, machen wir uns zu Komplizen.«

Hermann erschrak, und was ihm durch den Kopf ging, war

so offensichtlich, als stünde es in großen Lettern auf seine Stirn geschrieben: Fingerabdrücke. Er holte die Flasche, die er schon wieder im Schrank deponiert hatte, ein zweites Mal hervor und wischte sie gründlich mit einem Geschirrhandtuch ab, das neben der Spüle hing. Danach stellte er sie wieder dahin, wo er sie gefunden hatte, und grinste die beiden Frauen ein wenig hilflos an.

Anne seufzte und wandte sich Richtung Tür. »Kommt, das war ein Schuss in den Ofen. Ich habe langsam genug von der Sache.«

14

Isla Santa Cruz, Charles Darwin Research Station

Zum Glück verlief wenigstens der Abend so, wie Anne es sich gewünscht hatte, auch wenn es ihr nach dem Fehlschlag am Nachmittag schwerfiel, nicht an David und seine mögliche Beteiligung an den Schiffsbränden zu denken. Anne konnte nicht vergessen, dass da draußen, irgendwo in diesem Archipel, vielleicht eine Zeitbombe tickte. Durften sie diesen Verdacht für sich behalten?

Mittlerweile meldete sich jedoch eine zweite Stimme, die seit ihrem Besuch in Davids Zimmer immer lauter geworden war. Und diese Stimme forderte sie auf, loszulassen und endlich an sich zu denken. Einen ganzen kostbaren Urlaubstag hatte sie heute einem Fall gewidmet, der sie nichts anging, auch wenn sie die Protagonisten flüchtig kannte. Mehr als die Hälfte ihres über Wochen, wenn nicht Monate herbeigesehnten Urlaubs war schon vorbei. Auf Galápagos blieben ihnen nur noch wenige Tage, dann noch eine Woche in ihrer Traumlodge am Amazonas. Und trotzdem fielen sie hier fern der Heimat fast widerstandslos in einen Arbeitsmodus – beide, Hermann ging es ja nicht anders. Sie kannte sich und wusste nur zu gut: Wenn sie in den dicken Mauern der Blume, der grauen Trutzburg, die die Kieler Kriminalpolizei beherbergte, wieder ihren beruflichen Pflichten nachging, würde sie jeder Stunde nachtrauern, die sie nicht der eigenen Erholung gewidmet hatte.

Die kleine Charles Binford Road, nur zwei Blocks vom Hafen entfernt und tagsüber eine Straße wie viele andere, verwandelte sich bei Einbruch der Dämmerung in ein einziges lang gestrecktes Restaurant. In Wirklichkeit waren es viele kleine, die ineinander übergingen. Ihre Besitzer hatten Plastiktische und weiße und rote Stapelstühle auf die Fahrbahn gestellt. In kleinen Vitrinen wurde unterschiedliches Meeresgetier zur Schau gestellt, das daneben über glühenden Holzkohlen brutzelte. Es roch nach Knoblauch, gegrilltem Fisch und Rauch. Ein babylonisches Stimmengewirr lag über der Straße, untermalt von karibischen Klängen. Etliche Fernseher liefen in den grell beleuchteten Restaurants, in denen sich kaum ein Tourist niederlassen wollte, denn der laue Abend lud dazu ein, draußen zu sitzen. Die Tische auf der Straße waren voll besetzt, und ringsum wurde gelacht und erzählt, und mit einem frischen, gegrillten Fisch und einigen Gläsern Wein im Magen kam auch bei Anne endlich Urlaubsstimmung auf.

»Mir gefällt's hier«, verkündete sie gut gelaunt, spießte mit der Gabel ein letztes Stück geröstete Kochbanane auf und ließ ihren Blick über die Menschen in ihrer Nähe schweifen. Ein großer, athletisch gebauter Schwarzer stand hinter dem Grill ihres Restaurants und fächelte den glühenden Kohlen Luft zu. Er grinste und zwinkerte ihr zu. Sie lächelte zurück, ihr Kopf wippte im Takt der Musik. Sie war in der Stimmung zu tanzen, wenn möglich irgendwo draußen unter tropischem Himmel. Bis ihr Blick auf Hermann fiel.

»Was ist mit dir, Schatz? Müde?«

»Ein bisschen.«

»Du warst die ganze Zeit schon so schweigsam.«

»Ach«, er holte tief Luft, »ich weiß auch nicht. Achte einfach nicht auf mich. Es ist nichts. Ich will dir nicht die Stimmung verderben.«

Sie lachte. »Du bist gut … nicht auf dich achten. Natürlich achte ich auf dich. Ich bin ja froh, dass du endlich wieder da bist. Ich war lang genug allein.« Sie ergriff seine Hand. »Komm, Hermann, sprich mit mir. Was beschäftigt dich? Eure Welt der Zukunft? Ist sie so deprimierend?«

Er verzog das Gesicht. »Nein, darum geht es nicht.«

»Also, was ist es dann? Hier, trink noch einen Schluck.«

Er sah zu, wie sie sein Glas füllte.

»Vorhin«, begann er, »in Davids Zimmer …«

»Ja?«

»Ich … ich wusste plötzlich nicht mehr, was wir da sollten.«

»Was wir da sollten?«

»Was ich meine, ist: Haben wir sein Zimmer durchsucht, um Beweise gegen ihn zu sammeln, um ihn zu überführen … oder ging es darum, ihn zu entlasten? Warum haben wir die Flasche nicht mitgenommen?«

»So habe ich das gar nicht gesehen. Ich wollte weiteres Unheil verhindern. Ich möchte einfach nicht, dass Menschen zu Schaden kommen.«

»Aber weißt du, ich kann den Jungen verstehen. All das, was Lieke über David erzählt hat, über seine Verzweiflung, seine Ohnmachtsgefühle. Das kenne ich gut. Mir ist erst, als ich in seinem Zimmer stand, klar geworden, dass ich eigentlich gar kein Interesse daran habe, ihn ans Messer zu liefern. Falls er überhaupt etwas mit der Sache zu tun hat. Was ich bezweifle. Wenn ich jünger wäre, wäre ich vielleicht genauso wie er.«

»Du würdest Schiffe in Brand stecken und Menschenleben gefährden?«

»Das vielleicht nicht, aber ich würde versuchen, irgendetwas zu tun, was die Leute aufrüttelt. Die Vorstellung, dass die Biosphäre durch unser Handeln dahinsiecht und umkippt und wir das einfach geschehen lassen, weil wir so mit uns selbst beschäftigt sind, ist unerträglich. Und die Menschen dafür zu sensibilisieren, ist verdammt schwer. Sie sind so abgestumpft von all den Kriegen und Flüchtlingsdramen und Terroranschlägen und Fanatikern und Katastrophen, die sie jeden Abend in den Fernsehnachrichten sehen. Sie reagieren nur noch, wenn man mal rigoros dazwischenhaut.«

»Hermann!«

»Ja, entschuldige, aber das ist doch das Drama unserer Zeit. Wir sind so mit unseren kleinen Machtspielchen beschäftigt, damit, uns zu amüsieren oder Karriere zu machen. Vor einigen Jahren hat mal einer geschrieben, wir amüsieren uns zu Tode, uns und unsere Welt, und dabei bekommen wir die eigentliche Tragödie, die still im Hintergrund abläuft, gar nicht mehr mit. Alle zusammen verwandeln wir unseren Planeten in eine Todeszone oder in ein langweiliges Einerlei, eine Natur wie die Einkaufszentren, die überall aus dem Boden schießen und in denen überall die gleichen Läden aufmachen. Wer dagegen angehen will, muss kämpfen und entschlossen sein, so wie die vielen Menschen, die in Neuseeland oder Australien oder hier auf Galápagos um ihre Natur kämpfen. Ich kann verstehen, dass junge Leute, die ihr ganzes Leben noch vor sich haben, die vielleicht eine Familie gründen wollen und ein intensives Interesse an der Natur haben, an dieser Ignoranz verzweifeln. Und dass sie versuchen, ihre Wut in einer Weise zu artikulieren, die man nicht mehr überhören und übersehen kann. Manchmal wundere ich mich, dass es nicht mehr Leute wie David gibt, viel mehr.«

Anne verdrehte die Augen. »Hermann, wir wissen doch gar nicht, ob er es war. Und wenn ja, dann fände ich seine Aktionen, ehrlich gesagt, ziemlich nutzlos und seinem Intellekt keineswegs angemessen.«

»Was sollte er denn sonst tun, deiner Meinung nach?«

»Ich weiß nicht ... seinen verdammten Job machen. Forschen, unterrichten, die Menschen überzeugen, Argumente liefern. Es bringt nichts, das Chaos noch zu vergrößern. Und davon abgesehen ... das, was du da erzählst, höre ich nun schon seit Tagen.«

Hermann nickte und zeigte ein kleines Lächeln. »Ich hab dich gewarnt. Du wolltest es unbedingt hören.«

»Es muss an diesem Ort liegen, an Galápagos. Ich hatte eigentlich gehofft, dass wir uns heute mal einfach amüsieren könnten.«

»Ich höre jetzt auf, Anne. Versprochen. Kein Wort mehr. Du hast ja recht.«

»Wer's glaubt«, seufzte sie. Dann beugte sie sich plötzlich nach vorn, befeuchtete ihre Lippen und flüsterte: »Bei David und den anderen war ich mir nicht so sicher, aber wie ich *dich* auf andere Gedanken bringen kann, weiß ich. Eigentlich wärst du ja an der Reihe, damit das klar ist, und zwar für den Rest unseres Urlaubs. Ausnahmsweise aber, nur ausnahmsweise ...«

Hermann beugte sich ihr entgegen. »Du machst mich neugierig. Wie willst du das anstellen?«

»Lass dich überraschen.«

»Ich liebe Überraschungen. Gehen wir?«

Sie zahlten und machten sich auf den Heimweg. Als sie das Stationsgelände erreicht hatten und auf der einsamen, dunklen Straße durch den Nationalpark liefen, schmiegte sie sich an ihn, und er legte seinen Arm um ihre Schulter. Sie sahen und hörten keine Menschenseele. Im Bungalow angekommen, verteilte Anne ein paar Kerzen im Raum, die sie in einem kleinen Supermarkt am Hafen gekauft hatte, und zündete sie an. Vor dem gelbbraunen Vulkangestein entstand so ein warmes, sanft flackerndes Licht, wie Feuerschein, und zum ersten Mal strahlte das Innere ihres ungeliebten Zimmers so etwas wie Gemütlichkeit aus. Sie setzten sich noch mit einem Glas Wein vor das Haus, und während sie nach oben in den Sternenhimmel schaute, spürte sie, wie Hermanns Blicke auf ihr ruhten.

Dann feierten sie die erste Nacht seit Tagen, die sie gemeinsam und nicht in der Enge einer Bootskajüte verbrachten, liebten sich lange und zärtlich. Die Kerzen in den Fenstern brannten bis in die frühen Morgenstunden. Keiner der beiden, die schließlich eng umschlungen in einem der Betten eingeschlafen waren, hatte sich mehr die Mühe machen wollen, sie zu löschen.

Hermann wachte wie fast immer als Erster auf. Es war noch früh, die Sonne gerade erst aufgegangen. Er wunderte sich über die Rufe und Stimmen, die von draußen zu hören waren, schob den Vorhang zur Seite und schaute umher. Ein Trupp Finken jagte sich auf der steinernen Terrasse vor dem Haus.

Neben ihm verriet ein Stöhnen, dass auch Anne aufgewacht war. »Was ist los? Wer ruft denn da?«

»Ich weiß nicht. Niemand zu sehen. Nur ein paar Vögel.«

»Ouhhh ... so ist es jeden Morgen.« Sie streckte sich und rieb sich dann mit beiden Händen über ihr Gesicht. »Daran musst du dich gewöhnen. Die Leute sind hier immer in Aufruhr. Entweder irgendein Schildkrötenopa ist gestorben, oder im Ort wird geschossen, oder Schiffe brennen, oder ...«

»... ein Vulkan bricht aus.«

»Genau.«

»Heute wimmelt es von Polizisten«, sagte Hermann, kniete sich aufrecht hinter das Fenster und spähte dann wieder durch den Spalt zwischen den Vorhängen.

»Wie bitte?«

»Polizisten. Sie kommen gerade den Weg hoch. Sechs Mann. Warte, jetzt trennen sie sich, drei gehen weiter geradeaus, drei kommen hierher. Du, ich glaube, die wollen zu uns.«

»Ach«, machte Anne und schwang ihre Beine aus dem Bett. Sie war nackt, bedeckte ihre Blöße und warf einen Blick zum Fenster, um sich zu vergewissern, dass der Vorhang wirklich zugezogen war. Ein rascher Griff zum Nachbarbett, auf dem ihre Unterwäsche lag, dann verschwand sie im Badezimmer. Sekunden später hörte Hermann das Prasseln des Duschwassers auf dem Boden.

Um die Polizisten sehen zu können, musste er den Kopf dicht gegen das Fensterglas pressen. Sie standen jetzt vor der ersten Tür des Gebäudes ganz rechts, klopften und riefen etwas. Einer der drei ging zum nächsten Raum und klopfte auch dort. Dann wiederholte sich das Ganze am dritten Raum, Hermann hörte Reinhardts verschlafen klingende Stimme. Kurze Zeit später klopfte es auch an ihrer Tür.

»Policía! Abran la puerta.«

»Un momento«, rief Hermann, kletterte leise vor sich hin fluchend aus dem Bett, zog ein kurzärmliges Hemd über und öffnete dann die Tür.

»Perdonen las moléstias. Tenemos que registrar todas las habitaciónes de este«, sagte ein junger Polizist, der einen intensiven Duft nach Rasierwasser verströmte. »Vistansé y salgan de su habitación, por favor. Rapido!«

»Was? No comprendo.«

»Leave your room, please. We have to search the whole station.«

Den Raum verlassen? Hermann schüttelte den Kopf, als könne er nicht glauben, was er gehört hatte. Unschlüssig blieb er in der offenen Tür stehen und sah zu Reinhardt hinüber, der, nur in weite Boxershorts gekleidet, aus seinem Zimmer einen Schritt auf die Terrasse hinausgetreten war. Beide warfen sich einen fragenden Blick zu, zuckten die Achseln und bekamen postwendend die Antwort. »Hurry up, hurry up!« Der Polizist stand jetzt vor dem Raum ganz links und klopfte erneut, ohne sie aus den Augen zu lassen.

»Da wohnt niemand«, rief Hermann und machte Anstalten, zurück in sein Zimmer zu gehen.

»Ich wusste gar nicht, dass ihr wieder zurück seid«, sagte Reinhardt. »Habt ihr euren Hai gefunden?«

»Den Hai und noch einiges mehr«, antwortete Hermann. »Aber das erzähle ich dir später. Ich glaube, wir sollten jetzt ...«

»Vamos, vamos«, drängte der junge Polizist und wedelte ungeduldig mit den Händen durch die Luft. Seine beiden Kollegen waren gerade aus dem ersten Raum getreten und nahmen sofort den zweiten in Angriff, in dem Carol und Isabelle wohnten.

Anne, die noch mit den Knöpfen ihrer Bluse beschäftigt war, schob sich an Hermann vorbei auf die Terrasse. »Was wollen die denn überhaupt? Haben sie was gesagt?«

»Die Zimmer durchsuchen«, brummte Hermann. »Wir sollen rausgehen.«

Anne nickte, als hätte sie nichts anderes erwartet. Sie zupfte ihre Bluse zurecht, marschierte auf den jungen Polizisten zu und fragte mit einer Stimme, die auch in ungewohntem Spanisch keinen Widerspruch duldete: »Donde está el jefe inspector Nuñez? Soy una amiga. Comprende? Una a-mi-ga.«

Der Mann wich überrascht ein paar Zentimeter zurück und zog die Stirn in Falten. Seine Augen suchten vergeblich nach seinen beiden Kollegen. Er rieb sich das Kinn, zögerte und deutete dann in die Richtung, in der das Verwaltungsgebäude der Station lag. Er sagte etwas, das Anne nicht verstand, sie wendete sich jedoch gleich Hermann zu. »Ich gehe mal runter und schaue, ob ich Jorge finden kann.«

»Wen?«, fragte Hermann, der sich noch immer kaum von der Stelle gerührt hatte.

»Jorge Nuñez, du weißt schon.«

»Dieser Schönling?«

Sie verdrehte die Augen, bevor sie antwortete. »Ich nehme an, dass er für diese Aktion hier verantwortlich ist. Ohne sein Wissen findet das jedenfalls nicht statt. Vielleicht ist er unten. Ich bin gleich wieder da.« Sie wandte sich schwungvoll ab und lief über den Schotterweg davon.

Reinhardt und Hermann schauten ihr verblüfft hinterher. »Hat sie Chefinspektor gesagt?«, fragte der Schweizer, in dessen Zimmer gerade die beiden Polizisten verschwunden waren. »Woher kennt sie hier einen Chefinspektor? Ach …« Er winkte ab. »Hast du eine Ahnung, was das hier soll? Was suchen die denn? Drogen?« Er winkte Carol zu, die gerade aus ihrem Zimmer getreten war und sich sogleich zu ihnen gesellte.

»Ich vermute, es geht um die Schiffsbrände«, erklärte Hermann.

»Was haben wir denn damit zu tun?« Reinhardt übersetzte Hermanns Vermutung für Carol. Sie wechselten ins Englische. »Das ist doch reinster Aktionismus.«

»Da wäre ich mir nicht so sicher. Die Polizei hat eine Art Bekennerschreiben gefunden, das Passagen aus eurem Flugblatt enthält.«

Carol fiel aus allen Wolken. »Aus unserem Flugblatt?«

Reinhardts Gesicht begann sich zu verfärben. »Moment. Ich höre immer: *unser* Flugblatt? Mein Flugblatt ist das nicht. Da lege ich Wert drauf. Ich habe damit nichts zu tun. Verdammt …« Er wandte sich an Carol. »Habe ich nicht von Anfang an gesagt, dass ihr euch damit nur einen Scheißärger einhandeln werdet? Jetzt habt ihr den Salat. Ich fass es nicht. Die durchsuchen unsere Zimmer. Als ob wir Kriminelle wären. Mein Gott, wisst ihr, was? Meine ganze Arbeit hängt davon ab, dass ich hier Proben nehmen kann. Sonst muss ich irgendwo anders wieder von vorn anfangen. Seit Jahren arbeite ich über die Sedimente hier. Wenn jetzt irgendetwas hängen bleibt, weil ihr euch unbedingt als Retter der Welt aufspielen …«

»Reg dich ab, Reinhardt«, unterbracht Carol ihn mit eisiger Miene. »David hat anscheinend recht gehabt. Dir geht es nur um deine Forschung. Hauptsache, du kannst deine Sandkörnchen und Foraminiferen zählen, nicht wahr? Alles andere ist dir egal.«

»Unsinn. Ich …« Die Polizisten traten aus seinem Zimmer ins Freie, offensichtlich mit leeren Händen. Sie zögerten einen

Moment, bevor sie den Nachbarraum betraten, und tauschten einen Blick mit ihrem Kollegen, der etwas abseits stand und wartete.

Hermann wollte die Sache schnell hinter sich bringen. »Gehen Sie ruhig rein«, rief er den beiden zu. »Meine Frau ist nicht da. Tun Sie, was Sie tun müssen. Sie werden ohnehin nichts finden.«

»Na, siehst du, Reinhardt.« Carol sah den Schweizer an und grinste höhnisch. »Du kannst ganz beruhigt sein. Unschuldig wie ein Engel. Niemand wird deine Arbeit stören.«

»Spar dir deine Kommentare, Carol. Ein Glanzstück war das nicht, was ihr euch da geleistet habt, das wird man ja wohl noch sagen dürfen. Ihr habt euer schlechtes Gewissen beruhigt, aber seitdem herrscht hier der Ausnahmezustand, und erreicht habt ihr überhaupt nichts. Ihr könntet ruhig mal ein wenig Selbstkritik üben.«

»Im Gegensatz zu dir tun wir das durchaus. Aber keiner von uns bedauert, was wir getan haben.«

»Muss ja wirklich hoch hergegangen sein in unserer Abwesenheit«, murmelte Hermann.

Plötzlich hörte man laute Rufe, die aus seinem Bungalow kamen. Der Polizist, der draußen gewartet hatte, sah sie kurz an und ging dann hinein. Kurz darauf kam er, gefolgt von den beiden anderen und mit einem Blatt Papier in der Hand, wieder heraus, lief direkt auf Hermann zu und hielt es ihm dicht vors Gesicht. »Was ist das?«, brüllte er auf Englisch. »Gehört das Ihnen?«

»Schreien Sie mich nicht so an, junger Mann. Ich weiß nicht, was …« Er hielt inne. Doch, natürlich kannte er es. Es war das Bekennerschreiben. Oder besser: die Kopie des Schreibens, die Anne von diesem ecuadorianischen Inspektor erhalten hatte. Weiß der Himmel, wo die Polizisten es gefunden hatten. Er hatte es seit gestern nicht mehr gesehen.

»Hören Sie«, er versuchte zu lächeln, »das ist ein Missverständnis. Wir, also meine Partnerin, hat dieses Papier von Ihrem Inspektor erhalten, von Jorge, ähm, ich hab vergessen, wie er heißt. Jorge …?«

»Sie lügen«, schrie der Polizist und starrte ihn mit einem Gesicht an, das das Schlimmste befürchten ließ. »Es ist Ihr Text. Sie haben ihn geschrieben.«

»Wie bitte? Wollen Sie jetzt behaupten …« Die Situation war absurd. Angesichts dieses Prototyps eines testosterongesteuerten südamerikanischen Machos, seiner betäubenden Rasierwasserwolke und der absurden Anschuldigungen musste er einfach lachen. Es war zum Schreien, und es gab keine Rettung. »Wollen Sie allen Ernstes behaupten, dass ich … Entschuldigen Sie, aber das ist vollkommen lächerlich. Außerdem war ich auf See. Wenn ich eins bräuchte, hätte ich sogar ein lupenreines Alibi vorzuweisen. Aber …«

Sein erneutes Lachen war für die erregten Jungpolizisten zu viel. Einer packte ihn, drehte seinen rechten Arm so grob auf den Rücken, dass Hermann vor Schmerz laut aufschrie und sich nach vorn beugte. Daraufhin schrie auch Carol, stürzte sich auf den Angreifer und versuchte, dessen eisernen Griff um Hermanns Arm zu lösen, was sofort seinen Kollegen auf den Plan rief, der die Kanadierin von hinten umfasste und wegzuziehen versuchte. Carol veranlasste das zu noch schrilleren Schreien und wütenden Protesten. Sie trat nach hinten aus und traf das Schienbein des Mannes, der einen lauten Fluch ausstieß und noch fester zupackte.

»Hey, hey, hey«, rief Reinhardt. Er stand in seinen Boxershorts daneben und starrte fassungslos auf den Tumult. »Immer mit der Ruhe. Lassen Sie die Leute los. Sie haben nichts getan. Loslassen, habe ich gesagt. Das ist ein Missverständnis.«

»Tiene razón«, rief plötzlich jemand aus dem Hintergrund. »Soltádles inmediatamente!«

Anne stürzte herbei und kümmerte sich um Hermann, der sich mit schmerzverzerrtem Gesicht die Schulter hielt. Carol rieb sich das Handgelenk und schleuderte den Polizisten hasserfüllte Blicke entgegen. Chefinspektor Nuñez hatte sich vor seinen Leuten aufgebaut und quittierte ihr Verhalten mit gefährlich leise hervorgepressten spanischen Sätzen, die ein paar gemurmelte Entschuldigungen und dann den raschen Rückzug der Männer zur Folge hatten. Mit einem fast unterwürfigen Gesichtsausdruck wandte Nuñez sich schließlich an Hermann.

»Es tut mir so unendlich leid, Professor.«

»Sparen Sie sich Ihr Mitgefühl«, zischte Hermann. »Sie wussten doch, dass Anne diesen Wisch bei sich hatte. Haben Sie Ihre Leute nicht darauf hingewiesen?«

»Es ist in der Hektik wohl tatsächlich untergegangen. Meine Leute sind etwas gereizt, nach allem, was geschehen ist. Ich kann mich nur ausdrücklich für diesen Vorfall entschuldigen. Die Aktion war im Übrigen nicht meine Idee. Meine Vorgesetzten in Guayaquil sind leider sehr ungeduldig. Sie wollen Resultate sehen. Ich kann also nur …«

»Ach …« Hermann machte eine wegwerfende Handbewegung und verschwand durch die offene Tür in ihrem Bungalow. Nuñez hob die Schultern und blickte Anne hilflos an.

Von drinnen hörte Hermann noch, wie Anne und der Inspektor miteinander redeten. Dann knallte er die Tür zu.

Zehn Minuten später wurde sie von Anne wieder geöffnet. Hermann hatte geduscht, lag ausgestreckt auf dem Bett und las.

»Nimm's ihm nicht übel, Hermann«, sagte sie und setzte sich neben ihn auf die Bettkante. »Er sagt, nach diesem Beinahekrieg mit den Fischern liegen die Nerven bei seinen Kollegen von der Insel blank.«

»Hm«, brummte Hermann, ohne aufzublicken. »Und wonach suchen die jetzt hier konkret?«

»Na, wonach wohl? Die haben die gleichen Überlegungen angestellt wie wir, ist doch logisch.«

»Hm.«

»Rutsch mal.« Sie kroch zu ihm aufs Bett und schmiegte sich an ihn. »Was macht die Schulter?«

»Der Mistkerl hat mir fast das Gelenk ausgekugelt.«

»Wirklich? So grob war er zu dir? Kannst du den Arm jetzt gar nicht mehr bewegen?« Ihre Hand glitt unter sein T-Shirt.

Als sie am Nachmittag mit ihren Strandtaschen bepackt vom Meer zurückkamen, sahen sie durch die Fensterscheibe, wie Lucia in ihrem Büro gestikulierte und ihnen zuwinkte. Mit der rechten Hand hielt sie sich ein schnurloses Telefon ans Ohr. Sie zeigte auf Anne und bedeutete ihr mit Gesten, dass jemand sie sprechen wolle.

»Ich glaube, ich soll zu ihr reinkommen«, sagte Anne und blieb stehen.

»Frag mal, was los ist. Ich warte hier.«

Kurz darauf verfolgte Hermann durch das Glas, wie Anne das Büro betrat, Lucia begrüßte und dann von ihr das Telefon ausgehändigt bekam. Wer rief sie hier bloß an, in Ecuador, viele Stunden Flugzeit von zu Hause entfernt? Ihre Handys hatten sie ausgeschaltet und im Zimmer gelassen.

Er beobachtete, wie Annes Lippen sich bewegten, ihr Gesicht blieb ernst. Dann hörte sie konzentriert zu, nickte, fragte nach und drehte sich nach einer Weile um, sodass Hermann nur noch ihren Rücken sehen konnte. Er begann sich Sorgen zu machen. Ihre Kinder, die er nur von Fotos kannte, waren groß, studierten in zwei verschiedenen deutschen Städten. Hoffentlich war nichts passiert.

Dann war das Gespräch beendet. Anne gab Lucia den Apparat zurück, warf ihm durch die Fensterscheibe einen Blick zu, den er nicht einordnen konnte, und biss sich dabei leicht auf die Lippen. Hermann wartete ungeduldig, bis sie wieder aus dem Haus trat.

»Was ist?«, bestürmte er sie. »Wer war das?«

»Jorge.«

»Was? Schon wieder dieser Kerl? Jorge, Jorge, immer nur Jorge. Was will der von dir? Er soll uns in Ruhe lassen.«

»Mich in Ruhe lassen, meinst du.« Anne trat neben ihn und hakte ihn unter. »Bist du eifersüchtig, mein Schatz?«

»Blödsinn. Eifersüchtig ...«

»Er wollte mir nur Bescheid geben. Damit ich die Nachricht nicht von irgendjemand anderem erfahre. Er ist wirklich nett und zuvorkommend.«

»Du hast vergessen, zu erwähnen, wie blendend er aussieht. Für eine lateinamerikanische Zahnpastareklame wäre er wirklich die Idealbesetzung.« Er lachte und hielt ihre Hand fest, als sie sie wegzuziehen versuchte. »Was hatte er denn nun für eine Nachricht?«

Sie gab auf und beließ ihre Hand auf seinem Arm. »Sie wissen, dass es David ist. Es gibt sogar einen Haftbefehl.«

»Im Ernst? Was heißt, sie wissen es? Sie wissen was?«

»Erstens haben sie die Pikrinsäureflasche gefunden, und zweitens ...«

»Siehst du, ich habe es doch gesagt«, unterbrach sie Hermann. »Wir hätten sie mitnehmen sollen.«

»Das hätte nicht viel genützt, denn es kommt noch schlimmer. Jorge sagt, sie haben einen Augenzeugen, genauer gesagt sogar zwei, ein junges Pärchen, das sich in der Nacht, in der das zweite Schiff brannte, noch am Strand vergnügt hat. Die beiden hatten wohl Angst vor ihren Eltern, deshalb sind sie nicht gleich zur Polizei gegangen. Aber nach den Auseinandersetzungen in Puerto Ayora ist ihnen wohl klar geworden, wie wichtig ihre Aussage ist.«

»Glaubst du wirklich, dass er das war?«

»Na ja, sie haben angegeben, sie hätten einen großen jungen Mann gesehen. Blond und athletisch gebaut. So viele gibt es hier nicht von der Sorte. Und warum sollten sie sich das ausdenken? Es ist hier ganz in der Nähe gewesen. Du kennst den kleinen Strand auf dem Stationsgelände. Sie sagen, der Mann sei nur wenige Meter von ihnen entfernt aus dem Wasser gekommen und dann gleich Richtung Straße verschwunden. Sie haben sich gewundert, dass er nichts dabeihatte, nicht einmal ein Handtuch.«

»Du hast ihn ja auch gesehen, und er kam von unten, von der Straße, sagtest du. Das würde also passen.« Hermann rieb sich mit der Hand über die Wangen. »Mist. Das hört sich nicht gut an.«

»Nein«, stimmte Anne zu. »Überhaupt nicht. Die Polizei wird heute noch ein Boot losschicken, um dem Kreuzfahrtschiff entgegenzufahren und ihn festzunehmen. Die kommen heute Abend von einem Abstecher nach Genovesa zurück und verbringen dann die Nacht hier irgendwo in der Nähe. Nuñez sagt, sie wollen kein Risiko eingehen und David so schnell wie möglich aus dem Verkehr ziehen.«

Hermann wurde blass. »Scheiße.«

Anne stieß die Luft aus und nickte. »Das kannst du wohl laut sagen.«

»Und da ist nichts mehr zu machen?«

»Wie meinst du das?«

»Na ja, du verstehst dich doch so gut mit diesem Jorge. Kannst du ihm nicht erklären, dass man dem Jungen wegen einer solchen Dummheit nicht sein ganzes Leben zerstören kann?«

Sie musterte ihn mit einem leicht befremdeten Ausdruck im

Gesicht. »Ich glaube, das sieht man hier anders, Hermann. Du tust so, als hätten wir es mit einem Dummejungenstreich zu tun. Ein Mann ist gestorben, vergiss das nicht. Vielleicht war das nicht beabsichtigt, aber spätestens nach dem zweiten Brand mit den beiden Verletzten sollte dem Täter klar gewesen sein, dass er auch Menschenleben gefährdet. Aber er hat weitergemacht. Willst du die Garantie dafür übernehmen, dass David auf diesem Schiff nicht doch irgendetwas vorhat? Ich könnte das nicht. Ich kenne ihn kaum. Ich mag ihn, aber ich habe keine Ahnung, was da oben«, sie tippte sich an die Stirn, »in ihm vorgeht.« Sie zögerte und schien noch einmal nachzudenken. »Nein, ich kann die Verantwortung nicht übernehmen. Wenn es auf dem Schiff zu irgendeinem Zwischenfall kommt, würde ich meines Lebens nicht mehr froh werden.«

»Wäre er nicht auf dieses Schiff gegangen, hätten wir wenigstens mit ihm reden können, aber so …«

»Wir können nichts machen.«

»Eine Funkverbindung?«

»Und dann? Was willst du ihm sagen? ›Du, David, gleich kommt die Polizei und will dich verhaften. Sei doch so nett und leg die Bombe beiseite‹?«

Hermann zuckte die Achseln und verzog sofort das Gesicht. Er fasste sich an die schmerzende Schulter. »Dieser Vollidiot von Polizist«, schimpfte er mit zusammengebissenen Zähnen. »Ich sollte ihn verklagen, wegen Körperverletzung.«

»Und was würdest du dir davon versprechen?«

»Ach, was weiß denn ich … David tut mir einfach leid.«

Anne starrte einen Moment vor sich hin, aber dann ging ein Ruck durch ihren Körper, und sie marschierte erneut auf die Eingangstür zu.

»Was ist los?« Hermann schaute ihr perplex hinterher. »Wo willst du hin, Anne?«

»Ich rufe ihn noch einmal an. Ich will bei der Festnahme dabei sein. Ich will mit auf das Schiff. Vielleicht kann ich David beruhigen. Wenigstens ist dann noch jemand an Bord, der seine Sprache spricht.« Sie wollte schon weiterlaufen, blieb dann aber stehen und sah ihn an. »Und du kommst mit, Hermann. Keine Widerrede. Hoffentlich kommen wir nicht schon zu spät.«

15

Islas Galápagos, 0° 22′ 15″ S, 90° 27′ 14″ W

Es war wie verhext. Hermann bekam auf dieser Reise einfach keinen festen Boden unter die Füße. Kaum zurück in Puerto Ayora, saß er nun schon wieder auf einem Schiff. Es war kaum größer als die *Queen Mabel*, aber weniger gut gepflegt, und mit drei Mann Besatzung, dem Inspektor, vier Polizisten sowie Anne und ihm fühlte es sich für Hermann fast schon überfüllt an. Um der Enge in der Kajüte und dem unerträglichen Gesäusel von Jorge Nuñez zu entkommen, der seinen Leuten offenbar demonstrieren wollte, wie hervorragend er Deutsch sprach und wie gut er mit der Chefin einer deutschen Mordkommission bekannt war, hatte Hermann sich mit einem schweren Fernglas aus Schiffsbeständen vorn im Bug postiert und suchte den Horizont ab. Nuñez und die *Galapagos Sea Explorer* standen in regelmäßigem Funkkontakt, und noch hatte es an Bord keine Zwischenfälle gegeben. Der US-amerikanische Kapitän hatte ziemlich verständnislos reagiert, als er aus dem Mund des Chefinspektors erfuhr, dass ihm ein Polizeischiff aus Puerto Ayora entgegenkam, um einen seiner Nature Guides zu verhaften. Hermann, der das Gespräch mit angehört hatte, konnte die Reaktion nachvollziehen. Auch er hatte seit ihrer Abfahrt mit dem Gefühl zu kämpfen, im falschen Film gelandet zu sein.

»Verhaften? Auf meinem Schiff?«, polterte die Stimme des Kapitäns durch die Funkanlage. »Ich glaube, ich höre nicht richtig. Von wem sprechen Sie denn?«

»Von einem Deutschen. Er heißt David Bartels.«

Aus dem Lautsprecher des Funkgeräts drang ein undefinierbares Geräusch. »David? Unser Sunnyboy? Soll das ein Witz sein? Ich ...«

»Kein Witz, Kapitän«, unterbrach ihn Jorge Nuñez. »Ganz und gar nicht. Wir sind uns unserer Sache sehr sicher. Leider.«

»Na, dann machen Sie sich auf mindestens ein Dutzend schimpfender alter Damen gefasst, wenn Sie uns den David entführen. Er hat an Bord bereits viele Verehrerinnen. Ich habe bisher nur lobende Worte über ihn gehört.«

Nuñez lächelte gequält. Sein Blick streifte Anne, die an dem Tisch in der Kajüte saß und bei den letzten Sätzen des Kapitäns schmunzeln musste. »Wir haben Beweise für seine Beteiligung an mindestens einer Brandstiftung«, sagte der Inspektor. »Und wir können nicht ausschließen, dass er einen Anschlag auf Ihr Schiff plant. Dem wollen wir zuvorkommen. Es ist nur zu Ihrer Sicherheit.«

»Einen Anschlag? Der? Auf die *Sea Explorer* ...? Das ist ja wohl das Verrückteste, was ich je gehört habe.«

»Ich weiß, das kommt überraschend, aber ich kann nur an Sie appellieren, die Sache ernst zu nehmen, Kapitän. Wir handeln nicht leichtfertig. Ein Mann ist bei den Schiffsbränden schon ums Leben gekommen, zwei wurden verletzt. Behalten Sie Bartels im Auge, möglichst unauffällig natürlich. Wir wissen nicht, wie er reagiert, wenn er Verdacht schöpft. Geht alles gut, sind wir so schnell wieder weg, dass Ihre Gäste von der Festnahme gar nichts bemerken werden. Bitte, seien Sie wachsam und melden Sie sich sofort, wenn Ihnen irgendetwas verdächtig vorkommt.«

»Was ist mit der Kleinen? Wie heißt sie noch? Isabelle. Steckt die auch mit drin?«

»Nein. Es geht nur um David Bartels.«

»Tja, also ... wie man sich in den Leuten täuschen kann ... Aber danke, dass Sie uns Bescheid gegeben haben, Inspektor. Ich werde meine Crew entsprechend instruieren.«

Zwei Stunden waren seitdem vergangen. Von der Sonne kündete nur noch ein in Orange- und Rottönen changierender Himmelsabschnitt weit im Westen. Die ersten Sterne funkelten, der Mond ließ aber noch auf sich warten. Hermann versuchte sich zu erinnern, ob er ihn in den letzten Nächten gesehen hatte. Vielleicht war ja Neumond. Er legte den Kopf in den Nacken und schaute in den wolkenlosen Nachthimmel. Regen war mit Sicherheit nicht zu erwarten, und mit jeder Minute wurden mehr Sterne sichtbar, sogar die Milchstraße konnte man schon erahnen, eine fantastische Nacht für Sternenfreunde.

Hermann seufzte und stützte sich auf die Reling. Er schloss kurz die Augen und genoss den Seewind, der sanft über sein Gesicht strich. Dann schaute er in die Richtung, aus der die *Sea Explorer* kommen musste. Das Schiff war schon überfällig. Er sah nach rechts hinüber, wo in der dunklen Bergsilhouette einige Lichtpunkte zu erkennen waren, wahrscheinlich Farmhäuser im Hochland von Santa Cruz. Davor, ein paar Hundert Meter von ihnen entfernt, zog ein anderes Kreuzfahrtschiff an ihnen vorbei, mit einer weiteren Fuhre abenteuerlustiger Touristen auf dem Weg zur Isla Genovesa. Es dürfte kaum ein Tag vergehen, an dem deren Tierwelt nicht von gut betuchten Naturfreunden aus aller Welt begafft wurde.

Hermann bemerkte, dass das seit Stunden gleichmäßige Motorengeräusch plötzlich leiser wurde. Das Polizeiboot hatte die südliche Hälfte von Santa Cruz umfahren und dann einen nördlichen Kurs eingeschlagen. Die große Landmasse auf der Backbordseite war die Isla Santiago, vor deren Küste die kleine Chinesenhutinsel lag, das Tagesziel der *Galapagos Sea Explorer*. Jetzt mussten sie nur noch warten.

Hermann spürte eine Hand auf seiner Schulter.

»Na, kannst du sie schon sehen?« Annes Stimme klang müde.

»Bisher noch nicht. Aber sie müsste jeden Moment auftauchen, oder?«

»Ja. Nuñez hat gerade noch einmal mit dem Kapitän gesprochen und gebeten, das Abendessen etwas hinauszuzögern, damit seine Leute David nicht vor aller Augen im voll besetzten Speisesaal festnehmen müssen. Sie überlegen, wie sie ihn nach draußen locken können.«

»Ich wünschte, wir hätten es schon hinter uns.«

»Ja, mir geht es genauso«, sagte Anne und legte ihren Kopf an seine Schulter. »Ich bin ganz schön nervös. Nuñez bespricht mit seinen Leuten gerade noch einmal den Ablauf. Ich will das gar nicht hören.«

»Es wird schon gut gehen. David ist doch nicht bewaffnet.«

»Ich habe trotzdem ein ungutes Gefühl. Vielleicht hat er schon etwas vorbereitet.«

»Was denn? Einen Brandsatz oder eine Bombe?« Er legte den Arm um ihre Schulter. »Ach, komm, Liebes. Bestimmt stellt sich das alles gleich als völlig unbegründeter Verdacht heraus. Schau dich um. Genieß die wunderbare Abendstimmung. Das ist Galápagos. Es sind unsere letzten Tage hier.«

Sie lächelte. »Ja, du hast recht. Es ist wunderschön.«

Hermann stutzte und hielt sich wieder das Fernglas vor die Augen. »Da«, sagte er, »endlich. Das könnte sie sein. Siehst du die Positionslichter?«

Jetzt wurde es ernst.

Eine halbe Stunde später standen Anne und Hermann noch immer draußen an der Reling. Sie hatten das Schiff keine Sekunde aus den Augen gelassen, und je näher die *Sea Explorer* kam, je deutlicher sie das Schiff und seine Aufbauten in der Dunkelheit erkennen konnten, desto nervöser wurden sie.

»Du kennst ihn doch auch, Hermann. Wie, glaubst du, wird er reagieren?«, fragte Anne. »Irgendwann wird er uns sehen und begreifen, was los ist.«

»Ja, und? Wenn er mal aufs Meer hinaussieht, lässt sich

das kaum vermeiden. Wir sind weit und breit die einzigen Schiffe.«

»Was ist, wenn er das Polizeiboot erkennt? Ich habe Angst, dass er durchdreht, dass wir durch unser Erscheinen alles noch schlimmer ...«

Hermann sagte nichts, sondern richtete sich kerzengerade auf. »Warte mal. Du, ich glaube, ich sehe ihn, draußen an der Reling. Tatsächlich, das ist er. Ich erkenne ihn an seinen Haaren.«

»Darf ich auch mal?«, fragte Anne und nahm ihm das Fernglas aus der Hand. »Du hast recht. Man muss ihn gar nicht rauslocken. Und es sieht so aus, als ob er allein wäre.«

Sie drehte sich um, um Blickkontakt mit den Polizisten aufzunehmen. Sie deutete aufgeregt auf das Kreuzfahrtschiff, das jetzt seine Geschwindigkeit reduzierte. »He is outside«, rief sie. »Alone. Hurry up.«

Hinter der Glasscheibe stand Nuñez zwischen Kapitän und Steuermann, ließ sein Fernglas sinken und winkte zum Zeichen, dass er verstanden hatte. Es dauerte nur einen Moment, bis das Boot wieder Fahrt aufnahm. Bald waren sie keine hundert Meter von dem Kreuzfahrtschiff entfernt, das im Vergleich zu ihnen riesenhaft wirkte. Sie sahen, wie an der Backbordseite eine Tür im Schiffsrumpf geöffnet wurde. Jemand lehnte sich hinaus und winkte.

»Verdammt«, fluchte Anne. »Wir müssen unten rein und durch das Schiffsinnere, um aufs Deck zu kommen. Daran habe ich nicht gedacht. Die *Sea Explorer* ist natürlich viel größer als wir. Ich habe sie ja noch nie aus der Nähe gesehen.« Sie lief an der Reling entlang und verschwand im Ruderhaus.

Hermann behielt unterdessen David im Auge. Dessen Körperhaltung hatte sich verändert. Statt entspannt an der Reling zu lehnen, stand er nun aufrecht da und sah sich nach allen Seiten um. Hatte er das Schiff erkannt? Ahnte er, dass dieser Besuch ihm galt?

Das Deck des eleganten Kreuzfahrtschiffs war hell erleuchtet. Im Hintergrund sah Hermann einige Männer, die zu beiden Seiten der Schiffsaufbauten breitbeinig den Durchgang versperrten. Zwischen den beiden ungleichen Schiffen lagen nur noch fünfzig Meter, und mit jeder Sekunde wurden es weniger. Hinter ihm, in der Kajüte, bereiteten sich die Polizisten auf ihren Einsatz vor.

»David! Sie wissen, wie sehr wir Sie schätzen, nicht wahr?« Die Stimme kam aus den Außenlautsprechern der *Sea Explorer*, aus denen ansonsten wahrscheinlich Musik dudelte, aber sie war auch auf dem Polizeiboot zu verstehen. Hermann erkannte sie als die des Kapitäns. »Bleiben Sie ruhig, dann geschieht Ihnen nichts. Die Polizei will sich nur mit Ihnen unterhalten.«

David lachte, ja, er lachte so schallend, dass selbst Hermann es hörte, aber es klang alles andere als fröhlich. Er schien zu ahnen, was ihm bevorstand.

Ein Crewmitglied trat aus dem Ruderhaus und schob sich an Hermann vorbei auf das Vorderschiff. Er band zwei Autoreifen als Fender an die Steuerbordseite und nahm dann im Bug Aufstellung, um ein Tau hinüber zur *Sea Explorer* zu werfen. Hermann wich etwas zurück. Die beiden Schiffe waren sich so nah gekommen, dass er nach oben schauen musste, um David im Blick zu behalten. Er glaubte, die Panik im Gesicht des jungen Mannes zu sehen. Hatte er ihn erkannt? David duckte sich, lauerte sprungbereit, jeder Muskel zum Zerreißen gespannt. Was hatte er vor? Doch nicht …

»David, seien Sie vernünftig.« Wieder die Stimme des Kapitäns. »Ich komme jetzt zu Ihnen hinunter. Jeder macht mal einen Fehler. Beweisen Sie uns, dass Sie vernünftig …«

Ein Stoß ließ das Polizeischiff erzittern. Hermann musste sich festhalten, um nicht umzufallen. Er sah, wie Nuñez und die vier Polizisten schnell an Bord der *Sea Explorer* sprangen und in ihrem Rumpf verschwanden. Anne stand am Eingang zum Ruderhaus und sah ihnen hinterher.

Von seiner Position aus konnte Hermann David nicht mehr sehen, weil die Schiffsaufbauten ihn verdeckten. Er wollte auf die Steuerbordseite hinüberwechseln und kletterte auf das Kajütendach, als er Anne schreien hörte: »David! Nicht!« Sie hatte ihre Hand auf den Mund gelegt, schüttelte den Kopf und starrte mit weit aufgerissenen Augen nach oben. »Tu es nicht!«

Als er auf der anderen Seite vom Kajütendach kletterte, sah er, dass David jetzt auf der breiten Reling hockte wie ein Vogel auf der Stange, vielleicht zehn Meter entfernt, schräg über ihm. Sein Blick war auf das Deck der *Sea Explorer* gerichtet, wahrscheinlich auf die Männer, die sich ihm dort näherten und auf ihn einredeten. War Nuñez mit seinen Leuten schon da?

Ein Moment verging, in dem alles wie eingefroren wirkte. Stille. Dann drehte David sich um, richtete sich langsam auf und stand einen Moment, die Arme ausgebreitet wie ein Zirkusartist. Er schaute nach unten mit einem Gesicht, aus dem Angst, aber auch Entschlossenheit sprachen … und sprang. Er fiel, begleitet von ihren Rufen, mit rudernden Armen an ihnen vorbei, etliche Meter tief, bis er mit einem lauten Klatschen hinter dem Heck des Polizeibootes in leichter Rückenlage auf die Wasseroberfläche aufschlug und sofort untertauchte. Anne hatte sich weit über die Reling gelehnt und rief seinen Namen. Fast machte es den Eindruck, als wollte sie hinterherspringen. Aber sie wandte sich ab und schlug die Hände vors Gesicht. Ihr Körper bebte. Ihre schlimmsten Befürchtungen drohten wahr zu werden. Warum hatte er das nur getan? War das ein Fluchtversuch? Oder wollte er sich etwa vom Schiff ins Wasser retten, weil an Bord ein Zeitzünder tickte?

Von beiden Schiffsdecks waren aufgeregte Rufe zu hören. Menschen stürzten über ihnen an die Reling des Kreuzfahrtschiffs und starrten nach unten. Hermann sah entsetzte Gesichter, und es wurden immer mehr, viele von weißen Haaren umrahmt. Er erkannte Nuñez und seine Polizisten. Der bullige Mann daneben in der weißen Uniform war wahrscheinlich der Kapitän der *Sea Explorer.* Alle schrien durcheinander, riefen den Namen des jungen Mannes, den sie kaum gekannt hatten. Suchscheinwerfer strichen über das Wasser. Jemand warf einen Rettungsring über die Reling, der nutzlos auf dem Wasser schaukelte. Niemand griff danach.

David blieb verschwunden.

Teil 2

»Während wir unsere Gerätschaften am Pier abspülen, leuchten die Gesichter meiner Mittaucher vor Seligkeit. Das ist immer so, egal, wer sie sind oder wie sie heißen oder wo das Korallenriff liegt. Sie hätten alles Recht der Welt, erschöpft zu sein. Aber das Gegenteil ist geschehen. Das Riff hat diese zähen jungen Männer in einen Zustand der Verzückung versetzt, sodass sie in diesem Augenblick schön wie Engel erscheinen.«

Julia Whitty, Riff

16

Isla Santa Cruz, Charles Darwin Research Station

Unter den Mitarbeitern und Gastforschern der Charles-Darwin-Station wurden die Nachrichten von der *Galapagos Sea Explorer* mit Bestürzung aufgenommen. Am Abend zuvor war es noch ein Gerücht gewesen, das nicht jeden erreicht hatte und bei vielen auf Unglauben stieß, jetzt, am Morgen danach, war es für alle zur Gewissheit geworden: Einer der Ihren, David Bartels, ein junger deutscher Doktorand, wurde verdächtigt, in der Academy Bay mehrere Schiffe in Brand gesetzt zu haben. Damit war auch klar, worum es bei der Durchsuchung der Stationsbungalows gegangen war. Brandstiftung verbunden mit Körperverletzung und fahrlässiger Tötung, möglicherweise sogar ein ökoterroristischer Anschlag, ein in der Geschichte der Station einmaliger Vorgang. Fast jeder kannte David. Mit seiner Größe und den blonden Haaren war er auf dem Stationsgelände eine auffällige Erscheinung gewesen, durch sein Auftreten, vor allem am Morgen nach Lonesome Georges Tod, hatte er sich aber nicht nur Freunde gemacht. Es gab auch gehässige Kommentare. Offenbar um sich seiner Festnahme durch die Polizei zu entziehen, war er jetzt auf hoher See von der Reling eines Kreuzfahrtschiffes ins Meer gesprungen. Seitdem gab es kein Lebenszeichen von ihm.

Einige, die ihn gut kannten, versammelten sich nach dem Frühstück auf der Terrasse vor der ersten Bungalowreihe. Sie wollten an diesem Morgen nicht allein bleiben. David ein Brandstifter? Ein Totschläger? Niemand hielt das für möglich. Ein lächerlicher Vorwurf und nach dem Fischer mit Sicherheit ein weiterer Fehlgriff der hiesigen Ordnungshüter. Sie schimpften über eine komplett unfähige Polizei, bis Anne, die sich bis dahin zurückgehalten hatte, erzählte, was sie über den Fall wusste. Lieke brach daraufhin in Tränen aus, rannte in ihr Zimmer und schlug die Tür hinter sich zu. Die anderen ließen die Köpfe hängen. Sie brauchten einen Moment, um den Schock zu verdauen.

»Dann stimmt es also.«

»Ich kann es einfach nicht glauben. Was sind denn das für Zeugen?«

»Ein junges Pärchen«, antwortete Anne. »Der Strand ist wohl ein beliebter Treffpunkt.«

Reinhardt schnaubte. »Mit Paaren hat David offenbar Pech, erst an Bord des Schiffes und dann am Strand.«

»Aber das betrifft nur das eine Schiff. Was ist mit dem anderen, dem Touristenboot? Gibt's da auch Zeugen?«

»Dass er ein Brandstifter ist, hätte ich nie gedacht.«

»Ich auch nicht. Wie kann er nur so einen Mist machen?«

»Es geht nicht nur um Brandstiftung, Leute. Ein Mensch ist gestorben, zwei wurden verletzt, vergesst das nicht. Er hat definitiv eine rote Linie überschritten.«

»Moment mal. Er war nachts schwimmen, wie andere auch. Das heißt noch lange nicht …«

»Macht euch doch nichts vor«, fuhr Reinhardt dazwischen. Er schaute ernst von einem zum anderen. »Kommt das wirklich so überraschend? Ich hatte die ganze Zeit schon so ein komisches Gefühl. Ich kenne David ganz gut, und er war … na ja, in letzter Zeit war er nicht mehr er selbst, ich muss das so deutlich sagen. Dauernd ist man mit ihm aneinandergeraten.«

»Du meinst, *du* bist mit ihm aneinandergeraten.«

»Nein, nein. Den Schuh zieh ich mir nicht an. Er ist auch auf andere losgegangen, nicht nur auf mich. Warum, weiß ich nicht, aber irgendwie ist er … wie soll ich sagen … ausgetickt.

Ihr habt ihn ja erlebt.« Er rieb sich mit Daumen und Zeigefinger die Augen und schüttelte den Kopf.

Carol sah ihn vorwurfsvoll an. »Du sprichst über David, als ob er bereits tot wäre.«

»Bisher haben sie ihn nicht gefunden«, gab Salvatore zu bedenken. »Und es sind jetzt schon mehr als zwölf Stunden vergangen. Ich fürchte, wir müssen mit dem Schlimmsten rechnen. Wie lange hält man das aus? Das Wasser ist ziemlich frisch.«

»Kommt drauf an, wo genau man sich befindet«, sagte Reinhardt. »Es kann scheißkalt werden, das stimmt, zu kalt, wenn man gezwungen ist, viele Stunden darin zuzubringen.«

Carol schüttelte entschieden den Kopf. »Aber daran stirbt man doch nicht. David ist stark und ein hervorragender Schwimmer. Das Meer war ruhig. Wir hatten kaum Wind. Der schafft das.«

Miguel verzog das Gesicht. »Die Temperatur ist nicht das Problem. Vielleicht kann er sich tatsächlich so lange über Wasser halten, in diesen Gewässern wimmelt es aber von Haien, und es gibt tückische Strömungen. Wisst ihr, wo es passiert ist, wie weit er es bis zur nächsten Insel hatte? Bestimmt mehrere Kilometer.«

»Ich weiß nur, dass das Schiff auf dem Weg nach Santiago war«, antwortete Salvatore. »Wahrscheinlich zur Chinesenhutinsel. Ich habe mit der *Sea Explorer* schon mal die gleiche Tour gemacht.«

»Vor Santiago gibt es viele kleine Inseln. Vielleicht schafft er es bis dahin. Die müssen die Gegend genau absuchen.«

»Das werden sie tun. Ganz bestimmt.« Anne bemühte sich um eine ruhige Stimme, innerlich war sie aber mindestens so aufgewühlt wie Davids junge Forscherkollegen und hatte zudem in der Nacht kaum ein Auge zugemacht. Die anderen wussten nicht, dass sie und Hermann auf dem Polizeiboot gewesen waren, und sie würde es ihnen auch nicht verraten. Wie weit ein rettendes Ufer entfernt lag, war natürlich auch ihre erste Frage gewesen, als ihre Suche nach David erfolglos blieb. Während draußen noch die Suchscheinwerfer über das Wasser strichen, hatten sie drinnen am Kartentisch stehend versucht, eine Antwort zu finden. Als David über Bord gesprungen war, hatte sich die *Sea Explorer* ziemlich genau in der Mitte zwischen Santiago im Norden und Santa Cruz im Süden befunden. Beide waren mindestens zehn Kilometer entfernt, eine Distanz, die sie in dieser Runde lieber für sich behielt. Aber Miguel hatte recht, es gab auch kleinere Inseln, die nicht ganz so weit entfernt lagen.

»Ich trau diesen Polizisten nicht mehr«, brummte Salvatore.

»Ihr könnt euch schon darauf verlassen, dass die alles tun, was möglich ist«, erklärte Anne. »Ich habe heute früh mit einem Inspektor telefoniert, der mir das ausdrücklich versichert hat. An der Suche beteiligen sich mehrere Schiffe und zwei Hubschrauber von der Militärbasis auf Baltra. Nur …« Sie zögerte.

»Was?«

»Na ja …« Anne senkte den Blick. Nuñez hatte ihnen keine allzu großen Hoffnungen gemacht. Selbst wenn David es auf eine der Inseln schaffen würde, niemand lebte in diesen Küstenstrichen. Er wäre dort auf sich allein gestellt. Niemand könnte ihm helfen. »Wenn sie ihn bis heute Mittag nicht gefunden haben, sinken seine Chancen rapide. Er dürfte total erschöpft und dehydriert sein. Und wenn er keinen Schatten findet … Er hat kein Wasser.«

Hermann, der neben ihr saß, ließ den Kopf hängen und nickte. »Wir dürfen die Hoffnung trotzdem nicht aufgeben und müssen, was die Suche betrifft, einfach Geduld haben. Es gibt viele kleine und kleinste Inselchen dort – die alle abzusuchen, wird eine Weile dauern, vielleicht Tage. Aber David ist ein kräftiger junger Mann. Wenn es einer schafft, dann er.

Hauptsache, er spielt nicht den Helden und versteckt sich. Das wäre sein sicherer Tod. Er hat nur eine Chance, wenn er schnell gefunden wird. Bei dieser Hitze hält er es ohne Trinkwasser nicht lange aus.«

Er griff nach Annes Hand und drückte sie. Sie sahen sich an und wussten, was den anderen bewegte: ihre baldige Abreise. Wahrscheinlich würden sie Galápagos verlassen, ohne zu wissen, was aus dem Jungen geworden war. In zwei Tagen, etwa zur gleichen Zeit, würden sie bereits in einem Taxi zum Flughafen sitzen.

17

Islas Galápagos, 0° 25′ 22″ S, 90° 22′ 20″ W

Er öffnete die aufgesprungenen Lippen und versuchte zum wiederholten Mal, um Hilfe zu rufen. Er hob den Kopf ein wenig und wollte schreien, brüllen, so laut er konnte: Hilfe! Wasser! Hört mich denn niemand? WASSER! Heraus kam kaum mehr als ein Krächzen.

Er ließ den Kopf zurück auf den rauen Fels sinken und wimmerte. Jede Bewegung war eine Qual. Sein ganzer Körper ein einziger Schmerz. Die Haut schien zu glühen. Sie spannte, und es fühlte sich an, als könnte sie in der prallen Sonne jederzeit reißen und aufplatzen.

Wie lange lag er schon hier? Fünf, sechs Stunden vielleicht? Oder waren es erst zwei? Er wusste es nicht, hatte jedes Zeitgefühl verloren. Er stöhnte, wollte schlucken, aber in seinem Mund gab es nichts, was er hätte schlucken können. Die Zunge klebte an seinem Gaumen. Obwohl er wusste, was die Folge sein würde, versuchte er sein Gewicht auf die Seite zu verlagern, weil er es in Bauchlage nicht mehr aushielt. Sofort schossen von der Hüfte, den Füßen und Knien Schmerzpfeile durch seinen Körper. Er verkrampfte und versuchte die Augen zu öffnen, um zu sehen, wo er gelandet war, aber sie waren verklebt, und er gab schnell auf. Es hatte keinen Sinn. Er war zu schwach, zu schwach und zu müde, konnte kaum die Hand heben. Er musste schlafen, um wieder zu Kräften zu kommen. Und er brauchte Wasser. Einen Ozean voll kühlem, erfrischendem Trinkwasser.

Nach ein paar keuchenden Atemzügen wurde er ruhiger und zwang sich zu einem klaren Gedanken. Wo war er? Und was war geschehen? Er war gesprungen, immer wieder untergetaucht, um den Scheinwerfern zu entwischen, und dann geschwommen, bis er die Schiffe nicht mehr sah, daran erinnerte er sich. Irgendwann waren ihre Lichter verschwunden, und er war allein gewesen, so allein und verlassen wie noch nie zuvor in seinem Leben. Panik hatte ihn gepackt, er hatte geheult und geschrien und wütend über sich selbst auf die Wasseroberfläche eingeschlagen. Was hatte er nur getan? In welche Lage hatte er sich gebracht? Er schwamm weiter, stundenlang, die ganze Nacht. Die Stille war Furcht einflößend. Manchmal hatte er geglaubt, Motorengeräusche zu hören, die sich ihm näherten, aber das war wohl nur Einbildung gewesen, genauso wie die Berührungen durch kalte Körper unter der Wasseroberfläche. Er wusste, wie viele Haie in diesen Gewässern lebten, Haie jeder Größe, und er rechnete jederzeit damit, ihre Rückenflossen zu sehen, ihre raue Haut zu spüren, ihre Zähne. Er war Haifutter, sein Geplansche die Glocke, die die Raubtiere der Umgebung zum Essen rief. Doch er hatte Glück. Anderswo schien der Tisch üppiger gedeckt zu sein. Nicht ein Hai ließ sich blicken.

Auch an die Kälte erinnerte er sich, wie jämmerlich er gefroren hatte. Doch wohin er geschwommen war, in welche Richtung, war ihm nicht klar. Er hatte nur weg von den Schiffen gewollt und die Orientierung verloren. Er wusste einfach zu wenig über den Sternenhimmel. Wo, verdammt noch mal, war Norden? Nicht dass er ein Ziel gehabt hätte. Aber er wollte leben, in Freiheit leben. Deshalb war er gesprungen. Sie waren der *Sea Explorer* die ganze Strecke von Puerto Ayora entgegengekommen, nur um ihn vom Schiff herunterzuholen. Als sei er ein Schwerverbrecher. Gemeingefährlich. Gewalttätig. Ausgerechnet er. Er hatte die beiden doch nicht verletzen wollen. Er wusste bis heute nicht, wie schwer es sie erwischt hatte, aber er hätte alles dafür gegeben, um seine verhängnisvolle Tat ungeschehen zu machen. Es war ein Unfall gewesen, ein tragischer Irrtum. Wie hätte er wissen sollen, dass unter der ausgeblichenen Persenning Menschen verborgen waren? Dass sie auf der einen Seite offen war und nur lose über den Bootsrand hing, hatte er erst entdeckt, als es bereits zu spät war. Bei dem Gedanken daran stöhnte er auf, wälzte sich auf die rechte Seite und stieß vor Schmerz einen heiseren Schrei aus, der ihm sofort in der Kehle stecken blieb. Ich werde verdursten, dachte er, zur Mumie eintrocknen, und wäre nicht mal der Erste, dem es hier so ergeht. Noch einmal unternahm er den Versuch zu schreien: Hilfe! Wasser! Es tut mir leid! Doch es war kaum mehr als ein Hauchen.

War er auf Santa Cruz gelandet? Eigentlich war es egal, Hilfe gab es ohnehin nicht, aber er wollte es wissen. Wenn er doch nur seinen Kopf heben und die Augen öffnen könnte.

Die Nacht war mondlos und stockfinster gewesen. Er hatte vorgehabt, auf Deck zu schlafen, unter freiem Himmel, über sich nur dieses unglaubliche Sternenmeer, hatte Isabelle noch überzeugen wollen, ihm Gesellschaft zu leisten. Dann hatte er die Positionslichter gesehen, die sich langsam näherten, und spätestens, als er bemerkte, dass die Besatzung der *Sea Explorer* plötzlich jede seiner Bewegungen misstrauisch belauerte, hatte er geahnt, dass irgendetwas im Busch war. Als das Schiff näher kam, traf ihn die Erkenntnis wie ein Keulenschlag: ein Polizeiboot, und es hielt genau auf das Kreuzfahrtschiff zu. Dieser Besuch galt ihm. Warum hatten sie nicht einfach gewartet, bis er wieder zurück war?

Das Polizeischiff war nur noch einen Steinwurf entfernt gewesen, als jemand über die Bordlautsprecher zu ihm sprach. Die Besatzung der *Sea Explorer* schien ihn währenddessen mit Blicken fesseln zu wollen und rückte langsam auf ihn zu. Der Impuls, all dem zu entfliehen, zu springen, war übermächtig geworden. Er hatte noch gehört, wie sie ihn riefen, seinen Namen, eine Stimme, die ihm bekannt vorkam. Leckt mich, hatte er gedacht, ihr könnt mich mal. War hinaufgeklettert und hatte sich fallen lassen.

Als er allein und ernüchtert im Wasser schwamm, konnte er die gleichen Sterne, die ihn eben noch begeistert hatten, nur noch als Hohn empfinden, wie sie da weiterhin vollkommen unberührt von seiner persönlichen Katastrophe am Himmel prangten, als sei nichts geschehen, als hätte er soeben nicht die letzte Verbindung zu seinem alten Leben als Wissenschaftler durchtrennt, dem Leben, das er sich immer gewünscht hatte.

Andere Lichtquellen waren plötzlich von viel größerer Bedeutung gewesen. Manchmal hatte er ein paar Lichtpunkte gesehen, die er für Häuser irgendwo im Hochland von Santa Cruz hielt. Darauf hatte er zugehalten, auch wenn er sie immer wieder aus den Augen verlor und irgendwann nicht mehr wusste, ob es sie überhaupt jemals gegeben hatte. Später, nach Stunden, hatte er die Brandung gehört und sie zuerst für eine Halluzination gehalten, so wie alles andere auch, was er in diesen endlosen Stunden erlebte. Plötzlich gab es keine Lichter mehr. Eine gewaltige dunkle Masse ragte vor ihm auf. Turmhoch, scheinbar bis in den Himmel.

Land, zum Greifen nah, vor seinen Augen, in denen das Salz brannte. Doch überall fiel der Fels steil, fast senkrecht ins Wasser ab. Er wagte sich nahe heran, glücklicherweise war die See ruhig. Bei stärkerer Brandung hätten ihn die Wellen an den Felsen zerschmettern können. Aber auch so war es unmöglich, an Land zu gelangen. Er schwamm an der Küste entlang, fand aber nirgends einen Ausstieg. Er schwamm und heulte dabei, weil die Rettung, die so nah schien, sich als Illusion entpuppte. Eine verfluchte Insel war das, der Fantasie eines Sadisten entsprungen. Wenn er nichts fand, musste er zurück ins offene Meer. Doch er war am Ende, seine Muskeln protestierten bei jeder Bewegung.

Dann entdeckte er ein kleines Plateau, nur wenige Quadratmeter groß und etwa einen halben Meter über der Wasseroberfläche, seine Rettung, vielleicht auch nur ein Aufschub. Mittlerweile dämmerte es, sodass er sich eine geeignete Stelle aussuchen konnte, doch unter der Wasseroberfläche stieß er mit den Beinen gegen scharfkantige Felsen und riss sich die Knöchel auf. Er schrie, weil sich ein Knie plötzlich anfühlte, als sei es in kochendes Wasser geraten. Es brannte wie Feuer, bestimmt irgendein Nesseltier, dachte er, Seeanemonen, die Korallen, die er so liebte. Er suchte mit den Händen über der Wasserlinie Halt, ignorierte die Schmerzen und zog sich mit letzter Kraft Zentimeter für Zentimeter über das scharfe Gestein, über Seepocken und Muscheln, die seine aufgeweichte Haut aufschlitzten. Oben angekommen, musste er sich übergeben, vor Anstrengung und Schmerz und weil er Seewasser geschluckt hatte. Er merkte, dass er blutete, hatte bald das Gefühl, in einer Lache aus Blut und Kotze zu liegen. Trotzdem war er wohl vor Erschöpfung eingeschlafen.

Wie lange war das her? Brandung hörte er auch jetzt, und die Rufe von Seevögeln. Hin und wieder spürte er, wie das Wasser an seinen nackten Füßen leckte. Die Turnschuhe, die er auf der *Sea Explorer* getragen hatte, hatte er im Wasser ausgezogen, weil sie ihn beim Schwimmen behinderten.

Er hatte es tatsächlich geschafft. Auch wenn ihm alles wehtat, er war an Land und lebte. Ein kurzer Anfall von Euphorie schenkte ihm neue Energie, neue Kraft, und er bäumte sich auf, versuchte, sich hochzustemmen, biss die Zähne zusammen gegen den Schmerz, sackte dann aber wieder zusammen, wurde überschwemmt von Nervensignalen, die allesamt höchste Alarmstufe ausriefen. Bevor er das Bewusstsein verlor, dachte er mit erschreckender Klarheit, dass er sterben würde, wenn er nicht bald etwas trank, dass sich so der Tod anfühlte. Denn egal, wo er an Land gekrochen war: Puerto Ayora, die Zivilisation waren weit weg, unerreichbar. Auch wenn er einen Ton herausbekäme, sich die Seele aus dem Leib schreien würde, hier gab es niemanden, der ihn hören und ihm eine rettende Wasserflasche reichen konnte.

Er schreckte hoch und schaffte es, die Augen einen Spaltbreit zu öffnen. Vor ihm, nur wenige Meter entfernt, ragte eine steile Felswand auf, fast zum Greifen nah. Eine große rote Krabbe kletterte darin herum und schien ihn so überrascht anzustarren wie er sie. Dann sank er mit schmerzverzerrtem Gesicht wieder in sich zusammen, hustete. Seine Lippen brannten wie Feuer. Wieder hatte er geschlafen. Oder das Bewusstsein verloren.

Hatte jemand gerufen? Richtig, jetzt fiel es ihm ein. Er hatte Stimmen gehört. Doch sicher nur im Traum. Hier war niemand, konnte niemand sein. Die gesamte Nordküste von Santa Cruz war unbewohnt, auch die anderen Inseln, die hier lagen, waren kaum mehr als knochentrockene, vollgeschissene Felsen mit ein paar Vogelnestern dazwischen. Er halluzinierte wohl. Kein Wunder, seit Stunden lag er hier, schrumpfte in der Sonne zusammen, verdunstete wie eine Pfütze und dämmerte in einem Zustand zwischen Wachsein und tiefem Schlaf dahin. Beides war für ihn ununterscheidbar geworden.

Was war er nur für ein Idiot gewesen. Wie dumm konnte man sein? Er hatte sich tatsächlich eingebildet, sein Sprung von der *Galapagos Sea Explorer* führe ihn in die Freiheit, stattdessen wusste er schon, während er noch flog und mit den Armen fuchtelte, dass er einen Fehler beging und furchtbaren Qualen entgegenfiel, dass er krepieren würde, weil er zu feige war, für seinen dummen Fehler einzustehen. Denn ein Fehler war es gewesen, eine Reaktion auf die psychische Überlastung, seine ungewisse berufliche Zukunft, die ungewisse Zukunft der ganzen Welt, dieses Trommelfeuer der Hiobsbotschaften. Er hatte es sich nicht ausgesucht und erlebte doch die erste wissenschaftlich begleitete Apokalypse der Erdgeschichte. Nur an Lieke hatte er sich in den letzten für ihn so deprimierenden Wochen hier im Archipel noch festhalten können. Lieke, mein Gott, Lieke, liebste Lieke – sie war das Beste, was ihm in seinem Leben geschehen war, und er würde sie nie wiedersehen. Er schluchzte. Ihm war elend zumute, doch Tränen brachte sein geschundener Körper nicht mehr zustande. Er schloss die Augen.

Seltsam, es schien zu dämmern. Schon? Es war jedenfalls dunkler geworden, und kühler. Hatte er einen ganzen Tag hier gelegen? Wenn ja, dürfte es sein letzter gewesen sein. Er hätte dann seit fast vierundzwanzig Stunden nichts mehr getrunken. Und nach zwei Tagen war Schluss. Wo sollte es denn jetzt noch herkommen, das rettende Wasser?

Erneut öffnete er die Augen. Da war wieder die Felswand, diesmal ohne Krabbe. Alles in ihm schien sich plötzlich aufzubäumen. Er wollte sich aufrichten und wenigstens sehen, wo ihn sein Ende ereilen würde. Unter lautem Stöhnen drehte er sich auf die Seite und zog die Beine zu sich heran. Sie waren voller blutiger Schnitte und Kratzer. Er zitterte und musste einen Moment verharren, bis der Schmerz abgeklungen war.

Nach einer Weile wurde ihm klar, was sich verändert hatte. Er lag im Schatten, ja, die Sonne war offenbar so weit nach Westen gewandert, dass die Felswand ihn nun vor ihr schützte. Und der Wind hatte etwas aufgefrischt. Es war vergleichsweise kühl geworden. Das weckte seine Lebensgeister, obwohl jede seiner Zellen nach Wasser schrie, noch lauter und verzweifelter als zuvor.

Er lag also auf der östlichen Seite von … ja, von was?

Die Felswand war keineswegs turmhoch, wie er jetzt erkannte, sondern zehn, vielleicht fünfzehn Meter hoch, aber er würde es nie da hinauf schaffen, schon gar nicht barfuß. Er ließ sich stöhnend auf den Rücken sinken, schloss die Augen. Er würde nirgends mehr hingehen. Sein Brustkorb hob und senkte sich kaum merklich. Er lächelte. Da waren sie wieder, die Stimmen. Sie riefen ihn. Bald, dachte er und bewegte dabei stumm die Lippen. Ich komme bald. Aus seinem Augenwinkel löste sich eine Träne.

18

Isla Santa Cruz, Charles Darwin Research Station

Anne ließ den Telefonhörer sinken und sah der Reihe nach in die Gesichter der im Stationsbüro versammelten Menschen. Hermann, Lieke, Lucia, Valeria und die Stationsleitung in Gestalt von Dieter Grumme und Daniel Estraga standen im Halbkreis um sie herum und warteten ungeduldig auf mögliche Neuigkeiten. Aber die gab es nicht.

»Nichts«, sagte Anne und schüttelte den Kopf. »Keine Spur von ihm. Für heute haben sie die Suche abgebrochen.«

Hermann sah auf seine Armbanduhr. Es war kurz nach sechs, bald würde die Dämmerung einsetzen. Grumme und Estraga stießen fast synchron die Luft aus. »Mist«, fluchte Dieter.

Anne seufzte. »Immerhin, die Wetterverhältnisse sollen weiterhin günstig bleiben, sodass sie morgen weitersuchen können. Allerdings …«

»Was?«, bedrängte sie Lieke. »Erzähl schon, Anne. Was haben sie gesagt?«

»Nichts, was wir nicht schon wüssten, Lieke. Nuñez hat noch einmal darauf hingewiesen, dass die Chance, David lebend zu finden, mit jedem Tag …«

Lieke schlug die Hände vors Gesicht und wandte sich schluchzend ab. Lucia umarmte die fast einen Kopf größere Niederländerin, redete leise auf sie ein und führte sie dann aus dem Raum und den dunklen Flur entlang nach draußen an die frische Luft. Durch das Bürofenster verfolgten die anderen, wie sie sich mit ihr draußen auf die Bank vor dem Haus setzte.

Estraga schwieg mit gesenktem Kopf und wischte sich mit einem Papiertaschentuch den Schweiß von der Stirn. Hermann ahnte, woran der Direktor dachte. Der Fall David Bartels hielt mittlerweile die ganze Station in Atem, und in Zeiten des Internets war es nur eine Frage der Zeit, bis auch der Rest der Welt davon erfuhr. Davids missglückte Festnahme konnte sich zur Katastrophe ausweiten, jetzt, in der ohnehin schon angespannten Situation, in der sie steckten. Wer würde einer Forschungseinrichtung Geld geben, in der Pyromanen ein und aus gingen, in einem Land, dessen unfähige Polizei junge, irregeleitete Menschen in den Tod trieb? Im Netz würden sie sich die Mäuler zerreißen, taten es vielleicht jetzt schon.

Sie gingen auseinander, ohne ein Wort zu wechseln. Niemand rechnete hier noch mit einem Erfolg der Suche; solange aber noch die geringste Hoffnung bestand, würde das keiner laut aussprechen, schon gar nicht in Gegenwart von Lieke.

Dieter Grumme nickte Hermann zu und zog sich dann mit Estraga ins Büro des Direktors zurück, um das weitere Vorgehen zu besprechen. Dieter war besonders erbost über die unerwartete Entwicklung, mit der sie nach ihrer Rückkehr konfrontiert worden waren. Die sensationellen Entdeckungen, die ihm, Alberto und Hermann auf ihrer außerplanmäßigen Fahrt gelungen waren, drohten angesichts des tragischen Schicksals dieses jungen Deutschen vollkommen in den Hintergrund zu geraten.

Alberto war schon wieder auf See. Nur einen Tag nach ihrer Rückkehr hatte er aufs Neue eine der engen Kabinen auf der *Queen Mabel* bezogen. Diesmal absolvierte er die seit Langem geplante Tour für das staatliche Institut, in dem er arbeitete, der eigentliche Grund seines Galápagos-Besuchs. Die von ihm, Hermann und Dieter Grumme gesammelten Proben würde er erst nach seiner Rückkehr in etwa einer Woche mit aufs Festland nehmen können. Dort musste er dann die Weitergabe an verschiedene Forschungseinrichtungen organisieren, die über die nötige Laborausstattung verfügten. Um ihre Theorie zu beweisen, dass hier Artgrenzen zusammenbrachen und Hybridisierungen in großem Maßstab stattfanden, brauchte man modernste Sequenzierroboter. In einem Land wie Ecuador gab es davon nicht allzu viele. Ein beträchtlicher Teil der Proben würde daher um die halbe Welt an Hermanns Labor in Kiel verschickt werden, ein anderer an befreundete Arbeitsgruppen in den USA. Da Hermann nur als Tourist eingereist war, war er nicht befugt, das Material außer Landes zu schaffen, deshalb der umständliche und zeitraubende Postweg. Heutzutage war die Ausfuhr derartigen Materials mit enormem Papierkram verbunden.

Die Analyse ihrer Proben würde also frühestens in ein paar Wochen beginnen. Geduld war gefragt. Sie waren daher übereingekommen, niemandem davon zu erzählen, bis erste belastbare Ergebnisse vorlagen. Was sie gesammelt hatten, lagerte vorerst noch sicher in einem Kühlschrank. Mit einer Ausnahme: Die Gewebeprobe der neuen Haiart hatte ein befreundeter Wissenschaftler gleich nach ihrer Rückkehr mit aufs Festland genommen. Hier konnten sie schon in wenigen Tagen mit einem Ergebnis rechnen.

Hermann und Anne machten sich gleich nach dem Telefonat auf den Weg in den Ort. Es war ihr letzter Abend auf Galápagos. Bei einem Glas Wein in der Charles Binford Road sprachen sie jedoch zum ersten Mal darüber, wie schwer, ja wahrscheinlich unerträglich es für sie beide sein würde, nicht zu wissen, was aus David geworden war. Trauerarbeit ohne einen Toten war für die Hinterbliebenen immer eine Katastrophe, das wusste Anne nur zu gut. Ein Rest Hoffnung blieb dann meist lebendig, wider alle Vernunft und unter Umständen sogar über Jahre. Er verhinderte, dass man wirklich Abschied nahm. Sie überlegte sogar, ob sie ihren Hotelaufenthalt auf dem Festland stornieren und stattdessen bis zu ihrer Rückreise in gut einer Woche hier auf Santa Cruz bleiben sollten.

»Das kann nicht dein Ernst sein, Anne. Du hast dich so auf diese Dschungellodge gefreut. Und ich auch. Ich war noch nie in Amazonien. Als Biologe muss man das mal gesehen haben.«

»Wir könnten uns auch in Puerto Ayora ein schönes Hotel suchen. Oder auf Isabela. Ich habe gehört, dort soll es ein …«

»Aber Anne. Niemand kann uns garantieren, dass wir nach einer Woche mehr wissen. Es ist gut möglich, dass Davids Schicksal nie geklärt wird. Es ist sogar sehr wahrscheinlich, dass es so kommt.«

»Ja«, sagte sie leise und trank einen großen Schluck Wein. »Wahrscheinlich hast du recht.«

»Wir können auch von der Lodge aus anrufen und uns erkundigen, ob es Neuigkeiten gibt. Jeden Tag, wenn du willst. Den Rest der Zeit sind wir dann aber wenigstens in einer anderen Umgebung.«

»Ich glaube nicht, dass ich das genießen kann.«

Er ergriff ihre Hand. »Doch, das kannst du. Es ist ein schickes, traumhaft gelegenes Hotel, ein wirklich außergewöhnlicher Ort mitten im Amazonas-Regenwald. Uns wird es dort bestimmt besser gehen als hier, wo wir das Gefühl hätten, unsere Zeit bestünde nur aus Warten. Glaub mir. Lass uns fahren!«

Und das taten sie dann auch. Kaum hatten sie ihren Bungalow erreicht, begann Anne im Licht der Energiesparlampe an der Decke, ihren Koffer zu packen. Dass es ihr einmal schwerfallen könnte, dieses Zimmer zu verlassen, hätte sie nie für möglich gehalten.

19

Isla Daphne Major

David schlug die Augen auf. Wieder hatte er Stimmen gehört. Rufe und ein zartes, vom Wind verwehtes Lachen, wie von Kindern, die weit weg auf einer Wiese spielen. Wunderschön. Er musste an seine kleine Schwester denken, wie sie früher im Garten ihrer Großeltern tanzte und sich so lange um sich selbst drehte, bis ihr schwindlig wurde und sie lachend ins weiche Gras fiel. Er lächelte wieder, aber jeder Atemzug war jetzt von einem Röcheln begleitet und bereitete ihm Mühe. Die Perioden, in denen er bei Bewusstsein war, wurden kürzer. Er lag dann bewegungslos auf dem Rücken und starrte in den Himmel, bis seine Augen sich wieder schlossen.

Etwas Großes war hinter ihm auf das Plateau gefallen und hatte ihn geweckt. Überall in den Spalten und Ritzen des grobporigen Vulkangesteins stand das Wasser, und er hatte das Platschen gehört, war aufgeschreckt und hatte sogar einige Spritzer im Gesicht gespürt. Kurz darauf drangen aus der Felswand undefinierbare, schabende Geräusche an sein Ohr, er brachte aber nicht die Energie auf, seine Augäpfel darauf auszurichten, denn dazu hätte er sich umdrehen müssen.

Ein Regen kleiner Steine prasselte auf ihn nieder. Passt doch auf, dachte er und lachte innerlich, ohne dass sich irgendetwas davon in seiner Mimik wiederfand. Nicht dass ihr auf mich drauffallt.

Wieder kullerten Steine den steilen Hang hinab. Hinter ihm, ganz in der Nähe, bewegte sich etwas. Ein Leguan?, fragte er sich träge. Konnten diese Echsen Felswände erklimmen? Sie hatten Krallen, scharfe Krallen. Aber warum sollten sie das tun? Landleguane hatten keinen Grund, die Küste aufzusuchen, und ihre schwarzen Verwandten entfernten sich nie weit vom Wasser, das hatte schon Darwin beobachtet. Wenn auf dieser Insel wirklich Meeresleguane lebten, dann sollten sie auf diesem Felsplateau zu finden sein. Doch von Krabben, Seepocken und allerlei Aufwuchs abgesehen, gab es hier nichts. Er war allein.

Auch wenn er noch immer nicht wusste, was da in seinem Rücken vor sich ging, merkte er, dass es ihm half, wenn er sich Gedanken machte, wenn es ihm irgendwie gelang, den Motor seines Gehirns anzuwerfen. Der dichte, zähe Nebel in seinem Kopf wurde durchsichtiger, und es gab kurze Momente, in denen er fast wieder klar denken konnte. Er versuchte, sich etwas zu drehen und den Kopf in den Nacken zu legen, um sich endlich Klarheit zu verschaffen. Doch ihm wurde rasch schwarz vor Augen. Der Nebel schwappte zurück und hüllte ihn wieder ein, dichter als zuvor. Seine aufgeplatzten Lippen zitterten vor Anstrengung. Er flüsterte: Hilfe! Hilfe!

Regnete es? Unmöglich. Aber … eine Flüssigkeit rann über seine Lippen. Vielleicht Gischt, Spritzwasser. Toste die Brandung nicht ungleich stärker als noch vor Minuten? Vorsicht, dachte er. Nicht trinken! Salzwasser! Er hatte schon zu viel davon geschluckt, als er geschwommen war. Nicht trink… zu spät. Egal. Es spielte keine Rolle mehr. Seine Zunge löste sich. Er schluckte noch einmal. Ah. Köstlich.

»Vorsicht! Nicht so gierig.« Lachen, unmittelbar neben ihm. Ein erregtes Kribbeln lief über seinen Körper. Er begriff nicht, was geschah.

»Kleine Schlucke, hörst du?«

Ein Mensch? Hier?

»Immer nur ein bisschen. Es ist genug da.«

Eine tiefe Männerstimme. Unbekannt. Amerikaner. Und gewiss keine Einbildung, kein Geist. Eine starke Hand griff in seinen Nacken und stützte seinen Kopf, damit er besser trinken konnte. Und er trank, spürte, wie er mit jedem Schluck wacher wurde, lebendiger.

»Ja, so ist es gut, sehr gut. Siehst du, so geht es. Du kommst wieder auf die Beine. Du musst. Wir haben noch eine kleine Kletterpartie vor uns.«

David zwang endlich die Lider auseinander. Ein bärtiges, braun gebranntes Gesicht direkt über ihm. Freundliche Augen. Sein Retter. Ein nie gekanntes Gefühl der Dankbarkeit erfüllte ihn, und im Nu flossen die Tränen, als habe sich das getrunkene Wasser sofort wieder einen Ausgang gesucht. Er ergriff die Arme des Mannes mit beiden Händen, hielt sie, so fest er konnte, damit der es sich bloß nicht anders überlegte und verschwand. Wieder lachte der Mann.

»Ich renn schon nicht weg. Keine Angst. Verstehst du mich überhaupt? Wie ein Einheimischer siehst du eigentlich nicht aus, mit diesen Haaren.«

»Ben«, rief eine zweite fremde Männerstimme von weiter weg, von oben. »Wie sieht es aus? Lebt er?«

»Und ob«, rief der Mann und grinste auf ihn herab. »Säuft wie ein Pferd. Ah … und lächeln kann er auch. Alles gut. Der wird wieder.«

David schluckte und leckte sich über die aufgesprungenen Lippen, schluckte und leckte wieder. Sein Atem ging stoßweise.

»Ruhig, Mann, ruhig.« Eine riesige Hand legte sich ihm auf die Brust. »Was ist? Willst du mir etwas sagen?«

David nickte und krallte sich wieder an dem Mann fest. Der senkte den Kopf und hielt ein Ohr vor seinen Mund.

»Wo … wo …«

»Wo? Willst du wissen, wo du hier bist, auf welcher Insel?«

Wieder nickte David, erleichtert.

»Das hier ist Daphne Major. Sagt dir das was? Nur wenige Kilometer vor der Nordküste vor Santa Cruz. Du ahnst ja nicht, was für ein Glück du hast, Mann. Ich bin nämlich nur noch ein paar Tage hier. Mark und Carolyn allein könnten dich niemals nach oben schaffen.« Er richtete sich auf, schob seine Basecap in den Nacken, stemmte die Arme in die Hüften und schaute nach oben in Richtung Felskante. »Ob mir das gelingen wird, ist auch noch nicht ausgemacht. Der Hang ist an dieser Stelle besonders steil. Du wirst mithelfen müssen.« Er musterte ihn skeptisch.

Eine halbe Stunde später saßen die beiden Männer nebeneinander mit dem Rücken an den Felsen gelehnt, in den Händen eine Wasserflasche. Er müsse versuchen, zu Kräften zu kommen, wenigstens für ein paar Minuten, hatte der Mann gesagt und ihm eine Art trockenen Müsliriegel in die Hand gedrückt. »Wir müssen da rauf«, erklärte er und deutete mit einer Kopfbewegung auf die Felskante über ihnen. Sie war so weit entfernt wie die Dachkante eines dreistöckigen Hauses, erschien David in seiner jetzigen Verfassung aber so hoch wie der Mont Blanc. Er nickte nur und vermied es, nach oben zu schauen.

»Wenn nicht, wirst du die Nacht hier auf den Felsen verbringen müssen. Du hast die Wahl.«

Die Wahl?, dachte David. Ich?

Sein Retter war ein Witzbold. Er hatte sich ihm als Ben vorgestellt, Ben Brewster aus Seattle. Was er hier, auf diesem gottverlassenen Felsklotz mitten im Ozean, zu suchen hatte, hatte er nicht gesagt. Genauso wenig, wer dieser Mark war, der oben stand und sie mit einer weiteren Wasserflasche versorgt hatte. Das Sprechen bereitete David große Mühe, deshalb hatte er den Mund gehalten und noch nicht gefragt. Außerdem hatte er Angst davor, selbst Fragen beantworten zu müssen.

Er war erschreckend schwach. Einmal hatte er versucht, sich

aufzurichten, und wäre fast wieder zusammengeknickt, wenn Ben ihn nicht gehalten hätte. Seine Knie zitterten, die Beine trugen ihn nicht. Seitdem konnte er an nichts anderes denken als an den bevorstehenden Aufstieg, versuchte aber, sich nichts anmerken zu lassen. Seine Schwäche war ihm peinlich. Wie sollte das gehen? Sicher, sein Retter war stark – aber er war schließlich kein Leichtgewicht, wog neunzig Kilogramm und war knapp über eins neunzig groß.

Er biss zum wiederholten Mal ein haselnussgroßes Stück von seinem Riegel ab und versuchte es zu kauen. Aber das Zeug war hart, und Zahnfleisch und Zähne taten ihm weh. Er musste es in seinem Mund mit einem Schluck Wasser langsam aufweichen, um es hinunterzubekommen.

Sie hatten schon minutenlang schweigend dagesessen, als Ben mit einem Seufzer aufstand und sich an dem Seil zu schaffen machte. »Dann wollen wir mal«, sagte er, streifte David mit einem flüchtigen Blick und rief nach Mark. »Bist du da?« Keine Antwort.

»Mahark!«

»Ja, ja, ich bin nicht so schnell«, kam es nun von oben zurück. »Was gibt's? Braucht ihr noch Wasser?«

»Nein. Wir kommen jetzt rauf. Führe das zweite Seil dicht über dem Boden einmal um den Baum rum und wirf das andere Ende runter. Wir benutzen es als Sicherung. Meinst du, du schaffst das?«

»Ich glaube kaum, dass ich euch beide lange halten kann, ob mit Baum oder ohne. Pass also auf, wohin du deine Füße setzt, mein Junge. Und sieh zu, dass es nicht zu lange dauert. Carolyn lassen wir besser aus dem Spiel. Sie würde sich zu sehr aufregen und wäre keine Hilfe.«

Es dauerte ein paar Minuten, bis von oben ein zweites Seil hinuntergelassen wurde. Ben griff danach, zog ein paarmal daran und formte dann mithilfe eines komplizierten Knotens eine große Schlaufe, die er vor sich auf den Felsen legte. David verfolgte jede seiner Bewegungen, die zielstrebig und gekonnt wirkten, so als würde er das alles nicht zum ersten Mal tun. Das beruhigte ihn. Bis Ben ihn ansah und »Komm!« sagte und winkte. »Es geht los. Jetzt gilt's.«

David nickte. Er nahm zur Sicherheit noch einen Schluck aus der Flasche, bevor er sie Ben gab. Sein Herz schlug wie wahnsinnig. Er zog die Füße dicht an sein Gesäß heran und versuchte, sich aufzurichten und gleichzeitig mit einer Hand an der Felswand abzustützen. Seine Oberschenkel schienen zu zerspringen, als er sich nach oben stemmte. Er verzog das Gesicht und warf Ben einen ängstlichen Blick zu. Der rührte sich nicht und machte keine Anstalten, ihm zu helfen.

»Los, Mann. Du schaffst das. Wie willst du nach oben klettern, wenn du nicht mal auf zwei Beinen stehen kannst?«

Eben, dachte David. Berechtigte Frage.

Und dann stand er, eine Hand noch gegen den Felsen gepresst.

Ben nickte befriedigt und beugte sich ihm entgegen. David zögerte, dann ließ er die Hand, mit der er sich abstützte, langsam sinken. Einen Moment lang stand er tatsächlich frei, und erst, als er leicht zu schwanken begann, griff er nach der ausgestreckten Hand. Ben zog ihn vorsichtig zu sich heran, dirigierte ihn in die Seilschlaufe, trat dicht hinter ihn und legte das Seil um ihre beiden Hüften. »Bequem wird das nicht«, sagte er, »aber da müssen wir durch. Etwas anderes fällt mir nicht ein.«

Er legte den Kopf in den Nacken. »Bist du so weit, Mark? Hast du das Seil einmal ganz um den Baum herum gelegt?«

»So, wie du es gesagt hast.«

»Okay, dann halt es möglichst immer straff, hörst du. Wir kommen jetzt.«

»Los«, sagte Ben und packte das Seil mit beiden Händen.

»Fass an und hilf mit. Je schneller wir es hinter uns bringen, umso besser.«

Im nächsten Moment hingen sie schon in der Luft, Ben stemmte beide Beine gegen den Fels, und David hatte das Gefühl, mit seinem ganzen Gewicht auf ihm zu liegen. »Zieh, Mark, zieh, so doll du kannst«, presste Ben zwischen zusammengepressten Zähnen hervor. »Und du mach mit, verdammt noch mal. Streng dich an! Sonst schaffen wir's nicht.« Er löste eine Hand und packte einen halben Meter höher erneut zu. »Immer gleichzeitig. Deine unter meinen Händen. Jetzt! Und jetzt! Los, weiter! Und jetzt!«

Es funktionierte. Ben trug natürlich die Hauptlast, und David hörte, wie er arbeitete und kämpfte und sich abmühte, was ihn anspornte, ebenfalls das Letzte aus sich herauszuholen. Zusammen zogen sie sich nach oben, Zentimeter für Zentimeter, Meter um Meter. Mark half mit, indem er dafür sorgte, dass das Seil um ihre Hüften gespannt blieb. Sie setzten einen Fuß über den anderen, der eine barfuß und blutbeschmiert, der andere in festen Wanderschuhen. David starrte stur die Felswand an und biss die Zähne zusammen. Er hörte, wie sein Retter hinter ihm immer lauter ächzte und stöhnte, und während er selbst seine Hände und Arme schon kaum noch spürte, betete er, dass Ben durchhalten möge.

Irgendwann packte ihn jemand und zog ihn über die Kante. Erschöpft blieben beide Männer auf dem Boden liegen, der sandig und bei Weitem nicht so unangenehm war wie die messerscharfen Felsgrate auf dem Plateau. Ben atmete schwer, pumpte Luft in seine Lungen, während von Nase und Kinn Schweißperlen tropften. Immer wieder rieb er sich die schmerzenden Handflächen, aber als er sich David zuwandte, der regungslos auf der Seite lag, lächelte er und klopfte ihm auf die Schulter. Sie hatten es geschafft.

Wie er nach dem Aufstieg in das Lager der Inselbewohner gekommen war, wusste David nicht. Sie hätten ihn in die Mitte genommen, erzählten sie ihm später, seine Arme um ihre Schultern geschlungen und seien dann langsam um die halbe Insel herum gelaufen. Sie, das waren sein Retter Ben Brewster, ein Bär von einem Mann, und Mark, der sich als ungleich schmächtigerer Mittsechziger entpuppte, ein drahtiger kleiner Mann mit schlohweißen Haaren, sonnenverbranntem Gesicht und Lachfältchen in den Augenwinkeln.

Dieser Mann hat also das zweite Seil gehalten, dachte David, als er ihm gegenüberstand und erstaunt feststellte, dass er ihn um mindestens eine Haupteslänge überragte. Sicherungsseil – dass ich nicht lache. Die Vorstellung, dass ihr Leben oder zumindest ihre Unversehrtheit während des Aufstiegs auch von der Körperkraft dieses Großväterchens abgehangen hatte, trieb ihm noch Tage später den Angstschweiß auf die Stirn.

Irgendwann hatte er das Gefühl gehabt, aus einem unruhigen Schlaf aufzuwachen. Er fand sich in einer fremden Umgebung wieder, einer Art Höhle mit breitem Ein- und Ausgang. Entlang der Felswand standen zahlreiche Kisten aus Kunststoff und Aluminium aufgereiht. Er sah sich verwirrt um, während ihn die beiden Männer behutsam auf eine Matte legten. Sie wollten sich schon leise zurückziehen, als er schnell nach Bens Hand griff.

Der bärtige Mann, dem die Anstrengungen der letzten Stunden kaum anzumerken waren, sah ihn überrascht an. »Was ist? Wir dachten, du schläfst.«

»Danke«, sagte David mit rauer Stimme. »Ihr habt mir wahrscheinlich das Leben gerettet.«

»Wahrscheinlich?«, knurrte Mark. »Ganz bestimmt haben wir das.«

»Gern geschehen«, sagte Ben grinsend.

David stützte sich auf den Ellenbogen. Seine Augen hatten

einen flehenden Ausdruck angenommen. »Bitte«, krächzte er und wandte sich dabei an Ben. Das Sprechen fiel ihm immer noch schwer. »Ihr dürft mich nicht melden.« Er räusperte sich. »Ich meine …«

Ben drückte ihn mit sanfter Gewalt zurück auf die Matte. »Ruh dich erst mal aus. Reden können wir später.« Er stutzte. »Wie heißt du überhaupt?«

»David. David Bartels. Ich werde euch alles erklären, aber bitte … sagt vorerst niemandem, dass ihr mich gefunden habt. Ich bitte euch.«

Ben hatte sich hinuntergebeugt, um die leiser werdende Stimme besser verstehen zu können. Jetzt richtete er sich mit einem erstaunten Gesichtsausdruck wieder auf. »Ich verstehe nicht. Niemand soll wissen, wo du bist? Warum?«

David nickte und schloss erschöpft die Augen. »Bitte!«

Ben warf Mark, der hinter ihm stand, einen fragenden Blick zu.

Der Alte musterte David mit gerunzelter Stirn. »Hast du irgendwas ausgefressen?« Er schien einen Moment nachzudenken und wandte sich dann sichtlich genervt ab. »Das hat uns noch gefehlt. Wir haben hier wirklich Besseres zu tun.«

David nickte schicksalsergeben, er hatte keine andere Reaktion erwartet. »Es tut mir leid. Ich werde euch alles erklären«, sagte er kaum hörbar, ließ sich zurücksinken und verzog wegen des Sonnenbrandes auf seinem Rücken das Gesicht. Er rollte sich zur Felswand hin auf die Seite und schien kurz darauf eingeschlafen zu sein. Ob er Bens letzten Satz noch gehört hatte, war ihm nicht anzusehen.

»Wir reden darüber, wenn es dir wieder besser geht, okay?«

Zwei Stunden später war es dunkel geworden. David lehnte mit einem Kissen im Rücken an der Felswand und sah zu, wie eine kleine weißhaarige Frau im Licht einer Gaslampe seine

Wunden verarztete. Beide Beine waren voller tiefer Schnitte und Kratzer. Ein Knie war stark angeschwollen.

Carolyn und Mark – langsam funktionierte sein Verstand wieder, und David fragte sich, warum er nicht gleich darauf gekommen war. Jeder Wissenschaftler, der sich für Evolutionsbiologie interessierte, kannte die beiden. Und Daphne Major. Spätestens bei diesem Namen hätte es bei ihm klingeln müssen. Die beiden hatten diese winzige, karge Insel weltberühmt gemacht. Was für eine seltsame Fügung des Schicksals: Er hatte sich wie ein Idiot benommen, hatte dem Tod ins Auge gesehen, und wem fiel er vor die Füße, wem verdankte er, dass er noch lebte? Ausgerechnet Mark und Carolyn Little, deren Arbeit und Ausdauer er seit Jahren bewunderte. Er kannte einige ihrer Veröffentlichungen, jeder, der sich mit Galápagos beschäftigte, kannte sie. Seit vierzig Jahren waren die beiden eine Instanz, die berühmtesten und bedeutendsten Feldbiologen ihrer Zeit. Sie taten auf Galápagos das, was Darwin nie vergönnt gewesen war und was er vielleicht sogar für unmöglich gehalten hätte: Sie beobachteten das Evolutionsgeschehen in der Natur. Denn was das mittlerweile emeritierte, aber noch immer aktive Forscherehepaar anfangs selbst überrascht hatte: Darwins natürliche Selektion arbeitete vor ihren Augen effektiver und viel schneller als gedacht.

»Das Knie sieht wirklich schlimm aus«, sagte die Frau, drückte eine weiße Salbenwurst aus einer Tube und begann, sie vorsichtig auf der blasigen und stark geröteten Haut zu verreiben.

David bäumte sich auf und saugte geräuschvoll Luft durch die Zähne. »Autsch. Das brennt wie Feuer.«

»Das sieht auch wie eine Verbrennung aus. Bleib ruhig liegen, bitte.«

Hätte er nicht gewusst, dass Carolyn Marks Frau war, hätte er sie für seine Schwester gehalten: dieselbe hagere Körperstatur, dieselben Lachfalten. Mit ihren weißen Haaren hätten die beiden gut zur Klientel der *Galapagos Sea Explorer* gepasst. Von Luxus war ihr Leben auf Daphne Major allerdings weit entfernt. Sie besaßen noch nicht einmal einen Stuhl.

»Das ist im Wasser passiert, beim Rausklettern«, sagte David, dessen Stimme langsam wieder normal klang. »Ich muss mit dem Knie in irgendeinen großen Cnidarier geraten sein, vielleicht eine Weichkoralle oder eine Seeanemone.«

Sie blickte auf und sah ihn an. »Cnidarier? Kennst du dich damit aus?«

»Ja. Ich bin Biologe, wie ihr. Aus Deutschland. Ich arbeite über Korallen.«

»Korallen, wie interessant. Hast du gehört, Mark? Unser junger Schiffbrüchiger ist Biologe.«

»Hm«, brummte Mark, der im breiten Höhleneingang auf einer Kunststoffkiste saß und Notizen in ein schwarzes Buch übertrug. »Schwimmt er deshalb nachts mutterseelenallein im Ozean herum?«

Sie drehte sich um und warf ihrem Mann einen strengen Blick zu.

»Warum schaust du mich so an, Carolyn? Ich will, dass er ehrlich zu uns ist. Ist das zu viel verlangt? Was wissen wir denn über ihn? Nichts. David – selbst der Name könnte falsch sein. Warum soll niemand seinen Aufenthaltsort kennen, hm? Vielleicht ist er ein gesuchter Krimineller, was weiß ich. Der rennt doch vor irgendetwas davon. Und wir haben hier eine Aufgabe zu erledigen, die unsere ganze Aufmerksamkeit erfordert und für die wir nur wenig Zeit haben. Das muss ich dir doch nicht erklären. Ich werde nicht zulassen, dass unsere Arbeit darunter leidet.«

»Nein, um Gottes willen. Ich erzähle euch alles, was ihr wissen wollt. Jetzt gleich. Wirklich.« David stützte sich auf seine Hände und sah erregt von einem zum anderen. »Ich ...

ich weiß, wer ihr seid, ich kenne eure Arbeit und bewundere sie. Ich will euch doch nicht zur Last fallen.« Er hatte gehofft, noch mehr Zeit zu haben, um sich genau zu überlegen, welche Geschichte er seinen Rettern erzählen wollte. Aber jetzt musste er wohl raus mit der Sprache, und er hatte auch keine Lust zu lügen. Damit würde er alles nur noch schlimmer machen.

»Ich war mit einem Kreuzfahrtschiff unterwegs, als Nature Guide«, begann er. »Auf dem Rückweg von Genovesa.«

»Oh, und das ist dir aufs Gemüt geschlagen, was?« Ben, der Daten in einen Computer eingab, grinste gut gelaunt in die Runde. »Kann ich verstehen. Auf so einem Kasten würde ich es keine fünf Minuten aushalten.«

David lächelte zaghaft. »Ich hatte auch erst Bedenken. Diesen Luxus, diesen ungeheuren Aufwand, der da für einige wenige mit viel Geld betrieben wird, lehne ich ab. Aber ... na ja, ich muss gestehen, das Leben an Bord hat durchaus seine angenehmen Seiten. Und die Leute waren überraschend interessiert. Manche haben der Charles-Darwin-Stiftung viel Geld gespendet. Die kennt ihr ja sicher. In der Station habe ich gearbeitet.«

»Was war dann das Problem?«, fragte Mark.

»Ich bin nicht vor dem Kreuzfahrer geflohen, sondern vor der Polizei.«

Alle drei hielten inne.

»Scheiße«, entfuhr es Ben.

Mark starrte ihn mit großen Augen an, sagte aber nichts.

Carolyn machte ein betroffenes Gesicht. »Vor der Polizei?«, fragte sie.

»Ja«, sagte David. »Sie sind uns mit dem Schiff aus Puerto Ayora entgegengekommen, um mich zu verhaften.« Das nahm er zumindest an. Er hatte ja nicht abgewartet, bis sie ihm ihr Anliegen vorgetragen hatten.

»Und?«, drängte Mark.

»Na ja, ich hab Panik bekommen. Sie haben meinen Namen

über die Decklautsprecher gerufen und gesagt, ich solle mich nicht von der Stelle rühren. Die Besatzung hat mich angesehen, als wäre ich ein Schwerverbrecher.«

»Und das bist du nicht?«, fragte Mark. »Ein Schwerverbrecher?«

»Nein, verdammt, bin ich nicht. Ich ... ich bin einfach durchgedreht, habe mich bedrängt gefühlt und bin dann über die Reling ins Wasser. Es war ... ich habe nicht weiter drüber nachgedacht.«

»Wäre aber vielleicht nicht schlecht gewesen, vorher ein wenig nachzudenken. Das hätte dich nämlich dein Leben kosten können. Ich würde sogar sagen, die Wahrscheinlichkeit, dabei zu sterben, war ziemlich hoch.«

»Nun unterbrich ihn doch nicht dauernd, Mark«, sagte Carolyn. »Lass ihn erst mal erzählen. Warum wollten sie dich denn verhaften?« Sie begann, die Schnittwunden an Davids Beinen zu säubern, und machte es David damit fast unmöglich, ihre Frage zu beantworten. Sein Bein zuckte unwillkürlich zurück, und er stöhnte vor Schmerzen.

»Ich, aua ...« Er verzog das Gesicht. »Ich habe in der Academy Bay ein Segelschiff angezündet.« Jetzt war es raus. Einen Moment herrschte Schweigen. Dann erzählte er ihnen die ganze Geschichte und erwähnte auch die Auseinandersetzungen um das Flugblatt.

»Ist das alles?«, fragte Mark und musterte ihn aufmerksam aus seinen kleinen blauen Augen. Er wirkte jetzt ruhiger. Seine Gesichtszüge hatten sich etwas entspannt, David sah ihm aber an, dass er noch immer misstrauisch war. Er rieb sich mit der Hand das Kinn. »Wieso zündet ein junger Wissenschaftler, der das Privileg genießt, nach Galápagos kommen und hier forschen zu dürfen, ein Schiff an? Das musst du mir erklären. Meine Frau und ich sind schon oft in Puerto Ayora gewesen. Wir haben die ganze Entwicklung des Ortes miterlebt, vom

Kaff zum Touristenort. Der Trubel, der heute dort herrscht, bringt mich regelmäßig zur Weißglut. Frag Carolyn, wenn du mir nicht glaubst.«

»Ja, das stimmt«, bestätigte Carolyn lachend. »Und ich kann dir versichern, Weißglut ist noch untertrieben.«

»Ich werde richtig wütend, von Mal zu Mal mehr. Ich kann mich da eigentlich nicht mehr länger aufhalten. Aber noch nie habe ich irgendetwas angezündet oder zerstört. Das wäre mir nie in den Sinn gekommen, ich habe ja hier die Arbeit, die auf mich wartet, auf mich und meine Frau, eine wichtige Aufgabe. Da kann mir Puerto Ayora doch gestohlen bleiben. Also warum? Aus Spaß? Was hast du dir dabei gedacht? Wenn es denn stimmt, wäre es ein ausgesprochen kindisches Verhalten.«

»Kindisch?« David starrte ihn an. »Ja, vielleicht. Aber was hieße denn das in diesem Zusammenhang: erwachsen zu werden? Dass man diese Dinge nicht mehr zur Kenntnis nimmt, dass man sie ignoriert oder ihnen aus dem Weg geht? Ich will, dass die Dinge sich ändern. Sie müssen sich ändern, wenn die Welt eine friedliche Zukunft haben soll.« Er zuckte die Achseln und schüttelte den Kopf. »Aber ein brennendes Schiff hilft da auch nicht weiter, ich weiß. Manchmal verstehe ich mich selbst nicht mehr.«

In der Rückschau fiel es ihm tatsächlich immer schwerer, sein Handeln nachzuvollziehen. Es war so vieles zusammengekommen, und er versuchte es jetzt für Ben und die Littles in Worte zu fassen. Er war wütend gewesen, drohte vor Wut schier zu platzen, Wut auf all die ach so erwachsenen Reinhardts in der Wissenschaft, die nur an ihre Karriere dachten, ihr Fähnchen in den Forschungswind hängten und immer weitermachten, als sei nichts geschehen; Wut auf die Öffentlichkeit, die einfach nicht zur Kenntnis nehmen wollte, dass die Welt auf den Abgrund zuraste; auf die Politik, die angesichts der Jahrtausendaufgabe, sich dieser Entwicklung in den Weg zu stellen, komplett versagte. Das Artensterben, die Zerstörung der Lebensräume, haarklein dokumentiert in immer neuen Studien, Woche für Woche, Tag um Tag. Die Schönheit der Natur, ihr überwältigender Reichtum schwanden dahin. Wie dickhäutig musste man sein, um all das klaglos hinzunehmen?

Es war ja nicht so, dass es der Menschheit dadurch besser ging. Wäre das Verschwinden einiger Tier- und Pflanzenarten der Preis dafür, dass alle Menschen ein gutes Leben führen könnten, wahrscheinlich wäre sogar er bereit gewesen, sich damit abzufinden. Aber das Gegenteil war der Fall, die Schere zwischen Arm und Reich klaffte immer weiter auseinander, es waren nur wenige, die von der globalen Entwicklung profitierten und unvorstellbare Reichtümer anhäuften. Ein immer größerer Teil der Menschheit vegetierte dahin, oft ohne Hoffnung, ohne Perspektive. Oder war auf der Flucht, vor Kriegen, Fundamentalisten und bitterer Not, und war nirgendwo willkommen. Die Welt war außer Rand und Band. Und ausgerechnet dieser zerstrittene Haufen sollte sich nun den Herausforderungen der Zukunft stellen, sollte mit dem globalen Wandel und dem sechsten großen Massenartensterben fertigwerden? Für dieses menschengemachte Desaster mit dem Verlust der biologischen Vielfalt auch noch den schlimmstmöglichen Preis zu zahlen, ging einfach zu weit.

Er hatte auf ihrer Tour mit der *Queen Mabel* den Zustand der hiesigen Riffe protokolliert. Weit über die Hälfte von ihnen war abgestorben, bleich wie der Tod. »Habt ihr schon mal Korallenbleiche gesehen?«, fragte er seine Zuhörer. »Ein absolut deprimierender Anblick.« Nur einige wenige Riffe schienen sich von früheren Einbrüchen zu erholen. Ob er auf diesem kümmerlichen Restbestand noch eine Doktorarbeit aufbauen konnte, stand in den Sternen. Das war seine ganz persönliche Katastrophe, die ihn in den letzten Wochen noch zusätzlich bedrückt hatte. Außer Lieke wusste niemand davon. Deshalb wäre auch die Fahrt mit der *Galapagos Sea Explorer* so wichtig für ihn gewesen. Er hätte einige weit abgelegene Riffe besuchen und weitere dringend benötigte Daten sammeln können.

»Ich weiß nicht, ob ihr das verstehen könnt, aber ich war wie besessen von diesen Gedanken«, erzählte David. »Sie haben mich Tag und Nacht nicht mehr losgelassen. Dann kam es zu einer Art Kurzschluss ... ich weiß nicht, wie ich es erklären soll ... Ich war so voller Zorn und Wut wie noch nie in meinem Leben, hätte alles zu Klump schlagen können. In den Nächten zuvor hatte in der Bucht schon einmal ein Schiff gebrannt, wahrscheinlich ein Unfall, ich weiß es nicht, aber ich dachte, ja, das ist es, eine Feuersäule, mitten in der Bucht. Sie müsste zehn, zwanzig Meter hoch sein, für alle sichtbar, als Zeichen, was uns droht, als ... als Weckruf, als Menetekel ... Ich glaube, ich hatte gehofft, es würde darüber berichtet werden und die Blicke der Welt würden sich auf Galápagos richten. Natürlich hätte man erklären müssen, um was es überhaupt geht, welche Gedanken dahinter ... ach, Scheiße ...« David senkte den Kopf. »Ich habe dann hinterher sogar noch versucht, die Fischer zu irgendeiner gemeinsamen Aktion zu bewegen, und mit ihrem Anführer gesprochen. Das wäre ein wirkliches Zeichen gewesen. Die alten Feinde Seite an Seite. Aber er hat mich abblitzen lassen, hat mich angesehen, als ob ich nicht mehr ganz richtig im Kopf sei. Natürlich hat das alles nichts gebracht. Ich habe unschuldige Menschen verletzt und mir großen Ärger eingehandelt, das ist alles. Jetzt wollen sie mir auch die anderen Brände in die Schuhe schieben, ist doch klar. Es hat dann nämlich noch ein Schiff gebrannt. Es gab sogar einen Toten, aber damit hatte ich nichts zu tun, ehrlich. Die Idee scheint irgendwie ansteckend gewesen zu sein.« Er lachte bitter. »Kurz darauf starb Lonesome George, und die Dinge sind mir irgendwie entglitten. Statt einen eigenen Text zu schreiben, haben wir alle zusammen ein Flugblatt verfasst. Aber von unserem

Anliegen wollte kaum jemand etwas wissen, stattdessen kam es zu einer Schlägerei mit den Bootsführern. Sie meinten, wir würden ihnen die Touristen vergraulen.«

Ben hatte seinen Laptop zugeklappt, Carolyn hatte aufgehört, Davids Bein einzubalsamieren, und Mark hatte sein schwarzes Buch zur Seite gelegt. Sie hatten ihm konzentriert zugehört, und als sie von Lonesome Georges Tod erfuhren, fielen sie aus allen Wolken. Sie wussten nichts davon. Sie hatten seit Tagen keinen Kontakt mehr mit der Außenwelt.

Mark war aufgestanden, hatte flüsternd ein paar Worte mit seiner Frau gewechselt und stand nun, den Arm um ihre Hüfte gelegt, neben Davids Lager. »Normalerweise müssten wir deine Anwesenheit hier melden, David. Du musst das verstehen. Wir dürfen dieses Projekt nicht gefährden, und wenn wir hier einem von der Polizei gesuchten Mann Unterschlupf gewähren würden, verstünden unsere Gastgeber bestimmt keinen Spaß. Aber …«, er sah mit ernstem Gesicht auf ihn herab, »ich sagte normalerweise. Denn im Augenblick ist die Situation nicht normal. Unser Funkgerät ist kaputt. Wir sind von der Umwelt abgeschnitten. Das passiert nicht zum ersten Mal. Das Gerät ist alt, und eigentlich hätten wir längst ein neues anschaffen müssen. Aber, na ja, du kennst das sicher, das Geld ist knapp, auch bei uns, und wir dachten, wir könnten uns die Ausgabe sparen und dieses Jahr würde es schon noch gehen.« Zum ersten Mal hörte David den berühmten Forscher lachen. Es war ein ansteckendes, fröhliches Lachen, das sofort auch ein Lächeln auf Davids Lippen zauberte. »Na ja, was soll man dazu sagen? Falsch gedacht, nicht wahr? Du musst dir keine Sorgen machen, wir haben alles hier, was wir brauchen. Wir müssen nur warten, bis das Versorgungsschiff mit den Ersatzteilen kommt. Es gibt die Möglichkeit, einen Notruf abzusetzen, falls jemand sich verletzen sollte oder ernsthaft erkrankt, aber davon werden wir keinen Gebrauch machen, okay? Ein paar

Tage wirst du mindestens bei uns bleiben müssen. Also sieh zu, dass du wieder auf die Beine kommst, um dich hier nützlich zu machen. Es gibt sehr viel zu tun. Wir haben ein ehernes Gesetz: Wer unser kostbares Wasser trinken möchte, muss arbeiten. Habe ich recht, Carolyn? Wir könnten ein Paar helfende Hände gut gebrauchen.«

Sie zwinkerte David zu. »Ja, du hast recht, mein Schatz. Wie fast immer.«

»Danke«, sagte David.

»Wofür?«

»Dass ihr mir glaubt.«

Mark zögerte, bevor er antwortete. »Vieles von dem, was du gesagt hast, ist richtig«, sagte er schließlich. »Aber ob ich dir glaube, weiß ich nicht. Vielleicht. Ich muss darüber nachdenken.«

Später, vor dem Einschlafen in der nun dunklen Höhle, in der hin und wieder ein Rascheln und sonst nur der ruhige Atem der anderen Schläfer zu hören war, wurde David mit fast schmerzhafter Wucht klar, wie fahrlässig er sein Schicksal herausgefordert hatte und dass es an ein Wunder grenzte, dass er noch lebte und hier an diesem außergewöhnlichen Ort dem Atem von Menschen lauschen konnte. Wäre Ben nicht gewesen, läge er jetzt noch unten auf dem Vulkantuff und dämmerte seinem letzten Atemzug entgegen – oder hätte ihn bereits getan.

Er dachte plötzlich an seine Kollegen. An Lieke, die er erst ein paar Monate vor dieser Expedition kennengelernt hatte, und an Isabelle, die wahrscheinlich noch immer auf der *Sea Explorer* war, an Carol und Salvatore. Er dachte an Miguel, mit dem er die Schlägerei an der Pier durchgestanden hatte, an seine Eltern zu Hause in Deutschland, seine Schwester, die gerade angefangen hatte, zu studieren. Sie alle würden für Tage nichts von ihm hören, Hatte man sie informiert? Wussten sie schon, was geschehen war? Wenn ja, mussten sie doch alle denken, dass er ertrunken war. Wie ging es Lieke jetzt und Isabelle, die gesehen hatte, wie er ins Wasser sprang? Er hatte sich sogar eingebildet, ihren Schrei zu hören, als er auf die Reling kletterte. Was tat er all diesen Menschen an?

»Nimm's ihm nicht übel, David«, sagte Ben am nächsten Tag, als sie nach dem Frühstück allein in der Höhle zurückblieben. »Du musst das verstehen. Das alles hier, die Forschung an den Finken auf Daphne Major, ist Marks und Carolyns Lebenswerk. Sie und ihre Mitarbeiter kommen seit Jahrzehnten immer wieder hierher zurück, eine unglaubliche Leistung. Ich bin jedes Mal von Neuem vollkommen baff, wenn ich mir vor Augen führe, was die beiden hier auf die Beine gestellt haben, wissenschaftlich, logistisch, menschlich, in jeder Beziehung eigentlich. Diese Disziplin, diese Geduld, diese Hingabe ein ganzes Forscherleben lang. Und die Ergebnisse belohnen sie dafür. Er gibt nichts Vergleichbares, nirgendwo auf der Welt. Darauf passt er natürlich auf. Um nichts anderes geht es.«

»Ich weiß. Ich kenne die Arbeiten der beiden. Ich habe größten Respekt davor.«

»Ich glaube, das Schlimmste hast du überstanden. Mark wirkte heute Morgen schon wieder ganz normal, so wie ich ihn kenne. Und Carolyn mag dich. Du wirst sehen, die beiden sind wunderbare Menschen und großartige Wissenschaftler.«

Ben war einer ihrer Doktoranden. Er arbeitete eigentlich auf einer anderen Insel und war nur für zwei Wochen auf Daphne Major, um die Littles bei ihrer anstrengenden Arbeit zu unterstützen. Die diesjährige Expedition hatte gerade erst begonnen, und in dieser Anfangsphase, bei der Einrichtung des Lagers und der Netze, brauchten die beiden Hilfe.

»Wie geht es deinem Bein?«, fragte Ben. »Das Knie sieht immer noch zum Fürchten aus. Wenn es sich entzündet, haben wir ein Problem.«

Daran mochte David nicht denken. Er hing wieder an seinem Leben, vielleicht sogar mehr als vor dem Sprung. Er saß auf einer der Kunststoffkisten, die den Insulanern auch als Sitzgelegenheiten dienten, und versuchte, erst das eine und dann das andere Bein zu strecken. »Besser als gestern ist es auf jeden Fall. Aber ich sollte heute schon noch vorsichtig sein.«

»Vorsichtig, ja, aber nicht untätig. Ein bisschen Bewegung hat noch niemandem geschadet.« Ben warf David ein Paar Sandalen zu. »Probier die mal an! Barfuß kommst du hier nicht weit. Eigentlich bräuchtest du feste Schuhe, am besten Stiefel, die haben wir aber nun mal nicht im Angebot. Hast du die Burzeldornsamen gesehen, die hier überall herumliegen, diese kleinen stachligen Dinger, die wie Krähenfüße aussehen? Halt dich bloß fern von denen. Einige amerikanische Siedler nannten sie Eisensterne und pflanzten das Zeug rund um ihre Hütten, um Indianer abzuwehren. Wenn die sich in deine Fußsohlen bohren, ist Schluss mit lustig, das kann ich dir versichern. Also pass auf, wohin du trittst. Das ist auf Daphne Major ohnehin das A und O. Was hart und fest aussieht, kann sich schnell als bröckelig und nicht tragfähig erweisen.« Er wühlte kurz in einem Rucksack und zog eine zerknitterte Basecap heraus. »Und setz das hier auf.«

David hatte die Sandalen angezogen und stand nun vor seiner Kiste. »Sie passen perfekt. Wir haben die gleiche Größe. Aber ich bin echt noch ganz schön wacklig auf den Beinen.« Er grinste breit, zuckte aber sofort zusammen und fasste sich an den Mund, da ihm die aufgesprungenen Lippen wieder aufrissen.

»Das gibt sich«, sagte Ben und hielt ihm eine Trinkflasche hin. »Komm, ich zeig dir ein bisschen die Insel. Wir machen einen kleinen Rundgang, bevor es zu heiß wird.«

Sie traten aus der Höhle, die eigentlich kaum mehr als ein

größerer Felsüberhang war. Unter ihnen lag der weitgehend kahle Kraterboden.

»Früher nisteten da unten Blaufußtölpel«, erzählte Ben. »Aber seit einigen Jahren sind sie verschwunden. Kein Mensch weiß, warum. Jetzt gibt es hier oben eigentlich nur noch die Finken. Draußen am äußeren Hang nisten Maskentölpel. Wunderschöne Vögel, die schönsten, wenn du mich fragst. Ich zeig sie dir.«

Die Insel sei ein einziger Tuffkegel, erläuterte Ben, das Ergebnis einer Explosion, als aufsteigendes Magma mit Meerwasser in Berührung kam.

»Vor ein paar Millionen Jahren muss es hier ordentlich gerumst haben.« Ben machte eine Geste, die den ganzen Kraterrand umfasste. »Und das Ergebnis ist diese Salatschüssel oder Babybadewanne, je nachdem, was dir lieber ist. Hast du Kinder?«

»Ich? Nein.«

»Ich habe zwei Jungs, die ihrer Mutter zu Hause gerade den letzten Nerv rauben. Willst du keine?«

»Doch, vielleicht. Ich weiß nicht.«

»Versteh schon. Nicht die richtige Frau, nicht der richtige Zeitpunkt. Wissenschaft und Familie, das geht auch schwer zusammen. Es sei denn, man hat Glück und findet jemanden wie Carolyn.«

Oder wie Lieke, dachte David, was ihm sofort einen schmerzhaften Stich versetzte. Mit ihr wäre vieles möglich, hatte er immer geglaubt. Und jetzt? Dass sie das Funkgerät nicht benutzen konnten, entlastete ihn etwas. Wie hätte er ihr sonst jemals wieder in die Augen schauen können? Wie sollte er erklären, warum er sie so lange über sein Schicksal im Unklaren gelassen hatte? Würde sie ihn überhaupt noch in ihre Nähe lassen?

Er folgte Ben einen Trampelpfad entlang, der nach oben

auf den Kraterrand führte. Obwohl es noch früh am Morgen war, spürte man schon die Kraft der Sonne. Um die Mittagszeit musste es hier mörderisch sein. Ben behauptete, auf den heißen Steinen könne man dann Spiegeleier braten. Die karge Vegetation an den Hängen musste extreme Bedingungen aushalten. Wasser gab es hier nur selten und unregelmäßig. Nie konnte man wissen, ob die bevorstehende Regenzeit auf Daphne Major auch ihren Namen verdienen würde. Während der Untersuchungen der Littles habe es hier einmal fast fünf Jahre lang nicht geregnet, erzählte Ben. Die Finken waren gestorben wie die Fliegen. Und hatten als Art trotzdem überlebt. Dann wiederum, während des El Niño 1982/83, hatte es geschüttet wie aus Eimern. Innerhalb kurzer Zeit war die ganze Insel ergrünt, und die Finken lebten vorübergehend in einem Schlaraffenland.

»Ich zeige dir mal die Stelle, an der wir an Land gehen.«

»Warte! Nicht so schnell«, rief David, der vorsichtig einen Fuß vor den anderen setzte. Einen Sturz wollte er unter allen Umständen vermeiden.

Tatsächlich gab es auf Daphne Major mit seiner bis zu hundert Meter hohen Steilküste nur eine einzige Landungsstelle, wo Ausrüstungsgegenstände ausgeladen werden und Menschen einigermaßen bequem und ohne halsbrecherische Kletterpartien an Land gehen konnten. Von Davids Plateau aus gesehen lag sie genau auf der anderen Seite der Insel, und er glaubte nicht, dass er es noch bis dahin geschafft hätte, zumal sie von der Wasserseite kaum zu erkennen war und nur bei Niedrigwasser benutzt werden konnte. Er hatte also genau die richtige Entscheidung getroffen, als er das Plateau als Ausstieg wählte, wenngleich er es ohne Bens Hilfe wohl nie wieder verlassen hätte. David bezweifelte, dass die Littles, so beschäftigt, wie sie waren, überhaupt bemerkt hätten, dass in ihrer unmittelbaren Nachbarschaft ein Mensch verreckte.

Als sie oben standen und auf die sogenannte Landungsbrücke herabschauten, stockte David der Atem. Unter der nahezu unbewegten Wasseroberfläche waren klar einige Felsen zu erkennen, und im tiefblauen Wasser davor, nur wenige Meter entfernt, patrouillierten mindestens ein Dutzend mannsgroße Haie. Während David sie fassungslos anstarrte, schien Ben sie gar nicht wahrzunehmen. Er deutete auf die Nester der Maskentölpel. Die schneeweißen Vögel hatten sie entlang des Pfads in den Hang gebaut.

»Da hochzugehen, ist ein einziger Spießrutenlauf«, sagte Ben und lachte. »Die Tölpel veranstalten einen unglaublichen Lärm und hacken nach dir, rühren sich aber keinen verdammten Zentimeter von der Stelle. Ankunftstage sind immer die Hölle, sag ich dir, nicht nur wegen der Vögel. Die schweren Kisten und Wasserfässer erst vom Boot an Land und dann hier hoch und am Kraterrand entlang bis ins Lager zu schleppen, ist bei diesen Temperaturen Schwerstarbeit. Bei Seegang ist es sogar richtig gefährlich. Meistens sind wir einen ganzen Tag damit beschäftigt, fluchen und streiten uns, weil jeder an seine Grenzen gehen muss. Einen Teil der Ausrüstung lagern wir in kleinen Höhlen. Da unten in Wassernähe, kannst du sie erkennen?« Er sah David an und runzelte die Stirn. »Ist was mit dir? Geht's dir nicht gut?«

»Ich glaube …« David schwankte leicht und griff nach Bens Unterarm. »Ich … ich sollte mal aus der Sonne. Mich hinlegen.«

»Halt dich fest. Ich bring dich zurück. Du solltest was trinken.« Er hakte David unter, und sie machten sich auf den Rückweg. »Zur ersten Orientierung reicht es ja auch. Verirren kann man sich hier ohnehin nicht. Jetzt fehlen nur noch unsere Hauptdarsteller, die Finken. Die zeige ich dir heute Nachmittag.«

Gemessen an der Regenmenge, die hier vom Himmel fiel, war die Insel, die sich die Littles für ihre Studien ausgesucht hatten, ein nur 750 Meter langer, isolierter Wüstenflecken mitten im Meer. Das nächstgelegene Stück Land war Daphne Minor, noch kleiner und noch unzugänglicher. Wie das riesige, unregelmäßig geformte Ei eines Meeresungeheuers schien sie auf den Wellen zu schwimmen, zu klein, um eine eigene stabile Finkenpopulation zu erhalten.

David erfuhr, dass auf Daphne Major durchschnittlich etwa 150 Finkenpaare lebten. Es hatte auch Zeiten gegeben, in denen es deutlich mehr waren, Tausende. Entscheidend waren der Regen und in seiner Folge die Entwicklung der Vegetation. Doch egal, wie viele der schwarz-braun-grauen Vögel gerade auf ihrer Insel existierten, Mark und Carolyn Little behielten allein oder mithilfe ihrer Mitarbeiter den Überblick und kannten sie fast alle. Von wenigen Tieren, die sich einem Fang erfolgreich entziehen konnten, abgesehen, trugen alle Finken der Insel farbige Kunststoffringe an den Füßen, kein extravagantes Modeaccessoire, sondern eine Farbcodierung, die der Identifizierung einzelner Individuen diente. Viele Vögel erkannte Mark allerdings sofort, ohne ihre Markierungen zu beachten. Um seinen Hals baumelte von morgens bis abends ein kleines Fernglas, mit dessen Hilfe er jeden Vogel in seiner Nähe ins Visier nahm. Hatten die Littles einen Finken markiert, wollten sie wissen, was aus ihrem Schützling wurde, wann, mit wem und mit welchem Erfolg er sich verpaarte.

Aber nicht nur das. Das Forscherehepaar wusste in der Regel auch, wer die Eltern und Großeltern bestimmter Vögel waren, wie viele Küken sie gehabt hatten und wer davon heute noch lebte und eigenen Nachwuchs produzierte. Sie kannten auch die Onkel und Tanten und deren Nachkommen. Sie hatten den gesamten Stammbaum mit den unsichtbaren verwandtschaftlichen Fäden ans Licht geholt, die alle Vögel dieser Insel miteinander verbanden, wussten, wie groß und schwer die Tiere waren, was und wie viel sie fraßen, kannten ihre Schnabellänge und -breite und die Kraft, mit der sie harte Samen sprengen konnten. Sogar ihren Gesang hatten sie aufgenommen. Vokalkünstler waren die Finken nicht, aber für Paarung und Reviersicherung war das Gezwitscher von entscheidender Bedeutung. Von den dreizehn Darwinfinkenarten, die es im Archipel gab, lebten auf Daphne Major immerhin drei auf engem Raum zusammen, wobei eine nur sporadisch auftrat. Eine vierte, der Große Grundfink, war unter den Augen der Littles in den 1980er-Jahren zugewandert und hielt sich hartnäckig. Die Tiere sahen sich so ähnlich, dass David, der kein Vogelkenner war, sie nicht auseinanderhalten konnte.

Natürlich waren die Littles den Finken freundlich gesinnt, daran bestand kein Zweifel. Trotzdem kam es David gegen Ende dieses ersten Tages auf Daphne Major so vor, als seien die Tiere in den Fokus eines neugierigen Biogeheimdienstes geraten, der jedes noch so kleine Detail ihres äquatorialen Insellebens ans Licht zu bringen beabsichtigte, eine Behörde, die aus Sicht der Tiere rätselhafte Ziele verfolgte.

Wenn die Tage ausklangen, folgten ihre derzeitigen Bewohner einem immer gleichen Ritual. Sie setzten sich nebeneinander auf ein paar Felsen am äußeren Kraterrand und genossen die kurze Zeitspanne vor Einbruch der Dunkelheit, in der die Hitze des Tages in eine angenehme Wärme und die harte, gleißende Helligkeit in das weiche Licht vor Sonnenuntergang überging. An Davids zweitem Abend auf der Insel hatte Ben eine große Delfinschule entdeckt, die mindestens zweihundert Tiere umfasste und tief unter ihnen in westlicher Richtung an Daphne Major vorbeizog. Sie fühlten sich, als stünden sie auf einem prachtvollen Balkon und nähmen eine Parade ab.

Auch David verfolgte die Sprünge und Schwimmmanöver

der Delfine, spürte am Ende dieses Tages aber auch, wie müde und erschöpft er war. Die meisten seiner Wunden waren verschorft, nur das Knie glänzte stellenweise feucht. Es schmerzte bei jeder Bewegung. Aber all das zählte im Moment nicht, denn er war von der Schönheit dieses Augenblicks wie verzaubert.

Seit Wochen lebte er nun schon auf den Galápagosinseln, doch wirklich angekommen war er hier noch nicht. Zu Hause in Deutschland hatte allein das Wort – Galápagos – gereicht, um ihn ins Schwärmen und Träumen zu bringen. Dass er ausgerechnet an diesem außergewöhnlichen Ort seiner Arbeit würde nachgehen können, war ihm wie die Erfüllung eines Traums erschienen. Seine Freunde und Kollegen hatten ihn beneidet. Aber sein Hiersein hatte diese hohen Erwartungen nicht erfüllt, im Gegenteil. Nach einer kurzen euphorischen Anfangsphase war er immer unruhiger und unzufriedener geworden, und das, obwohl Lieke an seiner Seite war. Er hätte allen Grund gehabt, auf Wolke sieben zu schweben. Doch das Gegenteil war der Fall gewesen. Er hatte sich unglücklich und gestresst gefühlt, schlief schlecht und war oft reizbar und streitsüchtig.

Lag es an dem Ort, an Puerto Ayora? Oder an der Gesellschaft, in der sie gelebt hatten? Von Reinhardt abgesehen, standen sie alle erst am Anfang ihrer wissenschaftlichen Karrieren, eine Zeit großer Ungewissheit. Von morgens bis abends war er von Menschen umgeben, die mit den gleichen Problemen, Unsicherheiten und Ängsten zu kämpfen hatten wie er selbst. War das der Grund für seine Verfassung gewesen? Keiner von ihnen konnte sicher sein, dass es für ihn einmal einen Platz im großen Haus der Wissenschaft geben würde. Die nächsten Jahre würden darüber entscheiden, und die Arbeiten, die sie hier durchführten.

Manche kamen problemlos damit zurecht. Salvatore zum

Beispiel, der sich abends einfach ins Küchenhäuschen zurückzog und, umgeben von Wohlgerüchen, eine wunderbare Pasta auf seinen Teller zauberte. Das bringe ihn auf andere Gedanken, sagte der Italiener.

Und was hatte er getan? Gearbeitet, weitere alarmierende Studien gelesen, über mögliche Aktionen diskutiert, gegrübelt, was er nun mit den sterbenden Riffen anfangen sollte, die er besucht hatte. Wirklich abgeschaltet hatte er nie. Lieke war das auch aufgefallen, aber er hatte nicht auf sie gehört. Er hatte auf niemanden gehört.

Aus den Augenwinkeln betrachtete er die wettergegerbten Gesichter von Carolyn und Mark. Sie lächelten. Von den beiden ging eine Aura der Zufriedenheit aus, die er begierig in sich aufnahm. Er beneidete sie, um das klare Ziel ihrer Arbeit, um ihre Ausgeglichenheit und innere Ruhe. Sie hatten sich schon früh in den Dienst einer großen Aufgabe gestellt und diesen abgelegenen Ort zum zweiten Zuhause ihrer Familie gemacht, einen kargen Vulkanfelsen, der den meisten Menschen nichts, aber auch gar nichts zu bieten hatte, das Gegenteil eines Tropenparadieses. Durch Fleiß und Verstand entlockten sie ihm ewige Wahrheiten über den Lauf des Lebens.

Im Licht der Abendsonne verwandelte sich dieser Wüstenflecken nun für Minuten in eine strahlend schöne Prinzessin. Die Silhouetten der anderen Inseln, die sich vor einem glühenden Abendhimmel abhoben, das tiefe Blau des Ozeans, die Schreie der Seevögel, die Delfine, die springenden Mantarochen, manchmal sogar der Blas eines Wals – all dies war der Lohn.

Niemand sprach ein Wort. David war mit sich und seinen Gedanken allein. War es nicht grotesk, dass er ausgerechnet jetzt zur Ruhe kam, da alles, was er sich für sein Leben erträumt hatte, durch eigenes Verschulden an einem seidenen Faden hing, dass er hier endlich das Gefühl hatte, angekommen zu sein? Er hätte ewig so sitzen können. Ihm fehlte es an nichts.

Bis er das Geräusch hörte, das sich von Nordwesten über das Wasser näherte. Innerhalb von Sekunden war der Zauber verflogen. Mark hatte schon sein obligatorisches Fernglas vor den Augen.

»Hubschrauber«, sagte er. »Gleich zwei, dicht hintereinander. Scheinen aus Santiago zu kommen.«

»Militär«, sagte Ben, der ebenfalls durch ein Fernglas blickte. »Die sind bestimmt auf Baltra stationiert. Ich habe sie heute schon mal gesehen.«

David sprang auf. Sie suchten ihn. Was sollte er tun? Die Höhle war zu weit weg, und es gab so gut wie keine Versteckmöglichkeiten. Er sah sich gehetzt um.

»Bleib sitzen«, sagte Mark scharf.

»Aber die suchen mich vielleicht.«

»Du sollst dich hinsetzen.«

Als er weiterhin stehen blieb, packte Ben zu und zog ihn neben sich auf den Felsen hinunter. »Mach keinen Blödsinn, Mann«, zischte er. »Überleg doch mal. Wenn sie jemanden wegrennen sehen, werden sie doch erst recht misstrauisch.« Sie rückten enger zusammen.

»Vielleicht setzt du besser die Mütze auf, damit man deine blonden Haare nicht sieht«, sagte Carolyn und legte ihm beruhigend die Hand auf den Arm. »Entspann dich. Das Militär kennt uns. Und ich glaube kaum, dass die wissen, ob wir hier gerade zu dritt oder zu viert sein sollten. Wir haben immer wieder Besucher und Mitarbeiter hier. Das interessiert die nicht. Sie halten uns ohnehin für Spinner.«

Sie musste die Stimme erheben, so nah waren die dicht hintereinanderfliegenden Maschinen schon gekommen. Die Hubschrauber hielten genau auf ihren Standort zu und hatten sie im nächsten Moment schon überflogen. Mark und Carolyn hatten gewinkt, und David hätte schwören können, dass aus dem Cockpit zurückgewinkt wurde.

Erst als das Motorengeräusch in der Ferne verklungen war, wagte David, tief Luft zu holen, so als hätte ihn das Atemgeräusch vorher verraten können. »Was ist, wenn sie mich doch erkannt haben?«

»Dann werden sie dich holen. Ist doch klar. Spätestens morgen werden wir's wissen.« Ben grinste herausfordernd, merkte aber schnell, dass David in diesem Punkt keinen Spaß verstand. »Nein, im Ernst. An deiner Stelle würde ich mir keine Sorgen machen. Die haben jetzt Feierabend und denken nur noch an das kalte Bierchen, das sie sich gleich genehmigen werden.«

»Sag mal, wo wollte dein Kreuzfahrtschiff eigentlich hin, als du … als du dich verabschiedet hast?«, fragte Mark und sah ihn dabei mit einem undefinierbaren Gesichtsausdruck an.

»Nach Santiago, zur Chinesenhutinsel.«

Er nickte, und sein Blick schweifte wieder in die Ferne. »Da könnten sie tatsächlich hergekommen sein. Die Richtung stimmte. Sie scheinen dich noch immer zu suchen. Ich habe die vorher noch nie gesehen.«

»Klar«, sagte Ben und hob dabei seine kräftigen Schultern. »Ein junger Wissenschaftler wird vermisst, noch dazu aus Deutschland. Da treiben die Behörden schon einigen Aufwand, bevor sie ihn verloren geben.«

»Wir sollten vorsichtig sein«, brummte der Alte und schaute den Hubschraubern durch sein Fernglas hinterher.

David sah Mark verwundert an. Hatte er sich verhört? Der berühmte Forscher hatte von »wir« gesprochen. Als ob er dazugehörte.

20

Parque Nacional Yasuní, Ecuador

»Vorsicht!«, rief Hermann. Er war aufgesprungen, als Anne auf der breiten Holztreppe beinahe zu stolpern drohte, und lief ihr jetzt entgegen. Sie küssten sich zur Begrüßung, und Hermann führte sie über die weitläufige Terrasse des Haupthauses zu der Sitzgruppe, auf der er die letzte Stunde verbracht hatte. Anne wirkte noch immer ein wenig durcheinander.

»Warum so eilig, Anne? Ist es schon so spät?« Er beugte sich vor und schaute auf den Tabletcomputer. »Nein, noch nicht mal drei. Unsere Bootstour beginnt erst in einer Stunde.«

»Ich weiß.« Anne schaute über das Geländer aufs Wasser hinaus. In der weiten, dunklen Fläche spiegelten sich Wolken und der undurchdringlich scheinende Regenwald, der nahezu übergangslos am Ufer begann. Rechts und links vom Haupthaus waren die reetgedeckten Spitzdächer der Bungalows zu erkennen. Wie zu Hause, dachte sie kurz, spürte aber, dass sie für die Schönheit dieses Ortes gerade keinen Sinn hatte. Wütend hatte sie schon am frühen Morgen angekündigt, die Brüllaffen, die sie mit ihrem infernalischen Geschrei zu unchristlicher Zeit geweckt hatten, eigenhändig erschlagen zu wollen.

»Toller Ausblick«, sagte sie beiläufig, deutete dann aber gleich auf das fast leere Cocktailglas, das neben Hermanns Tablet auf dem Tisch stand. »Darf ich? Ich bin ganz ausgetrocknet. Hoffentlich alkoholfrei.«

»Um die Zeit immer«, antwortete Hermann schmunzelnd. »Ist das eine Alkoholkontrolle? Hast du dir deshalb eben beinahe den Knöchel gebrochen? Um mich auf frischer Tat zu ertappen?«

Anne hatte gar nicht zugehört. »Hm«, machte sie und leckte sich über die Lippen. »Ich trinke es aus, ja? Was ist das? So etwas will ich auch.«

»Ich kann uns noch ein Glas holen, kein Problem. Dauert nur ein paar Minuten. Am besten, du wartest hier.« Hermann steuerte sofort auf den breiten Treppenaufgang zu. Ein Stock tiefer lag die Bar, von der leise karibische Musik heraufdrang. Um diese Zeit war dort nichts los. Die meisten Hotelgäste waren auf dem Wasser unterwegs, um nach Affen, Kaimanen und anderen Tieren Ausschau zu halten. Der Steg vor dem Haupthaus, an dem sonst die Boote lagen, war fast leer. Andere hielten Siesta oder zogen es vor, sich im Spa-Bereich des Hotels verwöhnen zu lassen.

Vor einer Stunde hätte man auch Anne dort angetroffen, auf einem Massagetisch unter den kundigen Händen des hoteleigenen Masseurs. Während der sich mit ihrem Rücken beschäftigte, hatte sie wie so oft in diesen Tagen an David und die Schiffsbrände denken müssen. Ihr war eingefallen, dass sie den spanischen Text des mysteriösen Bekennerschreibens nie mit dem Original verglichen hatte, und nahm sich vor, es nachzuholen, sobald die wohltuende Behandlung beendet war. Was sie sich davon versprach, hätte sie nicht sagen können. Wenn sie als Ermittlerin längere Zeit im Dunkeln tappte, griff sie einfach nach jedem Strohhalm, und dieser Vergleich mit dem Flugblatt war etwas, das noch ausstand, das sie noch nicht getan hatte. Alles, was ihr half, ihre Ohnmacht zu vergessen und die Schuldgefühle zurückzudrängen, war hochwillkommen. Das Versäumte nachzuholen, erschien ihr plötzlich wichtig und unaufschiebbar.

Und tatsächlich, es war von größter Wichtigkeit. Was sie bei dem Textvergleich herausfand, trieb ihr in dem luxuriösen, mit dunklen tropischen Hölzern ausgekleideten Zimmer die Tränen in die Augen. Warum hatte sie das bloß nicht schon früher getan? Mit diesem Ergebnis hätte sie den völlig missglückten Festnahmeversuch auf der *Galapagos Sea Explorer* möglicherweise verhindern können und damit auch Davids tragischen Tod, von dem sie fraglos ausgehen mussten, obwohl Hermann und sie vermieden, dieses Wort in den Mund zu nehmen.

Sie war sich ziemlich sicher gewesen, der Vergleich der spanischen Texte würde zu dem gleichen Ergebnis führen wie derjenige der deutschen und englischen Passagen. Da sie nur wenig verstand, musste sie umständlich Wort für Wort vorgehen und kam nur langsam voran. Das Ergebnis war derart überraschend, dass sie ihm nicht traute und die ganze Prozedur noch einmal wiederholte. Mit dem gleichen Ergebnis: Sie fand nicht einen einzigen Fehler.

Ungläubig starrte sie auf ihre Tabelle. Wie war das zu erklären? Bestimmt hatte auch dieser Text nach dem Copy and Paste Fehler enthalten, doch dem Verfasser waren sie offensichtlich aufgefallen, so wie ihr die Fehler im deutschen Text. Und dann handelte man wie unter Zwang: Man begann zu korrigieren und die fehlenden Worte oder Wortteile zu ergänzen. Man konnte gar nicht anders. Es war wie ein Reflex. Sie entdeckte sogar einige Schreibfehler, die im Flugblatttext standen, in der weitgehend wortgleichen Kopie aber korrigiert worden waren.

Das ließ für sie nur einen Schluss zu: Der Täter war ein spanischer Muttersprachler und sprach weder gut Deutsch noch Englisch. David, der die Sprache nur mittelmäßig beherrschte und es schon auf der *Queen Mabel* immer gern anderen überlassen hatte, mit den Ecuadorianern zu reden, schied damit aus. Anne erinnerte sich an Liekes Empörung, als sie ihrem Freund die Urheberschaft an diesem Schreiben unterstellt hatten. Sie hätten auf sie hören sollen.

Die nächste Überraschung hatte sie erlebt, als sie aus ihrem Hotelzimmer Jorge Nuñez in Puerto Ayora anrief. Man konnte sich dort an sie erinnern, verwies sie aber weiter an das Präsidium in Guayaquil. Der Chefinspektor sei wieder abgereist, der Fall gelte als abgeschlossen.

Abgeschlossen? Sie erreichte ihren Kollegen tatsächlich an seinem angestammten Arbeitsplatz in Ecuadors großer Hafenstadt. Er war geradezu außer sich vor Freude, ihre Stimme zu hören, wurde aber sofort leise und zurückhaltend, als sie den Grund ihres Anrufes erklärte. Ja, es stimme, der Fall sei tatsächlich abgeschlossen. Er selbst werde damit aber noch lange zu tun haben, denn, das ginge ihr sicher ähnlich, über den tragischen und völlig unnötigen Tod eines jungen Menschen komme er nicht so schnell hinweg. David sei das Opfer seiner Panikreaktion geworden. Immer wieder fragte er sich, wie sie diese menschliche Katastrophe hätten verhindern können.

Ihr hättet ihn nicht in die Enge treiben dürfen, dachte sie, und sie selbst hätte ihre Hausaufgaben machen müssen. Denn außer ihr hatte sich offenbar niemand die Mühe gemacht, die Texte im Detail zu vergleichen. Sie berichtete, was sie herausgefunden hatte. Nuñez zeigte sich beeindruckt. Ihre Spürnase könne er nur bewundern, sagte er. Noch am gleichen Tag, an dem die Suche nach Bartels eingestellt worden war, habe man nämlich in der Inselhauptstadt einen Bootsführer verhaftet. Der Kerl habe sowohl das Touristenboot angesteckt als auch das Schreiben verfasst, das man auf den anderen Booten gefunden habe.

»Das ist ja unglaublich. Wie … wie sind Sie denn auf den Mann gekommen?«, fragte Anne verblüfft.

»Wir haben ihn auf frischer Tat ertappt, beim Versuch einer weiteren Brandstiftung. Und in seiner Bruchbude haben wir einen ganzen Stapel dieses Papiers gefunden. Auf einem alten Computer gab es sogar noch die zusammengestückelte Word-Datei. Er behauptete, er hasse die Naturschützer. Sie würden die Touristen verscheuchen wollen und ihm und seinen Kollegen die Arbeit stehlen. Von wegen Kollegen. Konkurrenten waren das für ihn. Einen hat er, ohne mit der Wimper zu zucken, verbrennen lassen. Wir glauben nicht an einen Unfall.«

»Kein Unfall? Was dann?«

»Nun, wir streben eine Anklage wegen Mordes an.«

»Mord!« Anne pfiff leise durch die Zähne.

»Ja, wir glauben, dass er einen unliebsamen Konkurrenten ausschalten wollte. Die beiden haben sich oft in den Haaren gelegen. Intimfeinde, sozusagen. Das haben uns mehrere Zeugen bestätigt. Die Flugblätter und der letzte Brand sollten seine Tat wohl tarnen und aussehen lassen wie eine ökologisch motivierte Anschlagsreihe.«

Sie überlegte. »Dann gab es also drei Brände und drei verschiedene Täter mit drei verschiedenen Motiven? Das ist äußerst ungewöhnlich.«

»Der erste Brand könnte auch ein Unfall gewesen sein. Wir wissen es nicht und werden es wohl auch nie erfahren. Aber es ist ungewöhnlich, in der Tat. In unserem Beruf erlebt man immer wieder Überraschungen.«

»Wie geht es eigentlich den beiden Verletzten, dem Pärchen? Ich habe überhaupt nichts mehr von ihnen gehört.«

»Gut, nehme ich an. Soviel ich weiß, konnten sie das Krankenhaus schon nach wenigen Tagen wieder verlassen. Es war ja nichts Schlimmes, eine leichte Rauchvergiftung.«

»Ach so, nur eine Rauchvergiftung? Ich bin immer von Verbrennungen ausgegangen. Die beiden haben so laut geschrien, dass man sie bis in die Station gehört hat.«

»Ja, geschrien haben sie wohl. Aber nicht vor Schmerzen, sondern aus Angst. Einer der beiden, ich glaube, es war der Junge, konnte nicht schwimmen. Sie mussten trotzdem ins Wasser springen, um sich vor dem Feuer zu schützen, und waren natürlich in Panik. Zum Glück konnten sie sich an der Ankerleine festhalten, bis sie rausgefischt wurden. Von Verbrennungen steht nichts in den Akten.«

»Mein Gott.« Anne traute ihren Ohren kaum.

»Anne?«

Zwei große, mit tropischen Früchten verzierte Cocktailgläser und eine Schale mit Nüssen in den Händen haltend, stand Hermann neben der Sitzgruppe und sah auf sie herab.

»Anne!« Seine Stimme bekam einen drängenden Unterton. Die Schale mit den Nüssen drohte ihm zu entgleiten. »Nun hilf mir doch mal.«

Endlich reagierte sie, nahm ihm ein Glas und die Schale ab und lächelte dabei entschuldigend.

»Tut mir leid.«

Er lief um den quadratischen Tisch herum und setzte sich wieder auf seinen Platz. »Wo warst du denn mit deinen Gedanken? Ich stand da schon eine ganze Weile. Hast du mich nicht bemerkt?«

»Eine ganze Weile«, wiederholte sie spöttisch. »Ganz bestimmt.«

»Ja, ein, zwei Minuten. Mindestens.« Er küsste sie auf die Wange. »Willst du mir nicht verraten, was dich so beschäftigt?«

Sie erzählte es ihm.

»Nein. Ein Bootsführer?« Hermann war blass geworden, stellte das Glas ab und ließ sich gegen das dicke Rückenpolster fallen. »Verdammt noch mal.« Er schlug sich verärgert auf den Schenkel. »Jetzt ist David zwar zur Hälfte rehabilitiert, aber das macht ihn auch nicht wieder lebendig. Zum Heulen ist das.«

»Ja.« Sie rieb sich mit den Händen über das Gesicht. In der feuchtwarmen Luft Amazoniens schwitzte sie ununterbrochen. »Hast du zufällig eine alkoholische Variante mitgebracht? Ich hätte nicht übel Lust, mich zu betrinken.«

»Nein, habe ich nicht. Das holen wir heute Abend nach, wenn wir von unserer Flussfahrt zurück sind.«

Sie holte tief Luft. Ihre Oberlippe zitterte kaum merklich. »Gut.«

Sie schwiegen einen Moment, nippten an ihren eisgekühlten Cocktails und schauten auf die stille Wasserfläche hinaus. Ein bunter Vogel rauschte heran, berührte die Wasseroberfläche und flatterte mit einem fingerlangen Fisch im Schnabel davon.

»Ich muss dir was gestehen«, sagte Hermann nach einer Weile. Er streckte die Hand nach dem Tablet aus und weckte es auf. »Ich habe mich auch mit der Sache beschäftigt. Und ob du's glaubst oder nicht, der Fall sorgt in Deutschland mittlerweile für Schlagzeilen.«

»Wie bitte?«, sagte sie, dankbar für diese Steilvorlage. »Ich muss mich doch sehr wundern, Hermann. Statt die amazonische Tierwelt zu erforschen, hockst du hier auf der Hotelterrasse, schlürfst Cocktails und liest heimlich deutsche Tageszeitungen?«

»Ich weiß. Du hast ja so recht, Anne.«

Er platzierte das Tablet vor ihr, damit sie die Überschrift lesen konnte: *Deutscher Nachwuchswissenschaftler auf Galápagos seit Tagen vermisst*, hieß es da. *31-Jähriger wird der Brandstiftung beschuldigt. Auswärtiges Amt schließt ökoterroristischen Hintergrund nicht aus.*

»Ökoterroristischer Hintergrund«, sagte Anne und verzog angewidert das Gesicht. »Jetzt machen sie ihn auch noch zum Terroristen.«

»Öffentlich würde ich das nie sagen, Anne, aber … ist diese Bezeichnung wirklich so falsch? Mich würde interessieren, was er dazu gesagt hätte.«

»Ach«, sagte Anne und starrte ins Leere. »Ich vermute, er hat sich überhaupt nicht viel dabei gedacht. Es war eine Kurzschlusshandlung. Er musste irgendwie Dampf ablassen. Glaub mir, mit Terrorismus hatte das gar nichts zu tun. Wir sollten vorsichtig mit solchen Begriffen und Spekulationen sein. Denk nur an unsere Angst, er habe einen Anschlag auf dieses Kreuzfahrtschiff geplant.«

»Na, so abwegig war das nicht. Nach damaligem Wissensstand …«

»Eben, nach damaligem Wissensstand. Aber der war falsch und unvollständig. Die Polizisten haben das ganze Schiff auf den Kopf gestellt und nichts gefunden. Das ist allein unseren Köpfen, unserer Angst entsprungen. Er hat nie etwas Derartiges vorgehabt, jedenfalls hatte er nichts vorbereitet. Und mit einem Feuerzeug oder Streichholz kann man kein Kreuzfahrtschiff in die Luft jagen.«

Hermann seufzte. »Tja, da haben wir wohl falschgelegen. Gott sei Dank.«

»Ja.«

Wieder schwiegen sie für eine Weile und hingen ihren Gedanken nach. Hermann nahm schließlich das Glas in die Hand und trank in großen Schlucken. »Anne, ich habe noch eine Neuigkeit«, erklärte er plötzlich. »Etwas ganz anderes, eine Mail von Alberto. Es geht um unseren Hai, genauer gesagt um erste Ergebnisse der Gewebeprobe, die Alberto genommen hat. Es ist tatsächlich ein Hybride, aus Galápagos- und Weißspitzen-Hochseehai. Wie wir schon vermutet haben. Das ist eine Sensation und wahrscheinlich erst der Anfang.«

Sie sah ihn verständnislos an. »Der Anfang von was?«

»Das will ich dir schon seit einer Woche erklären, Anne, aber du lässt mich ja gar nicht zu Wort kommen. Also pass auf …«

21

Isla Daphne Major

An seinem dritten Tag auf Daphne Major hatte David sich so weit erholt, dass er die drei Inselforscher tagsüber begleiten und ihnen zur Hand gehen konnte. Die Netze und Fallen, die überall auf den Kraterhängen verteilt waren, hatte er schon kennengelernt, nun übte er, die zarten, gut spatzengroßen Vögel daraus zu befreien, sie vorsichtig in der Hand zu halten, zu markieren oder anhand schon vorhandener Ringe ihre Identität festzustellen. Zu seinen ersten Aufgaben gehörte es, täglich die für die Vögel nahezu unsichtbaren Nebelnetze abzubauen. Wenn es zu heiß wurde, liefen die darin gefangenen Vögel Gefahr, an Überhitzung zu sterben. Meistens war das schon gegen acht Uhr in der Früh der Fall. Am Abend baute er die Netze wieder auf.

Der nächste Schritt waren die Messungen. Daheim, an ihrer Universität, beschäftigten sich die Littles mit Genomvergleichen und rückten ihren Daten mit komplizierten statistischen Verfahren zu Leibe. Hier, im Feld, ging es dagegen um einfachste Messgrößen. Die Vögel wurden mit einer Federwaage gewogen. Anschließend kam das wichtigste Instrument der Forscher zum Einsatz: der Messzirkel. Mit ihm maßen sie die Größen, die auf Daphne Major und anderen Galápagosinseln über Leben und Tod der kleinen Finken entschieden: Flügel- und Unterschenkellänge sowie Schnabelhöhe, -breite und -länge.

David war Meeresbiologe, über Vogelschnäbel hatte er sich bislang keine Gedanken gemacht. Doch nicht ihr relativ schlichtes Federkleid oder der einfache Gesang, sondern die

Vielgestaltigkeit ihrer Schnäbel hatten die Finken berühmt gemacht. Ihm wurde bewusst, dass sie, von den Füßen abgesehen, die einzigen Werkzeuge waren, die den Vögeln für ihre Nahrungsbeschaffung zur Verfügung standen. Schnäbel konnten wie verschiedenste Zangentypen beschaffen sein, wie Pinzette oder Speer, fungierten bei den einen als Haken, bei anderen als Stichwaffe, Falle oder Sieb. Die Einsatz- und Gestaltungsmöglichkeiten schienen nahezu unbegrenzt zu sein, aber jedes Tier besaß nur einen einzigen in unveränderbarer arttypischer Ausgestaltung, und nur, wenn dessen Eigenschaften zu dem in der Umwelt vorhandenen Nahrungsangebot passten, hatten die Vögel eine Überlebenschance. Sonst verhungerten sie buchstäblich am gedeckten Tisch. Niemand zuvor hatte die brutalen Konsequenzen dieser Spezialisierung so schonungslos sichtbar gemacht wie die Littles.

David brauchte zwei volle Tage, um den Kleinen vom viel häufigeren Mittleren Grundfinken unterscheiden zu lernen. Im Durchschnitt differierte ihre Schnabellänge nur um zwei Millimeter. Die Variation innerhalb einer Art war aber erstaunlich groß, und es gab unter den Kleinen stattliche Exemplare, deren Schnäbel auch einem Mittleren Grundfinken zur Ehre gereicht hätten und umgekehrt. Die Bestimmung dieser Tiere musste er weiterhin Ben oder den Littles überlassen. Den erst spät zugewanderten Großen Grundfinken zu erkennen, fiel ihm vergleichsweise leicht. Er wog fast doppelt so viel wie der Mittlere, und sein Schnabel war deutlich kräftiger gebaut.

Manchmal arbeitete er mit einem der drei anderen im Team. Vor Mark, dem kaum ein Wort über die Lippen kam, hatte er ein wenig Angst, deshalb war er froh, wenn er mit Ben die Lage der Nester kartieren konnte. Carolyn half er, den Vögeln für spätere genetische Untersuchungen Blut abzuzapfen. Oft war er aber auch allein, was ihm viel Zeit zum Nachdenken ließ. Angenehm war ihm das nicht, deshalb stürzte er sich in diesen Stunden umso intensiver in die Arbeit. Von Sonnenaufgang bis Sonnenuntergang drehte sich sein Tag jetzt um Millimeter und Zehntelmillimeter, um kleine neugierige Vögel, die sich auf seinen Kopf oder seine Schulter und manchmal sogar auf sein Handgelenk setzten und von dort beobachteten, was er mit den Artgenossen in seiner Faust anstellte und was möglicherweise auch ihnen drohte. Sie zu vertreiben, hatte wenig Sinn, denn oft hüpften sie einfach zurück oder verfolgten das Geschehen von einem anderen Körperteil aus.

Abends erzählte Carolyn einmal, dass sich manchmal auch Falken auf ihr niederließen, kleine Greifvögel, die aus Santa Cruz auf die kleine Nachbarinsel herübergeflogen kamen. Einmal diente sie sogar einer Galápagos-Eule als Ausguck. David hatte bislang nur mit den Finken Bekanntschaft gemacht, und da sie sich ohnehin nicht abschütteln ließen, unterhielt er sich mit ihnen, wenn er allein war. Er redete mit ihnen über ihr Leben, ihren Alltag und ihre Familien, erläuterte ihnen die großen Probleme der Evolutionsbiologie, zu deren Klärung sie selbst so viel beizutragen hatten, und erzählte ihnen von dem großen Naturforscher, dessen Namen sie trugen. Die Finken waren angenehme Gesprächspartner. Sie stellten keine Fragen.

Die Suche nach ihm war offenbar eingestellt worden. Die Hubschrauber, die in den folgenden Tagen noch zwei, drei Mal über die Insel hinweggedröhnt waren, kehrten jedenfalls nicht mehr zurück. Und das Schiff der Marine, das eines Morgens auftauchte und die Insel zu rammen drohte, so nah kam es den Uferfelsen, umrundete Daphne Major einmal, umkurvte auch die benachbarte Daphne Minor und ließ sich dann nie wieder blicken. Es herrschte Ruhe. Offiziell existierte er nicht mehr und lebte doch in Sichtweite von Santa Cruz, dem touristischen Herzen der Inselgruppe. Eine eigentümliche Situation. In seiner Fantasie malte er sich aus, wie er in einer bewegenden Zeremonie für tot erklärt wurde. Redner sprachen von einem vielversprechenden jungen Nachwuchswissenschaftler, der sich leider als unfähig erwiesen hatte, den Gang der Welt zu ertragen. Nun sei er im Ozean ertrunken, in dem Ökosystem, das ihn fasziniert habe wie kein anderes. Manchmal hörte er, wie sie um ihn weinten, Lieke, seine Eltern, seine Schwester, die Freunde daheim.

Je größer seine Routine im Umgang mit den Vögeln und dem Vermessen ihrer zarten Körper wurde, je mehr er sich in die wissenschaftliche Arbeit einbrachte, desto leichter fiel es ihm, nicht an den schier unüberwindlichen Berg an Fragen zu denken, der sich vor ihm aufgetürmt hatte.

Was sollte er nun tun? Sollte er die Insel bei nächster Gelegenheit wieder verlassen? Oder sich noch länger hier verstecken? Würden ihm die Littles das überhaupt erlauben? Was, wenn nicht? Als Wissenschaftler war er vermutlich untragbar geworden. Und was war mit dem verletzten Paar geschehen? Er hoffte vor allem um ihrer selbst willen, dass sie sich von dem Schock und ihren Verletzungen erholt hatten, doch sollte einer von ihnen bleibenden Schaden genommen haben, hätte das wohl nicht zuletzt auch für ihn und den zu erwartenden Prozess Konsequenzen. Was hatte er also überhaupt noch für eine Zukunft? Er wusste keine Antworten auf all diese Fragen, und er bezweifelte, dass er bald welche finden würde. Er schob sie vor sich her und hoffte, dass das Versorgungsschiff noch möglichst lange auf sich warten ließ, um die ihm hier gewährte Galgenfrist zu verlängern. Den Littles rechnete er hoch an, dass sie ihn nicht drängten, jedenfalls noch nicht. Sie hatten wohl Wichtigeres zu tun.

Seine Verdrängungstaktik funktionierte leidlich, solange es hell war und er sich Ablenkung verschaffen konnte. Wenn er aber im Dunkeln allein auf seiner Matte lag, brach die Welle der Zweifel mit Macht über ihn herein. Meist lag er dann noch lange wach, obwohl er todmüde war. Und selbst im Schlaf ließen die Fragen ihn nicht in Ruhe. Die Littles sagten nichts, aber Ben hatte sich schon nach der zweiten Nacht beschwert, dass er im Schlaf schreie und jammere. Er war mit seiner Matte aus der Höhle ausgezogen und schlief nun fünfzig Meter entfernt im Windschutz eines kleinen Felsüberhanges unter freiem Himmel. Allzu viel bewegen durfte er sich an diesem Platz allerdings nicht, sonst lief er Gefahr, an den Nestern der Maskentölpel vorbei den steilen Kraterhang hinabzukullern.

Einmal dachte David, so oder ähnlich müsste eine Strafkolonie für Forscher beschaffen sein, die es versäumt hatten, ihre Hausaufgaben zu machen, die nicht gelernt hatten, die richtigen Fragen zu stellen, kurz: die keine Aufnahme im Haus der Wissenschaften gefunden hatten. Doch dieser Gedanke war eine seltene Ausnahme. In Wirklichkeit gefiel ihm das Leben auf Daphne Major von Tag zu Tag besser, einfach, asketisch und von morgens bis abends klar strukturiert. Das war es, was ihm gefehlt hatte, diese absolute Hingabe und Ausschließlichkeit, das Engagement bis zur Erschöpfung, eine Arbeit, die nicht den Untergang protokollierte, sondern die großen Fragen der Wissenschaft und des Lebens im Fokus hatte.

Sich an Darwin zu orientieren, war bestimmt keine schlechte Wahl. Obwohl der, gerade was die Finken anging, danebengelegen hatte. Die minimalen Unterschiede, um die sich hier alles drehte, hatte er nicht beachtet, und die gut dreißig Vögel, die er aus Galápagos mitgebracht hatte, zeigten natürlich auch nur einen winzigen Ausschnitt des tatsächlich vorhandenen Variantenreichtums. Die Bedeutung der Tatsache, dass alle Merkmale der Lebewesen innerhalb bestimmter Grenzen variierten, entdeckte er vor allem zu Hause, im Garten seines Hauses, hier, in den Schnäbeln der später nach ihm benannten Finken, hatte er sie gar nicht wahrnehmen können. Dazu hätte er, wie es die Littles anderthalb Jahrhunderte später taten,

Hunderte oder Tausende von ihnen untersuchen müssen. Deshalb waren sie für seine Argumentation bedeutungslos, und er erwähnte sie in seinem berühmten Buch mit keinem Wort. Die Littles holten nach, was Darwin, der England nach der Rückkehr der *Beagle* nie wieder verließ, nicht vergönnt gewesen war. Sie zeigten, dass und wie Selektion in der Natur funktionierte, und eine unergründliche Laune des Schicksals hatte es so eingerichtet, dass er, David, nun zu einem Teil dieser Forschung wurde. Es fiel ihm schwer zu glauben, dass er diese unerwartete Wendung in seinem Leben allein dem Zufall zu verdanken hatte.

Fasziniert las David während der Siesta im Lager von der Dürre, die die Vogelbestände vor Jahren hatte zusammenschrumpfen lassen. Konfrontiert mit dieser Katastrophe, hatten sich die Littles nicht etwa zurückgezogen, nein, sie hielten drauf, machten weiter, begriffen die Situation sogar als Chance und Glücksfall. Sie eröffnete ihnen die Möglichkeit, die Veränderungen von Daphne Major und der kleinen Schar ihrer Bewohner unter den Bedingungen eines seltenen Extremereignisses wie durch ein Vergrößerungsglas zu beobachten.

Den Schnäbeln der Vögel kam eine Schlüsselrolle zu, denn sie waren die Spezialwerkzeuge, die darüber entschieden, ob die Tiere eine bestimmte Nahrung zu sich nehmen konnten oder nicht. Im Falle der Grundfinken waren das die Samen der hier wachsenden Pflanzen. Es gab sie in verschiedenen Größen und Formen. Die Littles hatten Tausende von Finkenmahlzeiten beobachtet. Sie wussten genau, was die Tiere fraßen, und solange die Verhältnisse sich im üblichen Rahmen bewegten, war genug für alle da.

Was aber geschah, wenn längere Zeit der Regen ausblieb?

Fast alle Pflanzen der Insel warfen dann ihre Blätter ab, brachten keine Blüten mehr hervor, stellten somit auch die Samenproduktion ein und führten während der Dürre, als letzte

Möglichkeit, ein Leben auf Sparflamme. Der Samenvorrat, der noch auf dem harten, trockenen Boden lag, schrumpfte mit jedem Tag. Da sich die vielen Finken mit kleinen Schnäbeln selektiv die kleineren Samen herauspickten, wuchs der Anteil der Samen, die zu hart oder zu groß waren, um von der Mehrheit der Vögel geknackt zu werden. Bis am Ende, nach Monaten, nur sie noch übrig blieben.

Vögel können in keine Kiste greifen, um sich ein größeres, stärkeres Schnabelwerkzeug herauszusuchen, wenn die Umstände es erfordern. Gibt es nur noch Samen, die sie nicht mehr bewältigen können, verhungern sie.

David fragte sich, ob er das Sterben damals genauso ungerührt protokolliert hätte, wie Mark und Carolyn es taten. Wie hatten sie sich angesichts der vielen toten Finken gefühlt? Hatten sie unter der Situation gelitten? Waren sie verzweifelt? Hatten sie vielleicht sogar darüber nachgedacht, Futter für die hungernden Tiere herbeizuschaffen? Sie mussten doch befürchten, dass die Finkenpopulation der ganzen Insel gefährdet war und damit auch die Fortsetzung ihrer Arbeit.

Der Film *Gorillas im Nebel* über das Leben von Dian Fossey fiel ihm ein. Er zeigte, wie die berühmte Affenforscherin ausrastete und auf die Einheimischen losging, als Wilderer ihr Lieblingsmännchen töteten und als Souvenirs Kopf, Hände und Füße mitnahmen und den verstümmelten Torso zurückließen, als Mahnung, sich nicht mit ihnen anzulegen. Auch Forscher waren nun mal Menschen. Sie hatten Gefühle, auch wenn sie in Zusammenhang mit ihrer Arbeit nicht gern darüber sprachen.

Wie hätte er sich wohl verhalten? Hätte er lamentiert und protestiert und angesichts des Massensterbens die Gleichgültigkeit der Welt beklagt? Hätte er gefordert, dem Sterben Einhalt zu gebieten?

Machte es einen Unterschied, ob die Katastrophe menschengemacht oder eine Folge natürlicher Prozesse war? In einer Arbeit, die Mark ihm gegeben hatte, hatte er von der wechselhaften klimatischen Vergangenheit dieser Inseln erfahren. Konstanz und Berechenbarkeit waren die Ausnahme gewesen. Das große Sterben gehörte hier seit jeher zum Leben. War Tod also nicht gleich Tod?

Mark und Carolyn fanden heraus, dass die Dürre die Tiere verändert hatte. Nur Finken mit großen Schnäbeln hatten überlebt, die, die auch die schwer zu knackenden Samen verwerten konnten, die Einzigen, die am Ende noch übrig waren. Die natürliche Selektion hatte alle anderen Individuen aussortiert, radikal und ohne Ausnahme, ein Massensterben. Im Durchschnitt waren die Schnäbel der Mittleren Grundfinken nach der Dürre einen halben Zentimeter länger als vorher – fünf Millimeter, die über Leben und Tod entschieden hatten. Hätte es auf der Insel nicht immer schon einige wenige gegeben, die von ihren Eltern einen überdurchschnittlich großen Schnabel erbten, gäbe es heute auf Daphne Major keine Finken mehr. So arbeiteten Variation und Selektion an allen Merkmalen und Eigenschaften der Lebewesen. So formten sie Schnäbel, Gefieder, Stimmen, biochemische Signalketten und Gehirne, gewaltige Dinosaurier, winzige Ameisen und intelligente Affen.

Eines Tages, David hätte nicht sagen können, ob es sein sechster oder achter auf der Insel war, fing er einen Vogel, dessen ungewöhnliche Merkmale ihm sofort auffielen. Es war ein Männchen mit großem Kopf und einem außergewöhnlich kräftigen Schnabel, das ihn ohne Furcht musterte, obwohl er sich fest im Klammergriff seiner riesenhaften Hand befand. Das imponierte ihm. Noch vor Tagen hätte er gar nicht bemerkt, wie sehr dieses Tier aus der Norm fiel. Doch mittlerweile hatte er seinen Blick geschult, und er sah den Unterschied sofort, schon bevor er den Messzirkel ansetzte, konnte sich aber keinen Reim darauf machen.

Was war das? Eine ihm unbekannte Spezies, zugeflogen aus Santa Cruz? Unwillkürlich hob er den Kopf und schaute über die glitzernde Wasserfläche zur Nachbarinsel hinüber, wo seine ahnungslosen ehemaligen Kollegen lebten. Auch der Große Grundfink war auf diese Weise hierhergelangt, mehrfach, und immer wieder gescheitert. Bis zum Jahr des großen El Niño. Seitdem waren er und die Seinen fester Bestandteil der Inselfauna.

Er behielt den Vogel in der Hand und begab sich zu Carolyn, die in Sichtweite unterhalb des Kraterrandes mit Blutabnahmen beschäftigt war.

»Oh«, sagte sie freudig, nahm David den Vogel vorsichtig aus der Hand, betrachtete ihn von allen Seiten, hielt ihn schließlich vor ihr Gesicht und bedachte ihn wie einen lange vermissten Freund mit einem zärtlichen Lächeln.

»Du bist der Erste dieses Jahr«, sagte sie und sah sich die farbigen Ringe an seinen Füßen an. »Nummer 20132.«

»Der Erste von was?«, fragte David. »Gibt es hier noch eine Art? Ich dachte, es sind nur vier.«

»Dieser ist anders als die anderen, nicht wahr?« Sie lächelte ihn verschmitzt an. »Gut erkannt, David. Das ist ein Big Bird. Mark wird sich freuen. Sie sind nicht leicht zu fangen.«

Am Abend saßen sie ungewöhnlich lange zusammen, und David erfuhr die Geschichte der Großen Vögel. Sie begann im Jahr 1981, als ein Mitarbeiter der Littles Nummer 5110 gefangen hatte, den Stammvater. Genetische Analysen ergaben später, dass er wahrscheinlich aus Santa Cruz stammte. Er sollte aber nie wieder dorthin zurückkehren, sondern sein ganzes weiteres Leben auf Daphne Major verbringen.

Ein Name für das ungewöhnliche Tier war schnell gefunden: Big Bird. Aber 5110 war nicht nur deutlich größer und kräftiger als die anderen Mittleren Grundfinken, zu deren Verwandtschaft er unzweifelhaft gehörte, auch sein Gesang unterschied sich von dem der anderen Vögel. Der Fink entpuppte sich als außergewöhnlich fit, denn er wurde dreizehn Jahre alt und tat sich in dieser Zeit mit sechs verschiedenen Weibchen zusammen, mit denen er achtzehn Küken großzog. Etliche davon hatten später eigene Nachkommen. Sie alle entwickelten eine ähnlich kräftige Statur wie 5110. Sie bildeten eine Art Clan, die Big Birds.

Welches Geheimnis verbarg sich hinter diesem Tier? Mark und Carolyn vermuteten von Anfang an, dass es sich um einen Hybriden handelte, was später durch exakte Genanalysen bestätigt wurde. 5110 war aus der Paarung eines Mittleren und eines Kaktus-Grundfinken hervorgegangen.

»Ein Hybride?«, fragte David interessiert. Er wusste, dass solche Artgrenzen überschreitenden Verbindungen auch bei Korallen weiter verbreitet waren, als man früher gedacht hatte. Äußerlich war diesen Tieren meist nichts anzusehen. Erst durch die heute möglichen DNA-Analysen war man den Hybriden auf die Spur gekommen. »Gibt es so etwas hier häufiger?«

»Häufig nicht«, antwortete Mark. »Aber regelmäßig. Die Finken sind vergleichsweise junge Arten. Sie haben sich noch nicht sehr weit voneinander entfernt. Trotzdem betrifft es in jedem Jahr nur wenige Prozent aller Vogelpaare.«

»Und warum sind es nicht viel mehr? Ich meine, wenn die Tiere sich noch sehr ähnlich sind, wie du sagst, und wenn sie alle im gleichen Gebiet leben, warum verschmelzen sie dann nicht zu einer einzigen Art?«

»Gute Frage, David. Es ist jedenfalls nicht die Genetik, die das verhindert. Anders als bei Maultieren und den Kreuzungen von Löwe und Tiger, die man manchmal in Zoos sieht, sind Finkenhybriden fruchtbar und paaren sich problemlos mit anderen Hybriden oder mit einer der beiden Elternarten. Alles ist möglich. Zwischen den Arten gibt aber es eine Verhaltensbarriere, die meist ganz gut funktioniert.«

»Es liegt am Gesang«, erklärte Carolyn. »Er ist artspezifisch und lockt in der Regel nur die Weibchen der gleichen Art an. Manchmal kann es aber zu Fehlprägungen kommen.«

»Fehlprägung? Wie meinst du das?«

»Na ja, die Nestlinge lernen den Gesang, den sie von ihren Eltern hören. Stell dir nun vor, Nestlinge des Mittleren Grundfinken wachsen in nächster Nähe eines Kaktus-Grundfinkennests auf, und zu diesem Nest gehört ein sehr sangesfreudiger Papa. Sie hören also beide Gesänge. Wenn sie dann im Erwachsenenalter selbst zu singen beginnen, verwenden sie Elemente des Gesangs der Mittleren und der Kaktus-Grundfinken. Wenn es ihnen später überhaupt gelingt, mit diesem Kauderwelsch einen Partner zu finden, könnte es leicht einer der falschen Art sein.«

»Der Ausdruck Hybridisierung hat so einen negativen Beigeschmack, nicht wahr? Da schlagen welche aus der Art. Sie gehen fremd. Das klingt fast wie eine Perversion.« Mark lächelte. »Wir glauben aber, dass Hybridisierung auf diesem Niveau eine wichtige Quelle der Variation ist. Sie sorgt dafür, dass immer wieder Vögel mit neuen Eigenschaften entstehen, und zwar wesentlich schneller und häufiger, als Mutationen das leisten könnten. Und wie wichtig das ist, haben wir hier über die Jahre gesehen. Unter dramatisch veränderten Umweltbedingungen können genau diese Varianten das Überleben der Art sichern.«

»Was denkt ihr, werden der globale Wandel und die steigenden Temperaturen Hybridisierungen begünstigen?«

»Oh ja«, sagte Mark entschieden. »Davon bin ich fest überzeugt, und es gibt sogar schon erste Hinweise in diese Richtung. Wir werden viele Arten durch Hybridisierung verlieren, weil ehemals getrennte Spezies plötzlich aufeinandertreffen und miteinander verschmelzen. Aber auch das Gegenteil wird eintreffen. Unsere Big Birds sind doch das beste Beispiel. Sie leben hier unter den anderen Finken, sind aber eigentlich eine Art für sich.«

David zog die Stirn in Falten. »Eine eigene Art?«

Mark und Carolyn erzählten nun im Wechsel, wie es mit Nummer 5110 weitergegangen war. Der Ahnvater hatte sich zuerst mit einer anderen Hybridin der gleichen Elternarten zusammengetan, die auf der Insel entstanden war, ohne Erfolg. Seine zweite Partnerin aber war ein lupenreines Weibchen des Mittleren Grundfinken, und im Nachhinein stellte sich diese Paarung als entscheidende Wegkreuzung heraus. Irgendetwas musste zwischen den beiden geschehen sein, denn bis heute, also über mehr als drei Jahrzehnte und viele Finkengenerationen, tat sich keiner der Nachkommen dieses Paares jemals wieder mit einem Mittleren oder einem Kaktus-Grundfinken zusammen. Die Big Birds blieben fortan unter sich und gaben sich nur noch mit ihresgleichen ab. Sie nisteten in benachbarten Revieren, bildeten quasi eine Kolonie in der Kolonie, lebten verborgen als Art in der Art. Nie hätte man von ihrer Existenz erfahren, wenn das Ehepaar Little und ihre Mitarbeiter nicht derart minutiöse Studien durchgeführt hätten.

David war baff. »Das ist ja ein Ding.«

»Ja«, hob Ben an. »Nun stellt sich natürlich die Frage: Ausnahme oder Regelfall.«

David dachte nach. »Du meinst …«

»Überleg doch mal. Wie wahrscheinlich ist es, dass Carolyn und Mark da auf etwas gestoßen sind, dass es nur hier gibt, nur bei den Mittleren Grundfinken auf Daphne Major?«

»Du hast recht.« Davids Gesicht verzog sich zu einem breiten Grinsen. »Das ist … die Welt ist wahrscheinlich voll davon. Überall, in allen Populationen stecken solche ... ja, wie soll man sie nennen? Protoarten? Der Keim für etwas Neues. Sie warten nur auf einen günstigen Moment, um dann ...« Er ahmte den Start einer Rakete nach.

»Vielleicht«, sagte Mark lachend. »Vielleicht aber auch nicht. Ich verstehe deine Euphorie, uns ging es ähnlich. Aber es kann auch ganz anders kommen. Wir reden hier über dreißig, höchstens vierzig Tiere, und es gab einmal eine Zeit, da gab es nur noch zwei, stell dir das vor, genau ein Weibchen und ein Männchen. Alle, die heute leben, stammen von diesen beiden Vögeln ab. Inzucht ist also ein großes Problem. Ob die Big Birds hier lange überleben werden, weiß ich nicht. Eigentlich glaube ich nicht daran, wobei ich hoffe, dass ich ihren Abgang nicht erleben muss. Sie sind uns ans Herz gewachsen, nicht wahr, Carolyn? Aber das ist nur die eine Seite. Die andere ist das, woran du gedacht hast, David, die vielen, vielen neuen Optionen, die möglicherweise überall in der Natur unerkannt auf ihren großen Moment warten.« Nun ließ auch Mark eine imaginäre Rakete aufsteigen. Sie lachten.

Am nächsten Abend schlug aus heiterem Himmel Davids Stunde der Wahrheit. Kaum hatten sie ihre Büchsensuppe gegessen und auf ihren Felsen hoch über dem Meer Platz genommen, um das allabendliche Schauspiel des Sonnenuntergangs zu genießen, da eröffnete Mark ihm mit belegter Stimme, dass er morgen oder spätestens übermorgen mit dem Versorgungsschiff rechne. Es fiele ihm nicht leicht, das zur Sprache zu bringen, man merke ihm das sicher an, sie alle könnten der Sache aber nicht länger ausweichen. Wie er sich denn nun zu verhalten gedenke?

»Ben wird uns verlassen«, erklärte Carolyn. »Er muss nach Genovesa, um sich wieder seinen eigenen Untersuchungen zu widmen.«

Auch das war eine überraschende Nachricht. Ben hatte ihm gegenüber nichts dergleichen gesagt. Hatte er es für selbstverständlich gehalten, nicht der Erwähnung wert? David wurde schlagartig klar, dass er sich Illusionen gemacht hatte. Mark, Carolyn und Ben waren trotz allem nicht seine Freunde. Er war für sie sogar eine potenzielle Gefahr. Wer Verdächtigen Unterschlupf gewährte, brachte sich möglicherweise selbst in Schwierigkeiten.

Und warum hätte Ben ihn über seine Pläne unterrichten sollen? Was gingen sie David an? Er war hier nur ein geduldeter Außenseiter, ein entflohener Beinahesträfling, auch wenn er sich in den letzten Tagen als Teil des Little-Teams gefühlt hatte. Ein schönes Gefühl, zweifellos, aber auch ein dummer, naiver Fehler. Insgeheim hatte er davon geträumt, dass er sich durch seinen intensiven Arbeitseinsatz hier von aller Schuld reinwaschen könnte. *Der David hat so gut mitgearbeitet, er ist für uns unentbehrlich geworden. Er bleibt.* Was für ein Unsinn. Nie würde Mark oder Carolyn etwas Derartiges über die Lippen kommen.

David zögerte.

»David, du musst dich entscheiden.«

»Entscheiden? Was sind denn die Alternativen? Hab ich überhaupt eine Wahl? Würdet ihr mich denn hierbehalten?«

Carolyn ergriff das Wort. »Nein, natürlich nicht. Du kannst nicht länger bleiben. Das muss dir doch klar sein. Wir würden alles gefährden, was wir uns für uns und unsere Mitarbeiter aufgebaut haben. Das kannst du nicht von uns verlangen. Wir haben dir großes Vertrauen entgegengebracht, das weißt du. Und du hast es bisher gerechtfertigt, aber …«

»Bisher.«

»Ja, bisher.« Jetzt klang auch Carolyns Stimme ungewohnt streng. »Denn jetzt ist es an dir. Das meinte Mark, als er sagte, du müsstest dich entscheiden.«

»Die Frage«, sagte Mark, »ist nicht, ob du hierbleiben kannst oder nicht, David, sondern was du in Puerto Ayora tun wirst, wenn du dort morgen oder übermorgen von Bord gehst. Überleg es dir gut.«

Einen backofenheißen Tag auf Daphne Major bekam David noch geschenkt. Er nutzte ihn, um einen weiteren Big Bird zu fangen. Dann kam das Schiff. Es brachte Trinkwasser und Verpflegung für zwei Wochen und ein neues Funkgerät. David und Ben halfen den Littles noch, die Sachen hoch ins Lager zu schleppen, und natürlich fluchten sie dabei und stritten sich, wie Ben es von anderen Ankunftstagen des Versorgungsschiffs erzählt hatte. Warum er seine Abreise nicht erwähnt habe, warf David seinem Retter vor. Weil Mark und Carolyn hier das Sagen hätten, blaffte Ben zurück. Es sei ihre Insel, ihr Projekt, ihre Arbeit, ob er das immer noch nicht begriffen habe. Er würde ihnen niemals in den Rücken fallen.

Dann waren sie dran. Die See war bewegt, deshalb war es ein Abenteuer, über das scharfe Gestein in das im Rhythmus der Wellen auf und ab sausende Panga zu steigen. Ben schaffte es, er hatte schließlich Übung darin, David aber landete unter allgemeinem Gelächter im Meer und musste aufpassen, nicht wieder mit dem nesselnden Aufwuchs unter Wasser Bekanntschaft zu machen. Sein Knie war noch immer nicht ganz abgeheilt. Als er endlich im Boot saß, stellte Ben ihn der Besatzung als Kollegen vor, der später mit einem anderen Schiff als Verstärkung auf die Insel gekommen war, was wortlos akzeptiert wurde. Mark und Carolyn standen händehaltend oben auf dem Kraterrand und winkten, als das Schiff seinen Bug nach Puerto Ayora ausrichtete, ein Bild, das David nie vergessen sollte.

Stunden später machte das Schiff an einer Boje in der Academy Bay fest, und Ben lud seine Sachen in das Beiboot. David besaß nichts, nicht einmal das, was er am Körper trug. Alles stammte aus Bens Rucksack.

»Was ist mit deinen Klamotten?«, fragte er, als sie nebeneinander über die Pier liefen, einen Ort, den er in äußerst schlechter Erinnerung hatte.

»Kannst du erst mal behalten. Du hast ja nichts anderes, oder?«

»Na ja, ich weiß nicht, was sie mit meinen Sachen gemacht haben.«

»Hm.« Ben nickte. »Vielleicht sehen wir uns ja mal wieder, unter anderen Umständen. Würde mich freuen. Dann kannst du mir die Schuhe und den anderen Kram zurückgeben.«

»Mach ich. Klar.«

Es war ein seltsames Gefühl, wieder hier zu sein. Alles war so, wie er es in Erinnerung hatte. Das Leben war einfach weitergegangen, trotz seines vermeintlichen Todes. Auf den Bänken lagen schlafende Seelöwen, hinter ihnen über dem Wasser jagten die Boobies, und an Land herrschte entspannte Ferien- und Feierabendatmosphäre, Kinder, die herumtollten oder hingebungsvoll ein Eis am Stiel verzehrten, Touristen, die sich in verschiedenen Sprachen die Erlebnisse des Tages erzählten, alte Galapageños mit zerfurchten Gesichtern, die Zigarette rauchend an einer Mauer lehnten. Das Volleyballspiel hatte angefangen. David hatte das Gefühl, alle würden innehalten und ihn anstarren, ihn, den Gesuchten, den Totgesagten, den Zombie, den Brandstifter und Menschenverbrenner.

Ben schien das alles nicht zu bemerken. »Weißt du, worauf ich mich nach solchen Tagen auf den Inseln immer am meisten freue? Auf ein kaltes Bier. Komm, wie wär's? So viel Zeit muss sein. Ich lade dich ein.«

David schreckte aus seinen Gedanken auf. »Ein Bier? Klar. Danke. Ich habe leider kein Geld.«

Sie setzten sich in einer Bar auf zwei Korbstühle. Wieder diese merkwürdigen Blicke der beiden Männer hinter dem Tresen. Als ob sie ihn durchbohren wollten. Doch vielleicht bildete er es sich auch nur ein, er war sich sicher, sie noch nie gesehen zu haben.

Gesprochen wurde wenig. Ben wusste, dass David mit sich rang. Er hielt sich an seinem Glas fest und starrte in Richtung der Polizeistation.

»Nun geh schon«, sagte er, als sie ausgetrunken hatten. »Es wird nicht leichter dadurch, dass du es hinausschiebst. Bring's hinter dich.«

David nickte und saß mit gesenktem Kopf dabei, als Ben bezahlte.

Sie umarmten sich. »Danke, Ben, für alles!«, sagte David. Ben drückte ihm einen Zettel in die Hand.

»Meine Mailadresse. Melde dich, wenn du weißt, wie es für dich weitergeht. Wirklich. Ich meine es ernst. Wenn ich kann, versuche ich dir zu helfen. Und Mark und Carolyn auch. Das haben sie mir versichert. Sie haben gute Verbindungen. Du kannst auf uns zählen.«

David steckte den Zettel in seine Hosentasche und lächelte dankbar. Er umarmte Ben noch einmal, dann drehte er sich um und marschierte in seinen geborgten Sandalen auf die Polizeistation zu. Ben sah ihm hinterher, bis er in dem Gebäude verschwunden war, bestellte noch ein zweites Glas und wartete. Als David nach zwanzig Minuten noch nicht wieder aus dem Haus gekommen war, schulterte er den Rucksack und machte sich auf den Weg zu seinem Quartier.

22

Kiel, Deutschland

»Sitzt du?« Annes Anruf erreichte Hermann zum denkbar ungünstigsten Zeitpunkt. Er war gerade im Begriff, zu einer der vielen Sitzungen aufzubrechen, die Hochschullehrern ihre wertvolle Zeit stahlen.

»Nein, ich bin im Aufbruch, Schatz. Was gibt's denn?«

»Du solltest dich wirklich setzen, Hermann. Ich habe Neuigkeiten, die dich umhauen werden.«

»Nun spann mich nicht auf die Folter. Ich hab's wirklich eilig.«

»Wie du willst. Jorge hat mich gerade angerufen, Jorge Nuñez.«

»Ach nee, schon wieder? Stellt dieser Kerl dir immer noch nach?«

»Das, was er mir heute zu sagen hatte, möchtest du auch wissen, Hermann, glaub mir.« Sie machte eine kurze Pause. »David lebt.«

»Was?« Hermann ließ sich nun tatsächlich auf seinen Schreibtischsessel sinken.

»Du hast richtig gehört. David Bartels lebt. Er ist gestern Nachmittag quicklebendig und in bester Verfassung in die Polizeistation von Puerto Ayora marschiert und hat sich gestellt.«

»Das ... das gibt's ja nicht.«

»Doch, das gibt es. Und es kommt noch besser. Weißt du, wo er die ganze Zeit gesteckt hat? Bei den Littles. Du hast mir doch von ihnen erzählt. Dieses Forscherehepaar.«

»Ich weiß, wer die Littles sind. Dann hat er es also bis nach Daphne Major geschafft.«

»Genau, so heißt die Insel. Daphne Major. Ein Mitarbeiter der Littles hat ihn dort gefunden und gerettet. Sie konnten sich nur nicht melden, weil ihr Funkgerät kaputt war. Der Mann hat Davids Aussagen schon bestätigt.«

»Wie schön«, jubelte Hermann und sprang wieder auf. »Das ist wirklich eine wunderbare Nachricht, Anne. Fantastisch. Das ist das i-Tüpfelchen auf einem ohnehin schon großartigen Tag.«

»Was war denn so großartig?«

»Das erzähle ich dir heute Abend beim Essen, okay? Wir gehen aus. Ja, natürlich, das muss doch gefeiert werden. Der Bursche lebt. Wirklich unglaublich! Was für ein Glückspilz.«

»Das kannst du wohl laut sagen.«

»Und was passiert jetzt mit ihm?«

»Sie haben ihn nach Guayaquil gebracht. Er sitzt dort jetzt in Untersuchungshaft. Bestimmt keine angenehme Erfahrung. Jorge hat erzählt, dass er mit Davids Vater gesprochen hat, einem Hamburger Arzt im Ruhestand. Wenn alles gut geht, bezahlt der Vater den Schaden, und sie schieben David einfach ab. Das Pärchen, das damals auf dem Schiff war, ist inzwischen getrennt. Sie werden keine Anzeige erstatten, das hat Nuñez erreicht. Beiden ist das Abenteuer wohl so peinlich, dass sie am liebsten nicht mehr daran erinnert werden möchten. Schon gar nicht durch eine Zeugenaussage vor Gericht.«

»Sehr gut. Dann müssen wir uns also nur noch um die unsanft unterbrochene Karriere dieses talentierten jungen Biologen kümmern«, sagte Hermann. »Oder was meinst du?«

»Das ist dein Job. Damit habe ich nichts zu tun.«

»Da hast du recht. Nun, wir werden sehen. Wenn er meine Hilfe will, tue ich, was ich kann.«

Epilog

In den Wochen nach Hermanns Rückkehr waren Dutzende von modernen Sequenzierrobotern in Deutschland, Ecuador und den USA mit der Analyse der Proben beschäftigt, die er, Dieter Grumme und Alberto Costa zwischen der Isla Isabela und der Isla Fernandina gesammelt hatten. Darunter waren Vertreter von Tiergruppen, die Laien nicht einmal dem Namen nach bekannt waren, aber auch Korallen, Schwämme, Nacktschnecken und diverse Wurmspezies. Eine Gemeinschaft im Umbruch, wie sich nach und nach herausstellte. Denn nicht nur die Haie, die Hermann und seine Kollegen aufgespürt hatten, entpuppten sich als Hybriden, sondern auch viele Repräsentanten der im Canal Bolívar lebenden Bodentiergemeinschaft.

Wurden die Grenzen zwischen den Arten durchlässiger und die genetischen Karten neu gemischt? Kündigten sich hier im Kleinen bereits die dramatischen globalen Veränderungen an, die in den nächsten Jahrzehnten auf dem ganzen Planeten zu erleben sein würden?

Manche waren davon überzeugt. Alberto behauptete in seiner Arbeit über die Hybridhaie, die als spektakuläres Beispiel für die zu erwartenden globalen Umbrüche sogar im Fernsehen und in diversen Zeitungen zitiert wurde, dass die Galápagosinseln aufgrund ihrer Lage, der dort herrschenden Strömungsverhältnisse und der immer wieder zuschlagenden El Niños den globalen Veränderungen in besonderer Weise ausgesetzt seien und somit ein ideales Studiengebiet abgeben würden. Der Archipel sei der Zeit gewissermaßen voraus. Galápagos als evolutionäre Hexenküche, dieses Bild hatte ja Tradition, und Alberto versuchte, daran anzuknüpfen. Kein Wunder, dass die Charles-Darwin-Station sich in den kommenden Monaten vor Anfragen interessierter Wissenschaftler kaum retten konnte. Man erkundigte sich nach Ausstattung und Kapazitäten. Mehrere Forschergruppen reichten auf Grundlage der von Costa, Grumme und Pauli gelieferten Ergebnisse Projektanträge ein. Der Mythos Galápagos hatte durch die Entdeckungen noch an Anziehungskraft gewonnen.

Hermann gehörte zur Gruppe der Skeptiker, obwohl sein Name pikanterweise auch auf den Veröffentlichungen über die sogenannten Galápagos-Hybriden stand. Er kannte Albertos Hang zu Schnellschüssen, hätte das aber öffentlich nie erwähnt. Den Kollegen gegenüber argumentierte er, dass man noch gar nicht wissen könne, auf was man da gestoßen sei, weil vergleichbar detaillierte genetische Analysen von marinen Tiergemeinschaften bislang kaum durchgeführt worden waren. Zudem habe das Auftauchen der Hybridhaie, von Tieren also, die sich über riesige Entfernungen bewegten, möglicherweise ganz andere Ursachen als die bei den festsitzenden Korallen und Schwämmen aufgespürten Hybridisierungen. Offenbar habe man unterschätzt, wie oft es in der Natur zu Hybriden komme, und die Ergebnisse aus Galápagos zeigten nun erstmals deren wahre Häufigkeit und Fitness. Vielleicht seien Tierarten viel weniger hermetische Gebilde als gedacht. So gesehen verstehe er ihre Ergebnisse als Aufforderung an die internationale Forschergemeinde, ähnliche umfassende Untersuchungen auch in anderen Meeren und außerhalb der Tropen durchzuführen. Erst dann werde sich zeigen, wie dieses Phänomen einzuschätzen sei. Auf Nachfrage eines wissenschaftlichen Online-Magazins bezweifelte er dann auch offiziell, dass man es auf Galápagos bereits mit Reaktionen auf den Klimawandel zu tun hätte, denn ein solcher sei dort bisher noch gar nicht festzustellen.

Als die ersten Diskussionen über die Galápagos-Hybriden in der Fachpresse auftauchten, meldete sich eines Tages David bei Hermann, um ihm zu seinen, wie er sich ausdrückte, »ausgewogenen und unaufgeregten« Äußerungen zum Thema zu gratulieren. Er stimme voll und ganz mit ihm überein. Hybridisierungen seien etwas Normales, man könne sie überall finden. Das habe er auf Daphne Major gelernt.

»Bei Mark und Carolyn Little«, sagte Hermann.

»Genau. Du kennst sie?«

»Flüchtig«, sagte Hermann. »Aber ich kenne natürlich ihre Arbeiten.«

Wie sich herausstellte, war David schon seit einigen Wochen wieder zurück in Deutschland. Er wirkte sehr ruhig und kontrolliert auf Hermann, aber vielleicht war das nur Fassade.

»Mark und Carolyn haben mich einem ihrer früheren Schüler empfohlen«, erzählte er. »Er leitet an der University of California mittlerweile eine eigene Arbeitsgruppe. Morgen in einer Woche fliege ich hin. Nach Galápagos kann ich ja nicht mehr. Das habe ich mir gründlich versaut. Sie haben keine Anklage gegen mich erhoben, aber ich habe ein lebenslanges Einreiseverbot, für ganz Ecuador. Um Südamerika mache ich in Zukunft einen Bogen.«

»Kalifornien ist ja auch nicht schlecht. Ich gratuliere. Wird Lieke mitkommen?«

»Das hoffe ich sehr. Aber, naja, wie soll ich sagen …«

»Das muss noch ausdiskutiert werden?«

»Ja, genau. Wir wissen es noch nicht.«

»Wirst du denn den Korallen treu bleiben?«

»Nein, ganz bestimmt nicht. Das hieße, ihren Niedergang zu begleiten, und das halte ich nicht aus. Wenn ich irgendetwas gelernt habe, dann das. Ich muss mich mit positiven Dingen beschäftigen, nicht damit, wie Arten verschwinden, sondern wie sie entstehen. Zum Beispiel durch Hybridisierung.« Er lachte.

»Ah, jetzt schließt sich der Kreis. Ich verstehe. Ja, ein faszinierendes Thema, David.«

»Finde ich auch.«

»Dann könnte es also sein, dass wir uns demnächst mal über den Weg laufen. Wir haben hier noch viel Material aus Galápagos, das wir aufarbeiten müssen. Hybriden bleiben auch für uns ein Thema.«

»Das freut mich.« David zögerte. »Du, Hermann, warum ich auch anrufe ... Ich wollte mich bei Anne bedanken, bitte richte ihr das aus. Ihr Freund hat mir sehr geholfen, und ich denke, sie hat da im Hintergrund mitgewirkt, wahrscheinlich ihr beide, oder täusche ich mich? Ohne ihn und euch beide säße ich jetzt vielleicht noch in irgendeinem rattenverseuchten Loch.«

»Welchen Freund meinst du?«

»Na, Jorge Nuñez. Chefinspektor Nuñez, meine ich.«

»Ach, der. Ja, natürlich. Richte ich ihr aus, David. Sie wird sich freuen, von dir zu hören. Ich wünsche dir alles Gute. Grüße mir Kalifornien.«

»Ihr Freund«, murmelte Hermann verächtlich vor sich hin, nachdem er aufgelegt hatte.

Was sollte das heißen? Hatte sich damals in Puerto Ayora während seiner Abwesenheit zwischen den beiden doch etwas mehr abgespielt?

Er stand auf und griff nach seinen Unterlagen. »Ich glaube, meine liebe Anne, es wird Zeit, dass wir mal ein ernstes Wort miteinander reden«, sagte er und verließ dann sein Büro.

Dank

Ohne die Teilnahme an zwei Expeditionen, die mir das Bremer Leibniz-Zentrum für Marine Tropenforschung (ZMT) ermöglichte, und, damit zusammenhängend, ein Fellowship am Hanse-Wissenschaftskolleg (HWK) in Delmenhorst, wo Erlebtes und Erdachtes zu einer Geschichte zusammenwuchsen, hätte das vorliegende Buch so nicht entstehen können. Prof. Dr. Hildegard Westphal, der Direktorin des ZMT, Prof. Dr. Reto Weiler, dem Leiter des HWK, und allen freundlichen und hilfsbereiten Mitarbeitern seines Hauses bin ich daher zu großem Dank verpflichtet. Geholfen haben mir auch Prof. Dr. Matthias Wolff, Dr. Claire Reymond und Dr. Malik Naumann, die alle unter dem Dach des ZMT arbeiten. Ihnen sei stellvertretend für alle Wissenschaftler gedankt, mit denen ich seit 2013 an beiden Institutionen, an der Bremer Universität, der Universität Oldenburg und am Bremerhavener Alfred-Wegener-Institut anregende und spannende Gespräche führen durfte.

Dass sich so viele Wissenschaftler und Wissenschaftlerinnen überhaupt für die Arbeit von Schriftstellern interessierten (und umgekehrt), ist vor allem dem Projekt »Fiction Meets Science« (FMS) zu verdanken, namentlich der unermüdlichen Susan Gaines und ihren Mitstreitern. Dieses Buch ist der erste Roman, der mit der Hilfe und Unterstützung der im Rahmen dieses Projekts geschaffenen Möglichkeiten entstehen konnte. Dafür bin ich sehr dankbar. Ich hoffe, dass noch viele Kollegen und Kolleginnen an diesem spannenden »Dialog der Kulturen« teilnehmen und davon profitieren werden (www.fictionmeetsscience.org).

Handlung und Personal dieses Romans sind rein fiktiv, auch wenn einige Charaktere an real existierende Personen angelehnt sind. Was diese Personen im Roman tun und sagen, ist allein meiner Fantasie entsprungen und in Einzelfällen ihren eigenen Aufzeichnungen entnommen. Für die Darstellung von Syms Covington, Don C. D.s Gehilfen, war Roger McDonalds wunderbarer Roman *Mr Darwin's Shooter* sehr hilfreich (deutsch: *Mr. Darwins unentbehrlicher Gehilfe*, München 2002). Weitere Informationen zum Buch und zu seinen wissenschaftlichen Hintergründen sind auf meiner Homepage (www.bernhardkegel.de) zu finden.

Bernhard Kegel
Berlin, August 2016